Jeff Schettler

K.9 Trailing

Professionelle Personensuche mit Hund

Die US-Originalmethode

Die Originalausgabe erschien 2011 unter dem Titel K-9 Trailing:
The Straightest Path bei Alpine Publications, Inc., Crawford, CO, USA.

Übersetzt aus dem Amerikanischen von Anja Lausberg, www.mantrailer-rhein-ruhr.de

Kynos Verlag Dr. Dieter Fleig GmbH
Konrad-Zuse-Straße 3, D-54552 Nerdlen/Daun
Telefon: 06592 957389-0
Telefax: 06592 957389-20
www.kynos-verlag.de

Grafik & Layout: Kynos Verlag

ISBN 978-3-95464-018-8

3. Auflage 2022

Bildnachweis: Alle Fotos von Jeff Schettler
Illustrationen von N.J. Wiley Art Service

KYNOS STIFTUNG

Mit dem Kauf dieses Buches unterstützen Sie die
Kynos Stiftung Hunde helfen Menschen
www.kynos-stiftung.de

Inhaltsverzeichnis

Tau in der Morgendämmerung
Blasse Spuren im Gras.
Grüne Halme, geknickt,
Starker Geruch auf dem Pfad.

Verschlissenes weiches Leder
Gewickelt um Rücken und Brust.
Straff gespannte Leine
Der Gang immer fest.

Jugendlich schneller Schritt
Jagdgetrieben.
Die Erinnerungen tief vergraben
Für die Ewigkeit bestimmt.

Zum Geleit

Jeff Schettlers *K.9 Trailing: Professionelle Personensuche mit Hund* ist ein unbedingtes Muss für jeden – für den Anfänger wie für den fortgeschrittenen Hundeführer und Trailer. Jedes Kapitel basiert dabei auf dem, was der Autor in seiner Zeit als Diensthundeführer bei der Polizei und beim FBI Hostage Rescue Team gelernt hat. In diesem Buch werden Kunst und Wissenschaft des Trailens sowie reale Beispiele und Erfahrungen mit tatsächlichen Fällen präsentiert, die Jeff während der Suche nach vermissten oder versteckten Personen erlebt hat. Seine lebendigen Beschreibungen gaben mir beim Lesen das Gefühl, Matsch unter meinen Sohlen und Dornen in meinen Haaren zu haben, obwohl ich meinen Sessel nicht verlassen hatte!

So wie Jeff seinem Hund in unberührte Wälder folgte, werden die Leser von *K.9-Trailing* ihm durch eine Reihe von Übungen folgen, die sowohl ihre eigenen Fähigkeiten als auch die ihres Hundes verbessern werden. Kapitel 6 »Die drei wichtigsten Themen rund um den Geruchsartikel« beispielsweise bietet Einblicke und Trainingsbeispiele, die sich auf das Finden von Geruchsbeweisen und das Sammeln und Aufbewahren des Geruchs konzentrieren und wie man diesen dem Hund präsentiert. In diesem Kapitel wird auf dem Wissen aus Kapitel 4 »Arten von Trailgeruch« aufgebaut. Hier zeigt Jeff auf, wie es die hervorragenden olfaktorischen Fähigkeiten des Hundes ermöglichen, einen Geruch wahrzunehmen, zu isolieren und von seinem Ursprung bis zu einem entfernten Ort zu trailen. Allerdings beschreibt er auch, dass diese angeborene Fähigkeit, die genetisch durch Generationen selektiver Züchtung entstanden ist, massiv durch einen Hundeführer behindert wird, der nicht auf die subtile Körpersprache seines Hundes eingestimmt ist, obwohl dieser triebig den Trail verfolgt.

Jeffs schonungslose und bildhafte Beschreibungen seiner Erfahrungen und mühevoll erlernten Lektionen liefern fesselnde Geschichten, welche die aufregende Karriere eines Diensthundeführers beleuchten.

Er stellt auch heraus, dass Hundeführer mit ihren Hunde-Partnern eins werden müssen, um die feinen Änderungen in deren Körpersprache interpretieren zu können. Diesbezügliches Unvermögen kann tödliche Folgen haben! Jeffs Geschichten von der Spannung und den Gefahren für den Trailer, die mit topaktuellen Trailübungen und Techniken verwoben sind, machen dieses Buch spannend und zu einem Dramastück voller Action, aber auch lehrreich wie ein College-Lehrbuch.

Michael J. Decker PhD RN RRT, D.ABSM
Associate Professor & Byrdine F.
Lewis Chair in Nursing
Member, Neuroscience Institut
Georgia State University Atlanta, GA 30303

K.9 –Vorbemerkung des deutschen Verlags

Im englischen Sprachraum steht K9 (auch in den Schreibweisen K-9 oder K.9) als laut gelesen gleich klingende Abkürzung des Adjektivs »canine«, also »hündisch«, »zum Hund gehörend«, »hundeartig« und wird vor allem im Zusammenhang mit Dienst- und Gebrauchshunden verwendet. Auch im Deutschen findet »K9« in diesem Sinne langsam mehr und mehr Verbreitung, auch wenn der Begriff noch nicht allgemein bekannt ist. In diesem Buch bezeichnet »K.9« also einfach den Diensthund, in diesem Fall den Mantrailer.

Der besseren Lesbarkeit halber haben wir das vom Autor im englischen Originaltext häufig verwendete »K9« als Bezeichnung für den Hund im Deutschen meistens mit »Diensthund« oder einfach »Hund« wiedergegeben, sie hin und wieder aber auch so stehenlassen.

Da in Deutschland die Ausbilderinnen Alexandra Grunow und Rovena Langkau (www.suchhundezentrum.de) für ihre Hunde- und Hundeführerausbildung im Bereich Mantrailing das Kürzel »K-9« als markenähnliche Bezeichnung nutzen, haben wir uns in diesem Buch der besseren Abgrenzung halber zur Schreibweise K.9 entschieden. Damit möchten wir Verwechslungen mit der von Jeff Schettler beschriebenen Methode vorbeugen, da die beiden Ausbildungen auf unterschiedlichen Ansätzen beruhen.

Vorwort

»Es gibt keine Jagd, die so ist wie die auf Menschen und die, die einen bewaffneten Mann lange genug gejagt haben und dies mochten, werden sich danach für nichts anderes mehr interessieren.«

Ernest Hemingway, amerikanischer Autor und Journalist (1899–1961), *»On the Blue Water«*, Esquire, April 1936

Ich schreibe dieses Buch mit so viel aufrichtiger Ehrlichkeit und Menschlichkeit wie möglich. Ich will nichts schönreden und habe nicht vor, stets sozialbewusst und nett, dafür aber unklar zu sein. Ich lasse mich nur von dem Gedanken leiten, all das, was ich über Trailhunde weiß, ohne irgendwelches Blendwerk weiterzugeben. Meine Trainingsphilosophie und Methoden sind kein »Spaß-Trailingcamp«, wie ein guter Freund neulich bemerkte. Sie sind nichts anderes als der direkteste Weg zwischen zwei Punkten.

So gesehen ist dieses Buch mein Lebenswerk – mein Beitrag an die Welt, so klein diese auch sein mag. Es ist vielleicht im großen Zusammenhang der Dinge betrachtet nicht so besonders wichtig, aber die Welt des Trailens ist meine Welt, und sie an andere weiterzugeben verschafft mir ein Gefühl der Zufriedenheit. Vermutlich brauche ich das Gefühl, dass sich all das gelohnt hat, so wie jeder, der sein Lebenswerk in der Rückschau betrachtet. Wir alle hoffen doch, dass das, was wir getan haben, von anderen als lohnend angesehen wird.

Dieses Buch nahm seinen Anfang, als ich ein kleiner Junge war und wusste, dass Tiere »mein Ding« sind. Nichts füllte die Lücken in meinem Leben so sehr wie Tiere, und instinktiv wusste ich das bereits in jungen Jahren. Als Teenager wurden aus Tieren im Allgemeinen Hunde und als Erwachsener wurden aus Hunden im Allgemeinen Diensthunde. Wer hätte geahnt, dass dies mein jetziger Weg sein würde? Es ist schon seltsam, wie Wege sich fügen, ohne dass man irgendeine Vorahnung davon hat. Manche nennen das Schicksal. Ich betrachte es als Weg, den ich zu einem Zeitpunkt einschlug, als ich noch keine Ahnung hatte, wohin er mich führen würde oder was ich da eigentlich tat. Erst an dieser Wegkreuzung in meinem Leben wurde mir klar, was ich getan hatte.

Wie ich schon in meinem ersten Buch *Red Dog Rising* darlege, hatte ich keine richtige Schulbildung. Meine Erziehung als Kind fand auf der Straße statt, und später als Polizist wieder auf der Straße. Der gemeinsame Nenner war, dass ich während dieser beiden Phasen und dazwischen immer einen Hund an meiner Seite hatte.

Ich habe nie gelernt, professionell zu schreiben und hasste den Englischunterricht leidenschaftlich. Ich schwänzte diese Unterrichtsstunden öfter als alle anderen. Es ist mir nicht ganz klar, wo ich dann doch noch das Schreiben lernte. Es scheint von alleine gekommen zu sein, und wie mit allem anderen begann es mit Tieren und Hunden im Besonderen.

Ich hatte nie Ambitionen, Autor zu werden – so viel kann ich mit Sicherheit sagen. Der Gedanke kam mir nie in den Sinn bis zu dem

Tag, als ich 1988 meinen ersten Artikel für eine Zeitschrift schrieb. Allerdings kann ich schon sagen, woher vermutlich einiges von meinem Stil und meiner Inspiration kam. Ich las nicht gerne, bis mir in jungen Jahren mein erster Spiderman-Comic in die Hände kam. Aus den Comicbüchern wurden mit der Zeit illustrierte Romane und letzten Endes reine Textbücher aus dem gleichen Literaturgenre. Besonders angezogen wurde ich von den Illustrationen von Frank Frazetta und Boris Vallejo, deren Kunst die Umschläge von Büchern einiger meiner Lieblingsautoren aus dieser Zeit zierten – Robert E. Howard, L. Sprague de Camp, Robert Jordan und John Norman. Wenn es also eine Inspiration gab, dann waren es wahrscheinlich diese Autoren. Und nochmal - es war meine Jugend, die die Voraussetzungen für die Beschäftigung mit dem Schreiben hervorbrachte.

Ich hätte Erfolg in der Schule haben können, was manchmal auch der Fall war, aber das war einfach nichts für mich. Ich rebellierte ständig und forderte die Lehrer weit mehr heraus, als jeder Hund mich heute herausfordert. Ich war kein guter Junge. Ich war nie besonders gut darin, Bindungen zu Menschen aufzubauen, was auch heute zum Teil noch so ist. Wenn die Umstände stressig werden, bin ich lieber mit Hunden als mit Menschen zusammen. Ich möchte gar nicht zu ergründen versuchen, warum das wohl so ist – es ist einfach so, und heute verstehe ich das.

Mein Leben mit Hunden machte es mir einfach, eines richtig gut zu machen – nämlich Hunde zu lesen. Dazu gehört die Fähigkeit, zu verstehen, was Hunde wollen, ihre Körpersprache wahrzunehmen und durch Beobachten zu analysieren. Das hat nichts mit dem sechsten Sinn zu tun und ist keine »besondere« Gabe. Es hat eher etwas davon, ein Pfadfinder zu sein, der gut darin ist, Hinweisen und Spuren zu folgen. Meine Hinweise sind Ruten, Ohren und Kopfbewegungen.

Beim Schreiben dieses Buches überlegte ich hin und her, für wen genau es eigentlich sein sollte. Für den ehrgeizigen künftigen Rettungshundeführer, für den altgedienten Polizisten, der einmal etwas Neues ausprobieren möchte oder einfach nur für die Menschen, die ich kenne, mit denen ich zusammenarbeite, die ich mag oder auch nicht mag? Als *K.9 Trailing* langsam Form annahm, merkte ich, dass es für jeden anwendbar ist, der einen Hund für die Arbeit oder als Begleitung hat. *K.9 Trailing* handelt im Grunde davon, wie man einen Hund liest.

Einen Punkt, den ich gerne an dieser Stelle hervorheben möchte und den Sie sich unbedingt merken sollten, ist der Begriff »Proximity«. (Man könnte dies im Deutschen vielleicht am ehesten mit »Nahanzeige« oder »Näherungsanzeige« wiedergeben, wobei die »Nähe« aber sehr relativ ist und es sich je nach Wind um drei, aber auch 300 Meter Entfernung bis zum Gesuchten handeln kann. In deutschen Fachkreisen hat sich der englische Begriff »Proximity« aber inzwischen eingebürgert, sodass wir ihn unübersetzt im Text stehenlassen, Anm. d. Übers.)

Wenn Sie Proximity bei Ihrem Hund erkennen können und ein guter Handler werden, kann das eines Tages Ihr Leben, das Ihres Hundes oder das einer anderen Person retten. Ich habe das fast zu spät in meiner Laufbahn gelernt und es war schlichtweg Glück, dass ich nicht schon lange umgekommen bin. Ich war ein mittelmäßiger Hundeführer, aber ich bin ein guter Trainer. Der Maßstab dessen, was ich lehre, ist weitaus höher als das, was ich selbst tat. Ich möchte meine Lehrfähigkeiten daran messen, dass aus meinen Schülern bessere Hundeführer und bessere Trainer werden können, als ich es bin.

Der Rettungshundeführer wird fragen: Was hat Proximity mit meinem Job zu tun, vermisste Personen im Wald zu finden? Die Antwort ist ganz einfach: Wenn Sie gut in dem sind, was Sie tun und Ihr Hund verlässlich Personen findet, wird sich dies herumsprechen. Sie werden aus nah und fern angefordert werden und die Fälle werden sich zu ungewöhnlichen Situationen wandeln. Der ursprünglich suspekte Vermisstenfall entpuppt sich als Kriminalfall. Ein geringfügiger Kriminalfall ändert sich zu einem Mord. Und als Nächstes jagen Sie einen Serienkiller. Dieser Prozess liegt nicht in Ihren Händen, denn je besser Sie werden, desto mehr wird die Spannung Sie motivieren, bis Sie eines Tages gar nichts anderes mehr machen möchten.

Auch die Suche nach einem Vermissten kann tödlich enden. Was als Suche nach einer vermissten Person begann, wird zur Suche nach einer Person, die nicht gefunden werden möchte und die bewaffnet und gefährlich ist. Professionelles Trailen ist kein Sport oder Zeitvertreib. Es ist fesselnd und füllt Ihr Leben aus – eine Verantwortung über und jenseits allem, was Sie voraussehen können.

Wenn Sie sich dafür entscheiden, professionell Menschen zu verfolgen, begeben Sie sich auf eine möglicherweise gefährliche Reise, die sich nur wenige vorstellen können. Einer, der wirklich Menschen jagt, ist das ultimative Raubtier. Kein natürliches Raubtier ist mit dem menschlichen Jäger vergleichbar.

Der K.9-Manhunter ist ein Hund, der weit über die Fähigkeiten des traditionellen Fährtenhundes hinausreicht. Seine Abstammung ist von einer Tradition geprägt, die Jahrhunderte in der Menschheitsgeschichte zurückliegt. Genau wie der Fährtenhund benutzt der K.9-Manhunter Zeichen und die Spur, um den Trail seiner menschlichen Beute zu finden. Aber anders als beim Fährtenhund hat der Hundeführer hier eine spezielle Verbindung mit einem Hund, um die Quelle des Trails zu ermitteln, die der durchschnittliche Fährtenhund niemals entdecken wird – den Geruch.

Nur wenige Individuen können Menschen jagen. Noch geringer ist die Zahl derer, die wirklich außergewöhnlich gut darin sind. Bemühen Sie sich, außergewöhnlich zu sein, denn weniger zu tun könnte sich als tödlich herausstellen. Der Jäger könnte zum Gejagten werden.

1 Trailing oder

Dieses Material wurde vor kurzem im Mordprozess »Der Staat Kalifornien gegen Deshawn Lee Campbell«, Prozess Nr. CC12649 verwendet. Opfer war ein Polizeibeamter aus San José, Jeffrey Fontana. Der ehrenwerte Richter Northway am höheren Gerichtshof von Santa Clara County ließ diese Antragsschrift 402b am 19. Februar 2009 in einer Anhörung verlesen; sie diente dazu, die Grundlage der angebotenen Beweise zu bestimmen. Ein Bloodhound, Zack, trailte in diesem Fall den Verdächtigen, nachdem er vom Tatort geflüchtet war. Der Beweis des Hundes wurde in diesem Fall anhand von Zeugenaussagen durch den Hundeführer, den San-José-Polizisten Kevin Baughn, und mich selbst als Zeugen für die Disziplin im Trailen und Geruchsbeweis akzeptiert. Diese Anhörung war bedeutsam, weil laut Richter Northway der Fachausdruck »Trailing« nicht in den wenigen Präzedenzfällen in Kalifornien benutzt wurde, in denen ein Hund den Geruch eines Verdächtigen verfolgt hatte; der bis dahin gebräuchliche Fachausdruck war »Fährten« (»Tracking«). Der Richter legte fest, dass die Definitionen der beiden Disziplinen erheblich voneinander abweichen; daher war eine Unterscheidung erforderlich. Richter Northway reichte dieses Material bei der Kalifornischen Richter-Vereinigung für Vorschriften zur Unterweisung der Geschworenen-Jury ein.

Die Überschrift dieses Kapitels entspricht den Debatten und Auseinandersetzungen, die in diversen Diensthundeführerkreisen auftreten. Es gibt Puristen auf beiden Seiten, die einen professionellen Hintergrund und auch Kenntnisse in beiden Sparten haben. Wie dem auch sei, ich glaube, dass die Suche mit dem Diensthund in Zukunft auf der Trainingsphilosophie des Trailens basieren wird. Für mich ist Trailen letztendlich die viel effektivere Methode, um Menschen mit dem Hund aufzuspüren.

Um den Konflikt zwischen beiden Methoden zu verstehen, müssen wir deren Ursprung untersuchen. Das Konzept der »Fährtensuche« (»Tracking«) kommt von der visuellen Seite, um Zeichen und Spuren des Vermissten zu sichten und am Ende logisch zu verfolgen. »Fährten« (»Tracking«) wurde später von frühen K.9-Pionieren als ein einfacher Begriff benutzt, um ein komplexes Hunde-Verhalten während der Arbeit mit dem Menschen zu beschreiben. Es ist ein einfacher Weg, um zu beschreiben, was wir sehen, wenn ein Hund einen Menschen oder ein anderes Beutetier mittels Geruch verfolgt. Frühere Hundeführer machten aus ihren Erfahrungen und Meinungen eine Reihe von Trainingsprogrammen, die gegenwärtig den Status vieler moderner »Fährtenprogramme« im Polizeihundewesen definieren, auch wenn unser Verständnis von der Geruchstheorie seither exponenziell gewachsen ist.

Fährten?

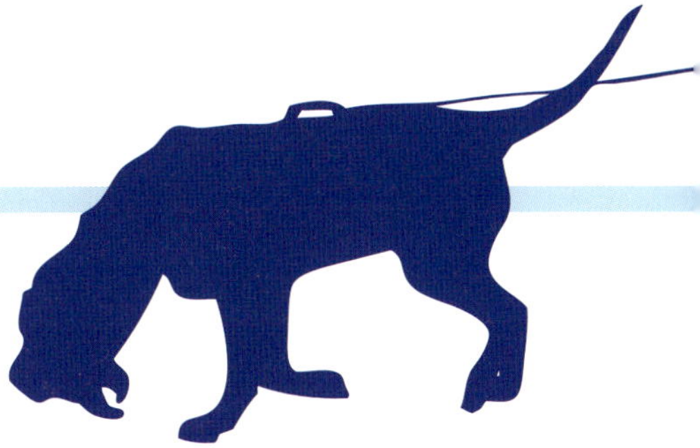

Es gibt viele Variationen desselben Themas »Fährten«, aber letzten Endes haben sie alle eine ähnliche Philosophie: Die Nase des Hundes folgt der Fährte eines Menschen auf weichem Untergrund. Wenn man dieses theoretische Modell auf einem harten Untergrund anwendet, auf einer Straße oder in einem modernen Großstadtdschungel, dann ist die Fähigkeit eines Hundes, den jetzt unsichtbaren Fußabdrücken zu folgen, beinahe ausradiert. Dies liegt nicht an der Rasse oder den Fähigkeiten des Hundes, sondern an der Art des Trainings, mit dem man ihn ausgebildet hat.

Die Theorie hinter dem »Fährten« hat in der Regel zwei Aspekte: 1. Die von den Fußtritten verursachte Bodenverletzung ist der Geruch, dem der Hund folgt und/oder 2. die Fußtritte sind der Ort, an dem sich menschlicher Geruch am stärksten konzentriert. Es ist leicht zu verstehen, warum viele Ausbilder früher so dachten. Sie trainierten ausschließlich auf weichem Untergrund unter relativ frischen Bedingungen. So entsprach ihre Wahrnehmung der Wirklichkeit – die Hundenase schwebte nahe über der tatsächlichen Fährte des Menschen. Folglich wurden auch Ausbildungsprogramme anhand dieser Trainingsphilosophie erstellt. Wenn die Hundenase von der vorgeschriebenen Höhe auf der Fährte abwich, wurde sie umgehend zurück auf die Fährte des Menschen gezwungen, ohne dass man die Gründe für das veränderte Suchverhalten verstanden hatte. Es wurde automatisch angenommen, dass der Hund keinen Geruch mehr hatte. Viele Leute meinen, dass der Hund genau auf der Spur sein müsste, um Geruch wahrzunehmen.

Jeff und Ronin nehmen eine des Bankraubs verdächtigte Person fest.

Ich glaube, dass diese Sicht der Dinge auf unserem eigenen eingeschränkten Geruchssinn und falschen Überlegungen beruht. Mit einfachen Tests wurde wieder und wieder bewiesen, dass Hunde Geruch von einem festen Ort über weite Entfernungen hinweg wahrnehmen können. Wir müssen ganz einfach über die Frage nachdenken: Wenn Hunde bewiesenermaßen den Geruch einer Bodenverletzung oder des Menschen, der sie verursacht hat, über mehr als nur wenige Zentimeter über der tatsächlichen Fährte wahrnehmen können, warum sollte man dann die Hundenase in diese besagte Fährte hineinzwingen? Ich vergleiche es gern damit, die Nase des Hundes in seine eigenen Hinterlassenschaften zu drücken, wenn er auf den Teppich gemacht hat. Das ist einfach ein schlechtes Vorgehen.

Lassen Sie uns nun untersuchen, was mit dem menschlichen Geruch passiert, wenn das Musterbeispiel sich ändert und machen wir einen Schritt vom frisch gepflügten Maisfeld direkt auf den Schotterweg des Maisbauern. Wenn wir Glück haben, können wir die Fährte von Beginn an sehen und vielleicht auch noch die schwachen Farbveränderungen der Schottersteinchen, deren von der Sonne getrocknete Oberseite nun zuunterst und die feuchte Erdseite zuoberst liegt. Vielleicht sind wir so in der Lage, die Fährte und Richtung zu erkennen, in der der Mensch hier entlangging. Oder noch besser: Wechseln wir vom Schotterweg auf den daneben liegenden Highway. Die Spur verschwindet, und jetzt ist es unmöglich, die Hundenase da hinein zu drücken. Also funktioniert der auf Asphalt gelegte Trail für den durchschnittlichen Polizeihund selten, und das ist eine Schande.

Trailing, wenngleich ein relativ moderner Begriff, hat seinen Ursprung in der englischen und frühen amerikanischen Geschichte, als Bloodhounds eingesetzt wurden, um Kriminelle zu suchen - und im Fall unserer eigenen amerikanischen Siedlungsgeschichte, um marodierende Indianerstämme im Konflikt mit den früheren Siedlern zu jagen. Die Hunde wurden auf einen bestimmten menschlichen Geruch angesetzt und hatten die Freiheit, diesem Geruch zu folgen, wo immer er sie hinführte. Diese Geschichte ist in alten Zeitungsanzeigen aus der Siedlerzeit dokumentiert, als die Kolonisten nach Bloodhounds suchten.

»Trailing« beschreibt die Kunst, dem Hund zu erlauben, einem menschlichen Geruch zu folgen, wo immer dieser sich befinden könnte – auf dem Boden oder in der Luft. Man kann sogar einen Schritt weitergehen, indem man noch Geruchsunterscheidung hinzufügt. Jedes einzelne Lebewesen, Tier oder Mensch, produziert je nach Spezies und anderen bestimmenden Faktoren wie Gebrechen, jeweiliges Alter, Geschlecht, bestimmte individuelle Merkmale usw. einen unverwechselbaren Geruch. Die Menge des produzierten Geruchs ist abhängig von verschiedenen grundlegenden Faktoren – psychische Verfassung wie Angst oder Ärger, Anstrengung oder jeweilige gesundheitliche Aspekte. Offen gesagt: Manche Menschen riechen für unsere Hunde einfach stärker als andere. Und je stärker sie riechen, desto besser!

Anders als beim Fährten ist einem Trailhund mehr Bewegungsfreiheit erlaubt, und wichtiger noch, ein gewisses Maß an Unabhängigkeit. Unabhängigkeit bei einem Polizeihund wird normalerweise als Widerspruch betrachtet. Es ist jedoch entscheidend zu verstehen, dass Geruch die Welt des Hundes ist und dass ein Hund ein besseres Gespür für das Auffinden des Geruchs hat als wir Menschen. Unsere Aufgabe als Hundeführer ist es

einfach, seine Bewegungen zu deuten und ihnen zu folgen. Das heißt nicht, dass es dem Hund erlaubt ist, seinen eigenen Geschäften nachzugehen, wie es ihm passt - es handelt sich vielmehr um eine Partnerschaft, die auf beiderseitigem Verständnis von Grenzen und individuellen Fähigkeiten basiert.

Das Verhalten des menschlichen Geruchs auf dem Trail

Um Trailing zu verstehen, muss ein Hundeführer sich weit mehr mit der Geruchstheorie befassen, als das normalerweise üblich ist. Jeder einzelne umwelt- oder menschengemachte Zustand hat einen Einfluss auf den menschlichen Geruch und wie der Hund diesen wahrnehmen könnte. Jedes Element muss betrachtet und bewertet werden, nicht nur bevor, sondern auch während der Hund arbeitet. Trailing kann ein durchgehender, von einem zu einem anderen Punkt führender Trail menschlichen Geruchs sein, aber auch ein komplexes Spiel, das darin besteht, undeutliche, sich an verschiedenen Stellen befindende »Geruchspunkte« zu einer Schlussfolgerung zusammenzusetzen. Die Fähigkeit des Hundes, dieser Spur zu folgen, hängt von seinem Training und seinen angeborenen körperlichen Fähigkeiten ab.

Trailing berücksichtigt die Tatsache, dass der Geruch nicht fest in der Fährte des Gesuchten verbleibt, schon gar nicht auf Asphalt. Je nach den Bedingungen kann der Geruch einer gehenden Zielperson leicht Hunderte Meter oder noch weiter fliegen. Es ist deshalb unlogisch, einen Hund zum Verfolgen eines Geruchspfads zu zwingen, der einfach nicht mehr da existiert, wo er ursprünglich hingefallen war. Nehmen wir als Beispiel einmal einen extrem heißen, trockenen und windigen Tag mitten in irgendeiner amerikanischen Stadt. Es gibt wenig bis keine Vegetation und man kann die Hitze von der Oberfläche des Asphalts flimmernd hochsteigen sehen wie vom Grill in einer Imbissbude. Die Hitze des Asphalts wirkt wie ein Rückstrahler und Zerstörer des Geruchs, sodass dieser nicht bleibt, wo er hinfällt– wenn er überhaupt niederfällt. Stattdessen zerstreuen sich die Geruchspartikel bei Wind, Hitzewellen und körperlicher Beeinflussung und können sich an jedem Hindernis fangen. Dabei ziehen alle Feuchtigkeit beinhaltenden Dinge wie z.B. Vegetation die Geruchspartikel besonders leicht an. Meine Theorie ist, dass Geruchspartikel hydrophil, also feuchtigkeitsliebend sind. Sie werden von Feuchtigkeit und kühlen Stellen mit hohem Sauerstoffgehalt angezogen. Dies liegt daran, dass biologische Stoffe auch biologischen Zersetzungsprozessen unterliegen. Wenn auf Kohlenstoff basierende Materie oder geruchsproduzierende menschliche Partikel zersetzt werden, unterliegen sie der gleichen aeroben Bakterienaktivität wie jeder andere ähnliche Stoff. So wie sich der Stoff zersetzt, zersetzt sich auch der Geruch. Außerdem glaube ich, dass der Geruch sich mit diesem Zersetzungsprozess auch verändert und »altert«.

An Orten mit wenig oder keiner Vegetation sammelt sich Geruch an Stellen, an denen er nicht so leicht weggeweht oder zerstört wird. Kühle, schattige Stellen halten den Geruch besser als flache, offene Oberflächen wie Asphalt, die der Sonneneinstrahlung oder menschlicher Beeinflussung ausgesetzt sind. Bestimmte Gase wie zum Beispiel Kohlenmonoxid haben ebenfalls negativen Einfluss auf den Geruch.

Hundeführer Jason McCollim mit Sookie.

Ein Geruchstrail ist nicht sichtbar, sondern wird durch das Lesen der körperlichen Reaktion des Hundes darauf interpretiert, ob er Geruch hat oder nicht. Einen Hund lesen zu können, während er arbeitet, ist das eine - aber schwierig wird es, wenn er nicht mehr auf dem Geruch ist. Oder noch wichtiger - wenn er nicht mehr auf dem Geruch ist, auf den er angesetzt wurde. Die Leichtigkeit, mit der ein Polizeihund vom Hundeführer unbemerkt den Geruchstrail (egal ob von Tier oder Mensch) wechseln kann, ist absolut unheimlich, es sei denn, der Hundeführer kann die feinen Verhaltensänderungen seines Hundes außergewöhnlich gut erkennen, wenn dieser auf eine andere Spur überspringt.

Wir Menschen sind visuell orientiert und neigen dazu, Dinge vom visuellen Standpunkt aus zu betrachten. Wenn ich über das Verhalten des menschlichen Geruchs spreche, bemühe ich mich deshalb, ihn zumindest für einen kurzen Moment oder auch nur in unserer Vorstellung sichtbar zu machen. Stellen Sie sich eine Person vor, die mit einer roten Rauchgranate mitten auf einer Wiese steht– die Farbe Rot hebt die Person in diesem Fall gegenüber allen anderen ab. Wenn es auch nur ein bisschen windig ist, wird der rote Rauch mit dem Wind wehen und sich an jedem Gegenstand sammeln, der ihn zurückhält. Das kann eine kleine Bodenvertiefung, ein Baum oder sogar ein Grashalm sein. Wenn diese Person geht oder sich bewegt, bewegt sich der Rauch ebenfalls. Änderungen der Umweltbedingungen wie mehr oder weniger Wind, Regen, große Hitze oder Feuchtigkeit haben einen mehr oder weniger großen Einfluss auf den Geruchstrail.

Fügen wir nun eine weitere Person mit einer andersfarbigen Rauchgranate hinzu, die auf der Wiese umhergeht und deren Rauch sich mit dem der ersten Person vermischt. Beide Gerüche sind sichtbar, aber eine klare Trennung wird schwer zu bestimmen sein. Noch komplizierter wird es, wenn noch eine oder mehrere Personen hinzukommen. Irgendwann kommt man an einen Punkt, an dem es unmöglich wird, eine Rauchfarbe von der anderen zu unterscheiden. Hunde, so vermute ich, erleben das gleiche Dilemma, aber in einem anderen Zusammenhang. Sie sehen einen Trail nicht, sie riechen ihn. Wer hat den einfacheren Job?

Dieses Szenario stelle ich mir immer gerne vor, wenn ich einen neuen Hund arbeite. Die meisten Hunde können während der ersten Trainingseinheiten eine Person bewältigen, vielleicht auch zwei. Fügt man jedoch eine Straße in einer größeren Stadt hinzu, so kann diese Mischung aus Tausenden oder auch Millionen von unbekannten Gerüchen zu einem Alptraum für jeden Hund werden, so gut die Gerüche auch sein mögen. Am besten trainiert man das Trailen in kleinen, einfachen Schritten mit einem klaren Ziel im Kopf.

Trailing wird oft als gleichbedeutend mit Geruchsunterscheidung betrachtet oder der Fähigkeit des Hundes, einen bestimmten menschlichen Geruch unter vielen anderen Gerüchen wahrzunehmen. Diesbezüglich gibt es viele Denkmodelle. Manche glauben, dass Hunde diese Fähigkeit gar nicht haben und arbeiten deshalb stets auf Basis der jeweils frischesten Spur in einem Gebiet. Um diese Thematik richtig auszudiskutieren, würde ich ein ganzes eigenes Buch benötigen. An dieser Stelle möchte ich nur sagen, dass alle Kaniden meiner Meinung nach die Fähigkeit zur Geruchsunterscheidung besitzen und dass es diese Eigenschaft ist, die sie in der Natur als unglaubliche Jäger so besonders hervorhebt. Ich glaube jedoch nicht, dass diese Fähigkeit hundertprozentig exakt ist. Es gibt Kräfte auf dem Trail, die einen Hund verwirren und ablenken können. Dies erst recht, wenn ein Hund in einem Vorort oder auf einer Großstadtstraße durch einen ganzen Schmelztiegel menschlicher Aromen waten muss. Die Stufe, auf welcher der Hund arbeitet, sollte seinem Training, seinen angeborenen Eigenschaften oder seinem Beutetrieb angemessen sein.

Der Geruchsartikel

Es hängt von vielen Faktoren ab, ob der Hund des Hundeführers den Trail findet und ihm folgt. Allerdings ist meiner Meinung nach der wichtigste und entscheidendste Faktor der Geruchsartikel. Ein Geruchsartikel ist ein Gegenstand, der den Geruch eines bestimmten Menschen trägt. Der typische Geruchsartikel für diese Art von Arbeit ist meistens ein Kleidungsstück. Aber auch irgendetwas, das der Mensch berührt oder festgehalten hat oder das sich in seiner nahen Umgebung befand, kann als Geruchsartikel geeignet sein. Der durchschnittliche Mensch wirft Hunderte bis Tausende Geruchspartikel pro Sekunde ab – je nachdem, wie sehr er sich körperlich angestrengt hat und je nach seiner emotionalen und körperlichen Verfassung. Allein die Tatsache, dass jemand sich über einen Gegenstand beugt, kann diesen schon mit dem eigenen Geruch versehen. Ein Gegenstand braucht nur wenig Kontakt, um ein Geruchsartikel zu werden. Außerdem passiert es sehr leicht, dass derselbe Gegenstand von einem anderen menschlichen Geruch kontaminiert und dadurch zu einem Problem für den Hundeführer wird.

An einem echten Tatort kann es schwierig werden, einen Gegenstand zu finden (wenn einer da ist), der relativ unkontaminiert von Fremdgeruch, aber auch gut genug ist, um den Hund zum Ziel zu führen. Das größte und häufigste Problem sind Ermittler, die den Tatort mit ihrem Geruch kontaminieren. Es gibt meistens nur ein kurzes Zeitfenster für den Hundeführer, den Geruch der Zielperson zu lokalisieren, zu sichern und zu benutzen. Idealerweise sollte der Hundeführer als Erster am Tatort sein, um einen geeigneten Geruchsartikel zu finden und einzusammeln. Ist dieser Luxus nicht gegeben, können sachkundige Helfer vor Ort diese Nische füllen. Meistens ist alles am Tatort kontaminiert. In diesem Fall ist es wichtig, zu überlegen, wer am Tatort war und wer Kontakt mit dem vorgesehenen Geruchsartikel hatte. Eine Methode, die bei einem kontaminierten Artikel angewendet werden kann, ist »missing member« (der fehlende Beteiligte), beschrieben 1950 von Jim Kjelgaard: Dem Hund wird ermöglicht, an allen Personen, die am Tatort waren, vorab zu schnüffeln und so zwischen den Anwesenden und der fehlenden Person zu differenzieren. Ich habe zwar viele Erfahrungen mit der »missing member«-Methode, komme aber zu keinem eindeutigen Schluss. Meiner Meinung nach ist sie ein notwendiges, aber nicht ganz zuverlässiges Werkzeug für einen kontaminierten Tatort. Dies könnte an anderen, nicht greifbaren Gerüchen auf oder um den Artikel liegen oder an Faktoren, über die sich die Ermittler nicht ganz sicher sind. Trotzdem hatte ich Erfolg mit dieser Methode und finde, dass man sie anwenden sollte, wenn der Geruchsartikel stark kontaminiert ist.

Der Geruchsartikel ist für einen erfolgreichen Trail nicht immer notwendig, aber er ist ein nützliches Werkzeug und ein Hundeführer sollte imstande sein, ihn zu bestimmen und zu benutzen. Der »place last seen«, also der Ort, an dem die gesuchte Person zuletzt gesehen wurde, ist nicht immer ein guter Startpunkt, weil der frischeste Trail auch der eines Ermittlers oder Zuschauers sein könnte. Der Gebrauch eines Geruchsartikels ist eine sehr sensible Angelegenheit und ein solides Training im Umgang mit dem Geruch ist wesentlich für eine einwandfreie und korrekte Anwendung. Zumindest sollte der Hundeführer immer die Empfindlichkeit der Hundenase im Kopf haben und bedenken, wie wenig Geruch zur Wahrnehmung wirklich nötig ist.

Hält ein Hundeführer sich an diese Denkweise, wird er mit viel größerer Wahrscheinlichkeit einen unkontaminierten Geruchsartikel einsammeln und erfolgreiche Trails haben.

Kleine und mittelgroße Geruchsartikel müssen um jeden Preis geschützt werden, wenn sie zum Starten eines Trailhundes genutzt werden sollen. Ich hatte immer einen Bestand von hoch belastbaren Ziploc-Tüten in verschiedenen Größen in meinem Streifenwagen. Papiertüten funktionieren nicht, weil sie leicht von Geruch zu durchdringen sind und so jeder Gegenstand darin schnell kontaminiert wird. Ein Marmeladenglas ist der beste Behälter, in dem sich der Geruch hält. Falls ein Gegenstand vom Hundeführer nicht angefasst werden darf, weil er als Beweismittel dienen soll, gibt es die Möglichkeit, den Geruch vom Gegenstand zu extrahieren. Dazu habe ich immer einen Bestand von 10 x 10 cm großen, sterilen Kompressen in meinem Kofferraum. Man kann den Geruch von den meisten Gegenständen abnehmen, indem man die Kompresse einfach für einen Moment auf den Gegenstand legt.

Ein Geruchsartikel muss nicht immer ein beweglicher Gegenstand sein oder einer, den man eintüten muss, es kann auch einfach eine Stelle sein wie z. B. eine Fensterbank, ein Autositz oder eine Türklinke in der Wohnung. Sogar ein anderer Mensch kann »Geruchsartikel« sein. Nehmen wir beispielsweise den Tatort eines bewaffneten Raubüberfalls in einer Innenstadt, bei dem das Opfer körperlich angegriffen wurde. Es wurde nichts hinterlassen außer dem Geruch des Täters auf dem Körper oder der Kleidung des Opfers. Eine Person, die von einem anderen berührt wurde, kann selbst der Geruchsartikel sein. Es ist keine einfache Methode, aber sie kann funktionieren.

Sobald ein Trailhund trainiert wurde, Geruch zu unterscheiden und dem individuellen Trail inmitten von vielen anderen zu folgen, wird es zunehmend wichtiger, bewusst auf die Brauchbarkeit des jeweiligen Geruchsartikels zu achten. Es ist absolut wichtig zu verstehen, dass es ein reines Glücksspiel ist, wem der Hund folgen wird, wenn ein Artikel mehrere menschliche Gerüche trägt und diese einzelnen Leute alle in dem Gebiet waren, in dem der Hundeführer seinen Hund startet. Hier scheint es unausweichlich so zu sein, dass der Hund immer dem frischesten oder dem spannendsten Geruch folgt. Hier kommen einem sofort der Geruch nach Angst oder anderer gefühlsmäßig beeinflusster Geruch in den Kopf. Ich glaube, dass hierin oftmals der Grund dafür liegt, warum viele traditionelle Fährtenhundeführer die Geruchsunterscheidung aufgegeben haben: Sie erkannten, dass ihre Hunde eher den frischesten oder den mit starken Emotionen verbunden Trail arbeiteten.

Viele Hundeführer denken nie darüber nach, wie empfindlich ein Geruchsartikel ist

Hundeführer Philip Roth und sein Diensthund nähern sich einem gefährlichen Fund.

und wie leicht er kontaminiert werden kann. Wenn der Hund erfolgreich sein soll, muss der Geruchsartikel den überwältigenden Geruch der Zielperson tragen und der Trail der Zielperson muss in der Gegend liegen, in der der Hund gestartet wird. Ein extrem großer Teil unseres Trainingsprogramms ist streng auf die Beschaffenheit des menschlichen Geruchs, das Einsammeln, Aufbewahren und Präsentieren ausgerichtet.

Die Ausrüstung

Die Qualität und Beschaffenheit der Ausrüstung, die der Hundeführer benutzt, ist von höchster Wichtigkeit. Dies gilt vor allem dann, wenn das K.9-Team im Trailing erfahrener wird, denn dann werden die Einsätze häufiger und die Trails extremer, vor allen Dingen im Hinblick auf die Entfernung. Ich kann mich an über zehn Meilen lange Trails erinnern, die nicht nur anstrengend für meinen Körper waren, sondern auch meine Ausrüstung ruinierten. Deshalb wechselte ich schnell zu Sachen, die stabiler und haltbarer waren. Wichtig ist auch die Bequemlichkeit in der Anwendung von allem. Wenn ich Probleme habe, meinem Hund das Geschirr im Dunklen ohne Licht anzulegen, benutze ich es nicht mehr.

Die beiden entscheidenden Teile der Hundeausrüstung sind die lange Leine und das Geschirr. Ich bin der Meinung, dass der Hund ein Geschirr haben muss und niemals am Halsband suchen sollte. Die Intensität dieser Arbeit führt sonst in Kombination mit der Dauer des Jobs zu einer Belastung des Genicks und zu Gesundheitsproblemen. Außerdem finde ich, dass das Anlegen des Geschirrs für einen Polizeihund ein Signal für den anstehenden Trailjob und für nichts anderes ist.

Ich bevorzuge lange Leinen von acht bis zehn Metern, was viele für eine gute Kontrolle als viel zu lang empfinden. Ich bin da anderer Ansicht und argumentiere wie folgt: Jeder hochmotivierte Diensthund arbeitet tendenziell mit höherer Geschwindigkeit, wenn er trailen anstatt fährten darf. Wird ihm nicht ein Minimum an Freiraum zum Arbeiten gegeben, wird das Gewicht des Hundeführers nichts als eine Ablenkung und ein Bremsanker sein und das Verlieren des Trails beschleunigen – vor allen Dingen in städtischer Umgebung. Eine Zehn-Meter-Leine gibt dem Hundeführer die Möglichkeit, dem Hund zehn Meter Freiraum in weitem, offenem Gebiet zu geben. Diese Beweglichkeit kann bis auf wenige Meter begrenzt werden, wenn die Sicherheit Vorrang hat. Es ist eine einfache Sache des Einholens und Nachgebens der Leine. Ich setze es gerne mit dem Einholen eines großen Fisch an einer Angel gleich: Es gibt Momente, zu denen der Fisch mehr Schnur braucht, und Momente, wo sie wieder eingeholt wird. Das Problem der meisten Hundeführer ist, dass sie nicht genug mit der langen Leine üben, um damit klarzukommen, weshalb sie schließlich zur kurzen Leine wechseln und vor- und zurückhopsen wie der sprichwörtliche Flipperball. Leinenkontrolle und viel praktische Übung sind der Schlüssel zum Erfolg.

Meine eigene Ausrüstung wurde interessanterweise auf Umwegen zu einer Reminiszenz an die alte Schule des Trailens aus der Zeit um die Jahrhundertwende. Ich begann mit einem Nylongeschirr mit Wolle unter der Brustplatte und einer Zehn-Meter-Nylonleine. Ich lernte schnell, dass lange, anstrengende Trails durch dichte Büsche Tonnen von Kletten und Brennnesseln in der Brustplatte sammelten und meinen Hund wundrieben. Weil mein Hund ein hoch triebiges, schnell arbeitendes Monster war, brannte die Nylonleine Furchen in meine bald schwielig werdenden Hände. Wenn die Leine dies mit meinen Händen macht, so fragte ich mich, was würde dann das Nylon-Geschirr mit meinem Hund machen?

Schließlich wechselte ich zu einem Geschirr, das im Stil der Arbeitspferde-Geschirre gearbeitet war. Die Ledervorrichtung sah massiv und schwer aus, aber es stellte sich heraus, dass sie für meine Hunde sehr angenehm und außerdem leicht anzulegen war. Die Brustplatte war aus doppeltem, 360 g schwerem Leder gefertigt, das breit, aber geschmeidig war, den Druck weiträumig über die Brust meines Hundes verteilte und dabei die Abnutzung und Hautabschürfungen reduzierte. Ich wechselte zu einer 10-Meter-Leine aus gerollter, etwa 500 g schwerer Bullenhaut. Diese Lederart ist selten und höchst begehrt. Sie ist stark und belastbar, gibt mir aber dennoch eine gute Griffigkeit und Verbindung zu meinem Hund. Sie verknotet nicht so leicht und brennt vor allem nicht bei einem losen Griff in der Hand, wenn mein Hund voll durchzustarten beschließt.

Diese Leine hat vor 15 Jahren 150 Dollar gekostet, das Geschirr habe ich selbst angefertigt. Heutzutage ist es schwierig, das richtige Leder für diese Art von Leine zu finden, aber wie ich gehört habe, stellen die Amish es wohl noch her. Soviel ich weiß, war es ursprünglich für die Bandantriebe sehr großer Industrienähmaschinen gedacht, die nicht mehr existieren. Ich besitze drei dieser Leinen im Alter zwischen 10 und 15 Jahren und sie sind heute noch genauso geschmeidig wie damals, als ich sie kaufte. Keine meiner anderen Leinen kam jemals an die Qualität dieser Bullenhaut heran. Das Geschirr stelle ich selbst her, aber der Preis eines Sattlers für diese Arbeit dürfte bei etwa 200 US-Dollar liegen.

Vielleicht fragen Sie sich, warum die Trail-Ausrüstung so stabil und teuer sein muss, aber meiner Erfahrung nach bekommt man in dieser Welt das für sein Geld, was man bezahlt, und wenn es beim Trailen um Leben und Tod geht, ist kein Aufwand zu groß.

Für meine eigene Ausrüstung habe ich früh gelernt, dass leichter besser ist. Wenn ich davon ausgehe, dass der Trail, den ich laufen werde, lang und schwer wird, trage ich sehr wenig mit mir herum. Ich hatte im Kofferraum meines Streifenwagens immer einen Pistolengürtel mit meiner Waffe, einem Ersatzmagazin und einer Feldflasche. Ich tauschte diese Kluft gegen meine traditionelle Sam-Browne-Lederausrüstung, die ich immer auf Streife trage. Später wechselte ich zu einem Camel-Back-Rucksack für das Wasser. Gute Schuhe sind immer wichtig. Ich muss in der Lage sein, damit lange Strecken schmerzfrei zurückzulegen. Ich lernte schnell, dass nicht das Aussehen, sondern nur meine Bequemlichkeit wichtig ist. Sollte ich müde werden oder Schmerzen bekommen, wäre meine Fähigkeit beeinträchtigt, meinen Hund lesen zu können. Es erübrigt sich zu sagen, dass es grässlich ist, in der traditionellen Wollkluft zu laufen. Ein Gemisch aus Polyester und Baumwolle ist da wesentlich angenehmer. Was ein Polizist im Dienst trägt, wird natürlich nicht nur von seinen persönlichen Vorlieben, sondern auch von den Anweisungen seiner Dienststelle bestimmt.

Als Erster am Einsatzort

Die beste Situation für das Trailteam ist, als Erster am Einsatzort zu sein. Wenn der Hundeführer prompt dort ankommt, wird er die Gelegenheit haben, sich schnell einen Überblick zu verschaffen und alle Faktoren zu finden, die den Hund im Positiven wie Negativen beeinflussen könnten. Es ist gut zu wissen, wie viele Leute dort waren und was sie taten, bevor der Hundeführer seinen Hund startet. Wenn ein Hundeführer diese Faktoren kennt, wird er letztendlich weniger Zeit damit verbringen, den Spuren anderer Leute zu folgen, die vor seiner Ankunft dort waren.

Er hat außerdem Gelegenheit, sich auf den bevorstehenden Job vorzubereiten. Hundeführer müssen sich ihrer Umgebung bewusst sein und wie diese ihren Hund durch Gerüche, Anblicke oder Geräusche störend bei der Arbeit beeinflussen kann. Wenn zum Beispiel ein Hund aus der Nachbarschaft Krawall macht und eine Ablenkung darstellen könnte, falls der Trail an ihm vorbei führt, sollte der Hundeführer zusehen, dass dieser für kurze Zeit woanders untergebracht wird. Wenn die Polizei am Einsatzort arbeitet und etwa die Nachbarschaft befragt, sollte der Hundeführer dafür sorgen, dass dies zu einem späteren Zeitpunkt geschieht bzw. es vorübergehend einstellen lassen, bis er den Hund gestartet hat. Wenn der Hund Geruch hat und einen Trail findet, kann die Untersuchung schnell wieder aufgenommen werden. Es gibt für die Beweisfindung ohnehin nichts Besseres als einen Trailhund mit guter Geruchsunterscheidung, und die Wahrscheinlichkeit, dass Beweismaterial zerstört wird, ist mit einem guten Hundeführer geringer. Andererseits gibt es nichts Peinlicheres, als nicht zu wissen, welche Person was getan hat bzw. wo ein Polizist entlang gegangen ist. Hin und wieder, wenn ein gutmeinender Polizeibeamter unbeabsichtigt den Geruchsartikel des Hundeführers mit seinem eigenen Geruch kontaminiert hat und den Einsatzort verlässt, wird der Hund dieser frischesten Spur folgen. Ich weiß das so genau, weil ich es schon selbst getan habe – und zwar viele Male.

Wenn der Hundeführer nicht in den Genuss kommt, sofort am Einsatzort zu sein, sollte er jemanden Verantwortlichen fragen, wer gekommen und gegangen ist, wo die betreffenden Personen waren und wenn möglich, was diese Personen gemacht haben. Noch besser ist, wenn noch alle anwesend sind und der Hund jeden kurz beriechen kann, bevor der Hundeführer den Trail startet. Das ist keine große Sache und in wenigen Sekunden erledigt.

Wenn ich am Einsatzort ankomme, beschaffe ich mir schnell die nötigen Informationen über den Tathergang, ohne dabei zu sehr ins Detail zu gehen. Ich erfrage, wer wohin gegangen ist und höre gerne Zeugenaussagen an, solange sie richtig sind. Im Gegensatz zur gängigen Annahme lügen auch Zeugen und denken sich Informationen für ihr eigenes Ego aus oder um die Polizeibeamten zu beeindrucken. Manchmal ist der »Zeuge« auch nichts anderes als ein Komplize. Ich genieße deshalb Zeugenaussagen immer mit Vorsicht und lese die Körpersprache meines Hundes, um den tatsächlichen Ausgangspunkt des Trails zu finden.

Ich hatte schon Fälle, wo jeder, auch andere Polizeibeamte, darauf beharrte, dass der Trail in die eine Richtung ging, während mein Hund in die andere Richtung lief. Wenn mein Hund durch seine Körpersprache zeigt, dass er auf dem Geruch der Person ist, auf die ich ihn ansetze, dann folge ich ihm immer. Wenn ich die allgemeine Situation kenne, suche ich als Nächstes den bestmöglichen Geruchsartikel, sammele ihn wenn möglich in einer Tüte, etikettiere und sichere ihn. Falls irgendjemand meinen Geruchsartikel berührt hat, sehe ich zu, dass diese Person am Start anwesend ist. Wenn ich das so handhabe, habe ich eine bessere Chance, den Trail des Verdächtigen zu finden.

Nachdem ich weiß, was passiert ist und einen Geruchsartikel habe, erkunde ich die Gegend, um sicher zu sein, dass keine Gefährdungen oder Ablenkungen für meinen Hund vorhanden sind. Sollte es welche geben, eliminiere oder minimiere ich sie. Als Letztes gebe ich meinem Hund eine Pause und lasse auch ihn die Gegend erkunden. Dies ist eine gute Gelegenheit, ihn seine Blase leeren zu lassen und gibt ihm die Möglichkeit, die Gerüche am Einsatzort aufzunehmen. Wenn es die Zeit erlaubt, gebe ich meinem Hund mehrere Minuten, die Gegend mit seiner Nase zu erkunden, bevor wir beginnen. Der Hund macht das sowieso und es spart Zeit, wenn er das tun kann, bevor ich mit der Arbeit beginne. Ich versuche eine ganze Runde an der kurzen Leine und am Halsband zu machen und lasse ihn jede anwesende Person prüfen. Dies muss nicht lange dauern, sondern erfolgt recht schnell und mit schnellem Schritt. Es ist sehr wichtig, seinen Hund während dieses Rundgangs sehr genau zu beobachten, weil – je nach Art des Verbrechens und wie emotional aufgeladen es war – der Verbrecher einen Trail hinterlassen hat, der unter allen anderen hervorsticht. Während wir so laufen, kann es zum Beispiel sein, dass mein Hund plötzlich mit einer schnellen, kurzen Kopfbewegung in eine bestimmte Richtung zeigt. Ich merke mir diese Reaktion, animiere ihn jedoch noch nicht. Wir arbeiten noch nicht und der Trail hat noch nicht begonnen. Die Kopfbewegung könnte tatsächlich ein Hinweis auf eine Richtung sein, in die der Verbrecher ging, aber es könnte auch ein Hundekumpel eines anderen Diensthundeführers sein. Merken, aber nicht animieren!

Der Startpunkt, um seinem Hund den Geruchsartikel zu präsentieren, kann für den Hundeführer heikel sein. Viele glauben, der beste Platz sei direkt an der Stelle, von der man weiß, dass sich dort die Person befunden hat. Dies ist für den Hund nicht immer leicht, sei es aus körperlicher oder aus geruchlicher Sicht. Die Geruchssituation ist oftmals die schwierigste Situation. Falls der »place last seen« das Haus des Verbrechers ist oder eine Stelle, die er stark frequentiert hat, kann die Gegend erheblich von seinem Geruch durchtränkt sein. Dies ist dann ein riesiger Geruchspool und es kann viele verschiedene Ausgänge unterschiedlicher Altersstufen geben. Dies kann selbst den besten Trailhund verwirren. Wenn das Gebiet mit dem zu suchenden Duftstoff stark durchtränkt ist, ist es nicht leicht, den frischesten Weg hinaus zu finden. Die Wege sind verwischt, und es kann erheblich Zeit kosten, sich durch all das durchzuarbeiten. Es besteht auch die Möglichkeit, dass der Hund gar nicht hinausfindet.

Bei Hunden, die aus einem großen oder stark mit Ablenkungen durchzogenen Geruchspool nicht herausfinden, ist fast immer das vorherige Training schuld. Viele Hundeführer arbeiten ihre Hunde viel zu oft in relativ »sauberen« oder immer wieder den gleichen Gebieten. Sehr selten werden Geruchssituationen geübt, die einem Tatort gleichen, an dem der Hund später arbeiten soll. Wenn mein Hund einmal mit den Basisübungen vertraut ist, wird das gesamte spätere Training immer im Hinblick auf Geruchsunterscheidung und Ablenkung gestaltet.

Wenn mein Hund Probleme hat, den Weg herauszufinden, und es liegt nicht am Geruchsartikel, gibt es zwei Möglichkeiten: 1. Die Person, die ich suche, war von vornherein nicht da, oder 2. der Trail ist zu verdeckt oder kontaminiert, dann wird es Zeit, den »Perimeter« (Kreisumfang) zu arbeiten.

Diese alte visuelle Fährtentechnik benutze ich, um eine neue Spur zu finden, wenn die alte Spur einfach versickert ist. Dabei arbeite ich meinen Hund in konzentrischen Kreisen weg vom Startpunkt. Der Abstand der Kreise variiert vom Gebiet und von den Gegebenheiten, jedoch bevorzuge ich 7- bis 10-Meter-Intervalle. Ich wiederhole diese Kreise, bis mein Hund einen Trail aufnimmt, den er vorher nicht finden konnte, oder er findet nichts und es ist Zeit zu stoppen. Wenn der Hundeführer den Hund zu sehr drängt, kann es sein, dass der Hund irgendeinen Trail aufnimmt, um den Hundeführer zufriedenzustellen.

Diese Art der Arbeit kann man nicht von einem Hund erwarten, der das nie geübt hat. Wie bei jeder neuen Aufgabenstellung muss der Hund trainiert werden. Ich beginne mit einem Trail, den der Hund kann, mit einem ersten Kreis, und wenn er das beherrscht, weite ich diesen aus oder füge einen weiteren hinzu.

Das Lesen eines Trailhundes

Das Problem, das die meisten Hundeführer haben, ist ihre Unfähigkeit, den Hund richtig zu lesen. Dies gilt vor allen Dingen dann, wenn es sich um einen echten Einsatz handelt. Es ist unerlässlich, bei jedem Einsatz, den man arbeitet, die Unterstützung einer als Backup bezeichneten Hilfsperson in Anspruch zu nehmen. Der Backup ist Auge und Ohr des Hundeführers und achtet auf Hindernisse, Gefahren und Ablenkungen. Dies erlaubt dem Hundeführer, sich auf den Hund zu konzentrieren und ihn ohne Ablenkung zu beobachten. Jeder Trailhund zeigt spezielle Reaktionen, wenn er auf dem Trail ist. Allerdings ist jeder Hund anders. Es ist falsch zu glauben, dass eine bestimmte Ruten- oder Kopfhaltung bei jedem Trailhund die gleiche wäre. Wenn ein Trailhund seine Zielperson in der Nase hat, basieren seine Körperreaktionen auf Instinkt, körperlichen Rassemerkmalen und seinen individuellen Eigenheiten.

Je nach Fähigkeit des Hundes zur Geruchswahrnehmung kann er seinen Kopf höher oder tiefer über dem Boden tragen. Auch Umweltbedingungen spielen dabei eine Rolle, jedoch wird ein »kaltnasiger« Hund (ein Hund, der wenig Geruch braucht) oftmals seinen Kopf höher über dem Boden tragen als seine Artgenossen. Wenn ich den Kopf eines Trailhundes betrachte, finde ich es auch wichtig zu schauen, wie seine Ohren liegen. Sind sie nach vorn gespitzt, zurückgelegt, liegen sie an den Seiten des Schädels an oder sind sie nach außen gedreht? Selbst Hunde mit Schlappohren wie Bloodhounds oder Labradore oder andere Jagdhunde haben sehr unterschiedlich angesetzte Ohren, auch wenn die Unterschiede vielleicht nicht so augenscheinlich sind wie bei ihren spitzohrigen Verwandten.

Wenn Hundeführer die Kopfpositionen ihrer Hunde beobachten, liegen sie oft falsch, was die Deutung des Fangs betrifft: Wie weit ist er geöffnet und was macht die Zunge? In den meisten Fällen ist das Maul des Hundes teilweise geöffnet bis geschlossen, um so die Nase besser zur Geruchsaufnahme nutzen zu können.

Eine feste Position der Rute gibt es meiner Beobachtung nach beim Trailen absolut nicht. Üblicherweise wird sie vom Körper weg und hoch getragen, aber viele Hunde haben auch Ruten, die hängen, zur Seite schwingen oder immerzu wedeln. Das Wichtigste, woran man sich erinnern sollte, ist die Rutenhaltung, wenn der Hund gerade seine Zielperson trailt. Sie wird relativ konstant bleiben, außer bei einer Verletzung oder anderen Problemen.

Die letzte Körperbewegung, die man beobachten muss, ist, wie sich der Hund auf dem Trail bewegt. Bestimmte Hunde bewegen sich aus der Geruchsspur heraus und herein. Malinois zeigen diese Tendenz weitaus häufiger als andere Rassen. Dieses Verhalten tritt bei Geschwindigkeit und allgemeiner Ungeduld bei der Suche nach der Zielperson auf.

Ein kluger Hundeführer notiert alle diese körperlichen Anzeichen und merkt sie sich für die Zukunft. Wenn Kopf, Rute und Körpersprache des Hundes konstant bleiben und es wenig bis keine Veränderung gibt, kann man sicher annehmen, dass er auf der Spur ist. Es ist wichtig, auf den Moment vorbereitet zu sein, in dem eine Eigenschaft oder alle sich ändern, denn dies zeigt eine Unterbrechung der Spur an. Nur sehr wenige Hunde stoppen, wenn der Geruch sich ändert, im Allgemeinen behalten sie ihre ursprüngliche Richtung bei. Wenn der Geruchskegel ins Nichts verschwindet, wird der Hund stoppen und anfangen, gegen den Wind zu suchen, um erneut Geruch ausfindig zu machen.

Das Problem dabei ist die Länge und Breite des Geruchskegels. In manchen Fällen kann menschlicher Geruch sich Hunderte von

Metern vom ursprünglichen Trail der Zielperson weg verbreitet haben, oder die Zielperson ist abgebogen. Das trifft besonders auf weitflächige, harte Untergründe wie Parkplätze oder breite innerstädtische Straßen zu. Wenn der Hundeführer die typische Veränderung der Körpersprache nicht registriert, sobald der Hund den Trail überläuft oder in diesen Situationen an der Abbiegung vorbeiläuft, könnte der Hund so weit vom eigentlichen Trail der Zielperson abkommen, dass er ihn nicht mehr wiederfindet. Erkennt der Hundeführer jedoch die feinen Veränderungen der Körpersprache sofort, bevor sie sehr deutlich werden, wird er viel besser vorbereitet sein, sich an den Trail zu erinnern und ihn durch Kreisenlassen des Hundes wiederzufinden.

Verhalten bei Ablenkung

Ein erhebliches Problem der meisten Trailteams ist die Unfähigkeit des Hundeführers, das Verhalten bei Ablenkung zu lesen. Dieses Ablenkungsverhalten ist jedes Verhalten des Hundes, dass sich von dem Verhalten auf dem Trail unterscheidet. Es wird von Geruchs-, Geräusch- oder Sichtreizen ausgelöst. Dabei stellen Geruchsablenkungen bei weitem die größte Schwierigkeit dar, mit der wir es zu tun haben, weshalb ich kurz darauf eingehen möchte. Sicht- und Geräuschablenkungen wie etwa andere Hunde oder – Gott behüte – eine Katze, laute, überraschende Geräusche oder irgendetwas anderes, das unsere Hunde bekanntermaßen aufregt, sind Dinge, die man leicht auflisten und mit gutem Training kontrollieren kann. Geruchsablenkungen dagegen sind viel schlechter kontrollierbar, weil die meisten Hundeführer das Verhalten bei Geruchsablenkung mit dem Trailverhalten verwechseln. Mit anderen Worten: Die wenigsten Hundeführer können sagen, ob ihre Hunde einem Menschen oder einem anderen Hund folgen. Möglicherweise beginnt der Trail mit der der fraglichen Person, aber selbst die besten Trailer springen gelegentlich auf etwas Interessanteres wie einen anderen Hund oder einen frischeren menschlichen Trail über.

Viele Hundeführer haben Schwierigkeiten, das Verhalten bei Geruchsablenkungen zu lesen, weil sie es nicht verstehen. Die meisten von ihnen lernen nur dann, wenn der Hund »on«, also auf dem Trail ist, und nur wenig Lernen findet statt, wenn der Hund »off« ist, weil nur wenige Menschen erkennen, wenn der Hund auf einen anderen Geruch wechselt.

So wie jeder Hund bestimmte Verhaltensweisen zeigt, wenn er trailt, so zeigt er auch bestimmte Verhalten bei fast allen Ablenkungen, die er vorfindet. Die Verhaltensweisen sind sehr subtile Änderungen des Trailverhaltens, und wenn der Hundeführer nicht sieht oder hört, was die Ablenkung verursacht hat, wird er den »Switch«, das Umschalten auf die Ablenkung, im Trailverhalten nicht erkennen. Und wenn der Hundeführer diesen Switch nicht erkennt und ihn akzeptiert, animiert er damit den Hund, unbesorgt weiterzulaufen.

Ich habe ein Trainingsprogramm entwickelt, wie man mit den am stärksten ablenkenden Gerüchen umgehen lernen kann, indem man einen Ablenkungstrail in einer für den Hundeführer leicht erkennbaren Form simuliert, sodass dieser ihn »sieht« und dadurch korrigierend auf die Ablenkung einwirken kann. Es gibt drei Phasen für fast jede Ursache der Geruchsablenkung:

1. Der Hund nimmt die Ablenkung erstmals wahr. Normalerweise ist es eine leichte Geruchswahrnehmung aus der Distanz – von der Luft getragener Geruch, der von den Umweltbedingungen abhängig ist. Die meisten Hunde heben oder drehen leicht ihren Kopf und gleichen ihre Geschwindigkeit entsprechend an. Auch die Haltung der Rute kann sich ändern.

2. Der Hund kreuzt den konkurrierenden Geruchstrail oder die Spur. Sein Verhalten wird nun forscher. Im Falle einer zweiten Geruchsspur – Mensch oder Tier – streckt sich häufig der Kopf des Hundes in Richtung der Ablenkung. Seine Kopf- und Rutenhaltung wird sich ein bisschen verändern.

3. Der Hund nimmt die Ablenkung an. Dies geschieht, wenn der Hund auf den Ablenkungstrail überspringt oder seine Nase auf die Spur drückt.

Der springende Punkt zur Veränderung des Ablenkungsverhaltens ist es, die Änderung in der Körpersprache des Hundes während der drei Phasen zu erkennen und das unerwünschte Verhalten vor der letzten Phase zu korrigieren. Wenn der Hundeführer dem Hund erlaubt, auf die Ablenkung zu gehen, wird es schwierig bis unmöglich, ihn auf den richtigen Trail zurück zu bringen. Dies wird noch durch die Tatsache verschärft, dass viele Hunde einfach ihre ursprüngliche Zielperson vergessen, wenn ihnen erlaubt wird, die andere Spur für eine längere Zeit zu verfolgen. Die bestimmenden Faktoren in diesem Zeitfenster sind Beutetrieb und Erinnerung des Hundes. Manche Hunde erinnern sich nur kurz und Ablenkungen zerstören die eigentliche Spur.

Das Beste ist, den Hund während der ersten Phase zu korrigieren. Diese Korrektur ist einfach, da die Ablenkung noch nicht im Gedächtnis des Hundes ist und wenn er weiß, dass sein Führer sie nicht tolerieren wird, wird er sie bereitwillig verlassen. Wenn der Hundeführer allerdings wartet, bis der Hund auf die Ablenkung übergesprungen ist und dieser folgt, hat er geradewegs die Ablenkung bestärkt.

Und wie korrigiert das der Hundeführer nun? Das ist leichter gesagt als getan. Falls der Hundeführer die Ablenkung im richtigen Augenblick erkennt, sollte er einfach ein schnelles und scharfes »Lass es« rufen und ein zweites in schärferem Ton folgen lassen, falls der Hund nicht darauf reagiert.

Ein großer Fauxpas im Handling ist es, wenn der Hundeführer sich auf die nächste Stufe der Korrektur begeben muss, denn jetzt setzt schiere Frustration ein. Ab diesem Zeitpunkt ist der Hund schon weit auf dem Ablenkungstrail oder der Spur, so dass es ihm egal ist, was der Hundeführer sagt. Die üblichen Methoden der Korrektur, die in diesem Stadium vorkommen, sind folgende:

1. Den Hund mit einem harten Leinenruck von den Pfoten ziehen.

2. Zu ihm hinlaufen und ihn von der Ablenkung wegziehen.

3. Ihn aus der Distanz wütend anschreien.

Wenn ein Hundeführer den Hund komplett von der Ablenkung wegzieht, vergisst er oft, dass der richtige Trail sehr nah an der ablenkenden Spur liegt und der Hund von beiden Spuren weggezogen wird.

Wenn ein Hundeführer zu seinem Hund läuft und ihn körperlich zu beeinflussen versucht, verstärkt die Zeit, die er zum Dorthinkommen braucht, beim Hund noch das Bedürfnis, künftig die Ablenkung schneller zu erreichen, um der Reaktion des Handlers zu entgehen. Diese Methode verstärkt die Ablenkungen also sogar noch.

Aus der Entfernung schreien spricht für sich selbst: Es ist reine Zeit- und Atemluftverschwendung.

Wenn die beiden »Lass es«-Kommando-Stufen keine Reaktion bewirken, ist es das Beste, die Leine mit einem weiteren lauten »Lass es« auf den Hintern des Hundes klatschen zu lassen. Das ist einfach, nicht schmerzhaft und man hat sofort die

Aufmerksamkeit des Hundes. Der Hundeführer sollte dazu bereits einen ordentlichen Zug auf der langen Leine haben. Um sie schnappen zu lassen, bewegt er sich einfach vorwärts, um sie ein bisschen durchhängen zu lassen und sie dann mit schwingender Bewegung auf und ab schnappen zu lassen. Die so gebildete »Welle« setzt sich weiter nach vorne die Leine entlang bis zum Geschirrring fort und klatscht dann leicht auf den Rücken/Hintern des Hundes. Diese schnelle körperliche Korrektur hilft in den meisten Situationen. Wenn nicht, ist die Ablenkung zu groß, um sie innerhalb einer Trailübung zu korrigieren. Dann sollte der Hundeführer woanders an den Ablenkungen arbeiten, ohne dass der Hund seine Trailingausrüstung trägt.

Die meisten Hundeführer sind sich der subtilen Ablenkungen nicht bewusst, die ihre Hunde von dem eigentlichen Trail herunterholen. Und wenn sie sie dann erkennen, haben sie Angst, das Problem zu korrigieren, weil sie bezüglich der Ablenkung und der Beschaffenheit des eigentlichen Trails unsicher sind. Es ist wichtig, dass jeder Trailhund ein Ablenkungstraining mit bekannten und unterschiedlichen Ablenkungen absolviert. Ich selbst habe ein Ablenkungstrainingsprogramm erstellt und mit allen meinen Hunden absolviert. Es macht die Ablenkungen für den Hundeführer leicht identifizierbar und so eine einfache Korrektur der Ablenkungen möglich.

Verfolgen des frischesten oder des nächstgelegenen Trails

Ein zweites bedeutendes Problem beim Lesen eines Trailhundes ist die Neigung des Hundes, unabhängig vom Geruchsartikel entweder dem frischesten oder nächstgelegenen Trail zu folgen. Die meisten Hundeführer, mich eingeschlossen, folgen dem Hund, wenn wir an seiner Körpersprache erkennen, dass er fest einem Geruch folgt. Aber was passiert, wenn mehrere Trails von einem Geruchspunkt abgehen und diese unterschiedlich alt sind? Wenn der Hund für diese Eventualität trainiert ist, wird er ausnahmslos immer dem frischesten Trail folgen. Dies hat bei manchen zu der irrigen Meinung geführt, dass Hunde verschiedene menschliche Gerüche nicht unterscheiden könnten und spricht für Trainingsmethoden auf einfachen, weichen Untergründen mit frischem Geruch.

Training von Split Trails

Ein gut funktionierendes Trainingsprogramm ist das sogenannte Split-Trail-Training. Hierbei werden zwei Trails nebeneinander gelegt und die Zielpersonen trennen sich am Ende. Der Hund soll am Ende diejenige Person finden, auf deren Geruch er am Anfang des Trails angesetzt wurde. Dieses Training ist in der Regel erfolgreich und leicht durchzuführen. Das Problem ist, dass es nicht den Altersfaktor löst.

Die Split Trails sollten wirklich vom Geruchspunkt starten und mit zunehmender Trainingserfahrung im Alter variieren. Sie sollten außerdem in kleinen Schritten erfolgen, um sicherzustellen, dass der Hund versteht, was von ihm verlangt wird. Ich starte normalerweise auf weichem Untergrund und markiere zwei Trails, die nah beieinander liegen, vom gleichen Punkt aus starten und sich schrittweise im Winkel voneinander wegbewegen. Der Hund wird in der Nähe des richtigen Trails gestartet, damit es ihm leicht fällt, die richtige Entscheidung zu treffen. Wenn Sie sich an das zum Ablenkungstraining Gesagte erinnern, wissen Sie noch, dass der Hund die Geruchsquelle aus der Distanz wahrnehmen kann und seine Nase nicht direkt an der Quelle dran haben muss. Wenn das so ist, wird der Hund leicht das Vorhandensein eines zweiten Trails wahrnehmen, wenn er auf dem ersten Trail angesetzt wird. Der erste Trail wird durch den Geruchsartikel und die Ermutigung des Hundeführers positiv verstärkt werden. Wenn dieser Prozess ein paar Mal wiederholt wurde, beginnen die meisten Hunde, den Plan zu verstehen.

Verändern Sie die Routine ein wenig, indem Sie die Seiten wechseln. Nehmen Sie den Geruchsartikel und starten Sie nahe des falschen Trails. Die meisten Hunde zeigen bedingt durch die frühere Konditionierung auf den richtigen Trail eine Verzögerung bei dem ersten Trail. Wichtig ist, nicht durch Akzeptieren dieses Zögerns das Überspringen auf den falschen Trail zuzulassen. Ich empfehle etwas in der Art von »zurück zur Arbeit« zu sagen, sobald ich dieses Zögern sehe. Ein Hundeführer kann auch »Lass es« sagen, wenn es nötig ist. Normalerweise verstärkt dies für den Hund den Eindruck, dass der zweite Trail der richtige ist, und er geht wieder mit Freude an die Arbeit zurück. Wenn der Hund dies immer wieder gut macht, ist es an der Zeit, einen dritten und vierten Trail und mehrere Leute hinzuzufügen. In der letzten Phase lässt man den Trail altern, bis der richtige Trail immer der älteste ist. Wenn der Hund den Alptraum aus all diesen Gerüchen erfolgreich bewältigt hat, ist er ein guter Trailer mit einer sehr guten Fähigkeit, Gerüche zu unterscheiden.

Straßenkreuzungen

Das dritte große Problem für Trailhunde sind meiner Erfahrung nach Straßenkreuzungen. Der harte Untergrund bewirkt in Kombination mit dem Wind, dass der Geruch woanders hin wechselt, einen Pool bildet oder verwirbelt an allen möglichen Stellen liegt, nur nicht auf dem eigentlichen Trail. Ich behandele die meisten Kreuzungen wie Hindernisse. Ein Hindernis kann alles sein, was den Geruch stoppt, und das Team muss sich hindurch, drumherum oder drüber kämpfen. Kreuzungen sind nichts anderes. Wenn dort kein Geruch in für den Hund bedeutsamer Form vorhanden ist, ist es aussichtslos, mit der Suche Zeit zu verschwenden. Die Kreuzung wird schnell zur Ablenkung und der Hund vergisst, was er ursprünglich suchen sollte.

Der Trick, um Kreuzungen zu arbeiten, sind Geschwindigkeit und Zielbewusstsein.

Nehmen wir als Beispiel eine vierspurige Kreuzung. Der Hund ist bis dahin aus östlicher in nördliche Richtung bis zur Bordsteinkante der Kreuzung gelaufen. Genau vor der Kante beginnt das Verhalten des Hundes sich ein wenig zu ändern; vielleicht geht die Nase etwas höher und sein Schritt verlangsamt sich, weil sich der Geruch nahe der Kreuzung verringert. Wenn der Hund vom Bordstein geht (wenn der Verkehr dies zulässt), geht sein Kopf hoch, die Haltung der Ohren und der Rute ändern sich. Der Hund versucht, der Richtung zu folgen, in welche der Geruch weht, oder hält die Nase in den Wind, um ihn wiederzufinden. So oder so kreisen die meisten Hunde zurück zu der Stelle, wo sich der Geruch auflöste, auf den ursprünglichen Trail und den Bürgersteig.

In dieser Situation gehen die Hundeführer auf Nummer sicher und erlauben dem Hund zu kreisen, so lange er will, bis er einen Weg herausfindet. Das Problem hierbei ist – geruchsperspektivisch gesehen –, dass es vielleicht gar keinen Weg heraus gibt oder der Hund bisher nicht darauf trainiert wurde. Er wird nicht verstehen, dass der Geruch möglicherweise zu einem anderen Bordstein zu einer anderen Stelle der Kreuzung geweht wurde. Hunde denken nicht so. Wir versuchen dem Hund in dieser Situation rationales, menschliches Denken zu unterstellen. Wenn wir ihm jedoch die Lösung schrittweise beibringen, wird er es verstehen und das Problem meistens selbst lösen. Der Trick ist nur, dahin zu kommen.

Wenn der Hund längere Zeit in einer Ecke

kreisen darf, wird er möglicherweise etwas aufnehmen, was nicht der richtige Trail ist. Das kann eine andere Person oder auch ein Tier sein. In diesem Fall begibt sich das Team auf einen Ghosttrail (Geistertrail – ein Trail, der nicht vorhanden ist). Ich trainiere einen Hund für diese Situation, indem ich auf seine Verhaltensänderungen achte, sobald wir eine Kreuzung erreichen. Ich laufe schnell mit ihm zur logischsten Richtung des Trailverlaufs über die Straße und gründe diese Entscheidung auf die ursprüngliche Richtung, die die Zielperson genommen hat. Wenn wir die andere Seite erreichen, lasse ich den Hund kreisen und sage ihm, dass er weiterarbeiten soll. Findet er auf der anderen Seite den Trail, prima- dann können wir weitergehen. Wenn nicht, gehen wir schnell im Uhrzeigersinn zur nächsten Ecke und immer so weiter. Der Trick ist eine natürliche Verlaufsform und Geschwindigkeit. Es ist unerlässlich, dass der Hundeführer nicht zu viel Zeit an Stellen verbringt, an denen sich kein Geruch der Zielperson befindet. Wenn man das tut, führt das letztendlich dazu, dass der Hund aufgibt und auf einen anderen Trail wechselt.

Die Bedeutung schrittweisen Trainings

Ich habe eben nur von einigen der zahllosen Probleme berichtet, mit denen ein Trailteam zu tun haben kann. Trailing ist die weitaus schwierigste Hundedisziplin für alle Beteiligten. Die Leichtigkeit, mit der Hunde die Spur verlieren oder sich eine Ablenkung suchen, weist darauf hin. Es ist eine einfache Tatsache, dass die meisten Fährten und Trails in städtischen Gebieten fehlschlagen, es sei denn, sie sind sehr frisch. Das ist schade, weil gute Trailer viele Hindernisse wie Alter der Spur, harte Untergründe und Ablenkungen meistens durch gutes, stufenweises Training überwinden können.

Das Trailing ist beinahe so alt, wie Menschen die Hundenase konstruktiv nutzten. Hunde können Gerüche unterscheiden, sie können Geruchsspuren folgen, die viele Stunden alt sind und sie können die meisten Großstadtdschungel bewältigen, so lange sie das richtige Training absolviert haben. Ab und zu kommt ein Hund, der gar kein Training braucht und einfach von Anfang an hervorragend ist. Solche sind aber dünn gesät.

Sowohl Hunde als auch Hundeführer arbeiten am besten über die Erinnerung ihrer Muskeln: Wir arbeiten, wenn wir trainieren, und wenn unserem Training etwas fehlt, so fehlt auch etwas in unserer Arbeit.

Literaturhinweis
Kjelgaard, Jim: »Four-Footed G Men«. *Boys life Magazine*, August 1950

K.9 Ben, Besitzerin und Diensthundeführerin Sandy Stuart.

2 Auswahl

Bitte beachten Sie, dass ich in der Kapitelüberschrift nicht von der Auswahl eines Welpen oder Tierheimhundes spreche. Ich sage mit Absicht »K.9«, weil dies ein Synonym für einen professionellen Arbeitshund ist. Ich habe nichts gegen Hunde aus dem Tierheim oder Familienhunde, ich bin nur der Ansicht, dass sie im Normalfall keine so gute Leistung zeigen wie ein Hund, der aus einer Arbeitslinie kommt. Manchmal können auch Tierheimhunde gute Kandidaten sein, aber eben nicht so konstant wie spezielle Linien von reinrassigen Hunden, die über viele Jahre hinweg auf Leistung gezüchtet wurden.

Die meisten Familien- oder Tierheimhunde wurden im Allgemeinen danach ausgesucht, wie sie in die Familie passen, nach ihrem Aussehen, nach ihrer Gefügigkeit oder Anziehungskraft, die sie auf den Menschen ausüben.

Das Problem ist, dass die Merkmale, die man in einem Arbeitshund sucht, oftmals nicht die gleichen sind, die für das Zuhause dienlich sind. Die meisten Arbeitshunde sind sehr intelligent und gerissen und haben eine Energie, die die meisten Leute als destruktiv empfinden. Ich nenne Arbeitshundewelpen gerne »neurotische Raketen«. Sie sind immer in Bewegung, sie testen ständig ihre Besitzer und sie zerfetzen alles Mögliche.

Unabhängig von der Herkunft des Hundes oder der Rasse sollte die Auswahl eines Trailhundes auf den Wesensmerkmalen basieren, die für den Job notwendig sind, und nicht auf der Vorliebe für eine bestimmte Rasse oder ein Aussehen. Wenn der Job das Trailen ist, muss auch das dazu benutzte Werkzeug das bestmögliche sein. Der Hund ist hier das Werkzeug und muss auch als solches betrachtet werden. Das heißt nicht, dass es keine Liebe oder Beziehung zu dem Hund gibt, sondern damit ist gemeint, dass die vorrangige Absicht darin besteht, mit dem Hund zu arbeiten. Unter den Rettungshunden gibt es viele, die erst später zu ihrem Job kamen: Sie waren zuerst Familienhunde und wurden dann für die Aufgabe ausgebildet. Fehler waren in diesem Fall akzeptabel, weil der Hund in erster Linie ein Familienhund war. Dieses Modell hat viele Leute zu der Überzeugung gebracht, dass jeder Hund für diesen Job trainiert werden kann. Ich bin anderer Ansicht.

Hundeführer John Kundle und der junge Hangtown Hank.

eines K.9

diese möglicherweise lebensrettende Dienstleistung anbietet. Etwas anderes zu tun ist ein Risiko für diejenigen, denen wir letztendlich dienen.

Die Auswahl eines Arbeitshundes ist je nach Einsatzgebiet unterschiedlich. Beispielsweise sind Charaktereigenschaften, die bei einem Schutzhund zu finden sind, keine guten Eigenschaften für einen passiven, trailenden K.9. Die meisten Schutzhunde sind auch als Welpe schon extrem frech und beißen gerne und zerren an Sachen. Ein Trailer, der eine gefährdete vermisste Person sucht, muss nicht lernen, zu beißen oder zu zerren. Die Testmethode für die Auswahl von Schutzhunden beinhaltet oft das Zerren und Beißen an Leinensäcken und anderen Gegenständen. Tester nutzen diese Methode schon so lange, dass diese Eigenschaften bei manchen Linien schon zu Teilen des Erbgutes wurden. Das ist eine Schande, weil viele dieser Hunde einen hohen Intelligenzgrad und einen Arbeitsdrang haben, der weitaus besser ist als in den Linien anderer Hunde. Das Problem aus Sicht des Trailens ist, dass solche Hunde oft zu frech und bissig sind und dazu neigen, vor ihnen auftauchende Objekte zu beißen und zu zerren.

K.9 Kooper, Besitzerin und Hundeführerin Kelli Collins.

Bei den meisten Strafverfolgungsbehörden wird dagegen ein Hund für den Dienst aufgrund der Erfahrungen ausgewählt, die man nachweislich mit ihm in der Vergangenheit gemacht hat. Dabei kommt der Job immer vor dem Hund, damit von vornherein keine Fehler zugelassen werden. Aussehen und Emotionen sind anfänglich keine Faktoren, die berücksichtigt werden.

Wer daran denkt, in diesem Bereich tätig zu werden, sollte unbedingt von Grund auf mit einem Hund anfangen, der für diesen Job qualifiziert ist. Dazu ist eine ehrliche Beurteilung des für die Arbeit ausgewählten Hundes notwendig - und Zuneigung ist kein Teil dieser Beurteilung. Dies klingt vielleicht nicht sehr populär, aber ich finde, dass jeder ehrenamtliche oder professionelle Hundeführer die Verantwortung gegenüber der Öffentlichkeit trägt, nur das Beste auszuwählen, wenn er

Der Bloodhound

Es gibt nicht die eine bestimmte Rasse, die den Standard im Trailen setzt. Es mag Abschnitte in der Geschichte gegeben haben, zu denen der Bloodhound diese Rolle erfüllt hat, aber die Zeiten haben sich geändert – nicht, weil eine bessere Rasse daherkam, sondern weil die »Menschensuch-Gene« im Bloodhound zugunsten seines äußeren Erscheinungsbildes verwässert wurden. Bevor ich fortfahre, muss ich zugeben, dass ich selbst Bloodhounds führe, aber ich habe auch schon öfter andere Rassen für das Trailen ausgewählt. Die guten »Menschenjäger« von früher sind zum größten Teil verschwunden. Von Zeit zu Zeit tauchen zwar ein paar strahlende Sterne auf, aber es sind nur eine wenige Punkte in Konstellationen, die es längst nicht mehr gibt.

Aussehen und Gebäude sind bei Arbeitshunden nicht alles. Das Aussehen ist sogar der unwichtigste Faktor. Wenn ein Bloodhound zu nichts zu gebrauchen ist, geschweige denn in der Lage ist, nach einem gesuchten Flüchtigen zu suchen, dann erfüllt er meiner Meinung nach sicherlich nicht den Rassestandard. Ich schaue mir oft Bilder von Bloodhounds aus früheren Zeiten an, die für ihre Arbeit auf diesem Gebiet berühmt waren. Sie sind wirklich nicht mit den Bloodhounds vergleichbar, die man heute im Ausstellungsring sieht. Die Hunde von damals waren oft hochbeinig, hatten relativ dünne Haut sowie straffe Augen und Gesichter. Ihr Äußeres war bezeichnend für ihre Fähigkeit, lange, anstrengende Trails zu arbeiten.

Ein anderes großes Problem mit Bloodhounds in den ganzen USA hat mit Angstverhalten zu tun. Die phobischen Reaktionen, die ich heute bei vielen Bloodhounds sehe, machen mir ernsthafte Sorgen. Sie erfordern üblicherweise beachtlich viel Sozialisierung und Arbeit unter verschiedenen Umweltbedingungen, bis man mit ihnen in der Öffentlichkeit auch nur spazieren gehen kann, ohne dass sie ängstlich auf neue Situationen reagieren. Manche Züchter behaupten, dass Bloodhounds von Natur aus schreckhaft sind. Für mich ist das Unsinn. Viele Bloodhound-Fans betrachten meine Aussagen sicherlich als Frevel. Es ist jedoch ein Thema, das auf den Tisch gebracht werden muss, wenn diese Rasse ihren Kultstatuts, den ihr die Geschichte einst verlieh, behalten soll.

Wenn ein Züchter sich bemüht und Rassen auf bestimmte körperliche Eigenschaften

Kalliroh war in Größe und Trieb der perfekte Bloodhound.

züchtet, so sollten zugleich andere, weniger wünschenswerte Merkmale eingegrenzt werden. Ich hoffe, dass sich mehr seriöse Züchter der Sache des arbeitenden Bloodhounds annehmen und begreifen, dass es der Job ist, der diese Rasse ausmacht, und nicht der Show-Ring. Es ist wichtig, eine gute körperliche Gesundheit und eine gute Psyche für das Trailen zu züchten. Das bedeutet: Wenn ich einen Hund aussuchen müsste, mit dem ich Menschen suchen möchte, würde ich einen Bloodhound wählen, der vor rein gar nichts Angst hat, cin Gewicht von ungefähr 35 Kilo auf die Waage bringt und der langbeinig und sehr mager ist. Seine Haut könnte relativ lose sein, aber nicht zu sehr. Ich würde mir außerdem straffe Augen wünschen, die nicht zu Entzündungen oder Problemen beim Abfließen der Tränenflüssigkeit neigen. Die Nase des Hundes wäre unheimlich gut und der Beutetrieb über alle Maßen stark. Wenn dieser Hund auf etwas angesetzt würde, würde er erst anhalten, wenn er es gefunden hat oder der Geruch weg ist – ganz einfach. Das Problem ist: Einen solchen Hund findet man sehr selten.

Andere Rassen

Ich glaube nicht, dass nur eine bestimmte Rasse dazu auserwählt ist, der ideale Trailhund zu sein; wenigstens nicht im Moment. Dies könnte sich dann ändern, wenn das Trailen die vorrangige Methode zur Verfolgung von Menschen bei Polizei und Militär würde. Wenn das geschieht, wird es einen Markt dafür geben. Bis dahin ist das Beste, was wir tun können, Würfe aus Linien zu testen, welche die nachgewiesene Fähigkeit zum Aufspüren von Menschen haben. Und zwar nicht nur, zufällig auf sie zu stoßen, sondern sie wirklich zu finden – immer wieder.

Den meisten Spür-/Jagdhunderassen fällt das Trailen leichter als anderen Rassen – solange sie aus Arbeitslinien stammen. Solche Hunde können Labradore, Bloodhounds oder verschiedene Retrieverarten sein. Diese Rassen wurden zum Jagen gezüchtet und haben gute Nasen. Mein oben erwähnter Abschnitt über Bloodhounds kann auch hier angewandt werden. Wenn eine bestimmte Linie von Hunden selektiv gezüchtet wurde, um über Generationen gut auszusehen, gehen die jagdlichen Fähigkeiten verloren. Aussehen ist in der Welt des Trailens irrelevant und Hundeausstellungen haben wenig oder nichts mit dem Riechvermögen oder dem Beutetrieb zu tun.

Welpen oder erwachsene Hunde?

Über die Jahre hinweg habe ich mit Hunden nahezu jeden Alters trainiert und gearbeitet – von acht Wochen bis zum Rentenalter. Jedes Alter hat Vor- und Nachteile, aber ein sieben Wochen alter, hochtriebiger Welpe mit einer außergewöhnlichen Nase liefert normalerweise ein besseres Endergebnis ab.

Wesens- und Trailbegabungstests bei Welpen und erwachsenen Hunden

Es gibt viele verschiedene Wesenstests, die recht gut funktionieren, aber bei einem Trailhund suchen wir nicht nach dem Resultat eines Standardprüfrahmens. Familienhunde sind das eine – aber ein Arbeitshund ist etwas völlig anderes. Verhaltensmerkmale, nach denen ich suche, sind:

1. Härte
2. etwas Unabhängigkeit
3. etwas Dominanz
4. die Fähigkeit, zu folgen
5. komplett angstfrei (Geräusche, Bewegung, Gestalten und neue Dinge im Allgemeinen)
6. Versöhnlichkeit
7. offene Neugier

Traileigenschaften stimmen oft mit den oben genannten Verhaltensmerkmalen überein und ich teste die Reaktion der Welpen auf frühe Trainingstechniken. Bevor ich mich ganz auf dieses Thema stürze, möchte ich gern näher auf einen Ratschlag meines früheren Mentors, Glenn Rimbey, eingehen. Glenn war einer der besten Menschen, die ich kannte, ein bekannter Bloodhoundführer und erstklassiger Trainer. Glenn erzählte mir öfter, dass er Bloodhoundwürfe beurteilt, kurz bevor die Welpen die Augen öffnen. Er wartete eine Zeit, bis die Mutter weg war und die Welpen sich schlafend zu einem Knäuel zusammenrollten. Dann kroch er so nah wie möglich zu den Welpen und streckte ihnen seinen Arm auf dem Boden entgegen. Glenn wartete auf irgendein Anzeichen dafür, dass die Welpen sich seiner Anwesenheit bewusst waren. Leichtes Schwenken der kleinen Köpfe mit Zucken der Nasen sind die ersten Zeichen. Aber wonach Glenn wirklich suchte, war, dass die Nase zu arbeiten begann und ein Welpe zum Geruch zu krabbeln versuchte. Er sagte immer, dass derjenige Welpe, der auf die Präsenz seines Geruchs reagiert und ihm zu folgen versucht, sogar mit zitternden, neugeborenen Beinchen, wird sich einmal als sein bester Menschensucher entpuppen.

Als ich das zum ersten Mal hörte, hielt ich es für nicht viel mehr als nur eine nette Geschichte. Glenn stammte aus dem mittleren Westen, liebte große Legenden und den Spaß, Hundeführer-Neulinge wie mich zu veräppeln.

Trotzdem musste ich diese Methode unbedingt ausprobieren und bekam ein paar Jahre später auch die Gelegenheit dazu.

Erst einmal war ich mir aber nicht sicher, ob ein Welpe die Fähigkeit hatte, in diesem frühen Stadium seines Lebens schon menschlichen Geruch wahrzunehmen. Darüber hinaus hatte ich Zweifel, dass er seiner Nase folgen konnte, wenn er noch nicht mal auf zitternden Beinen stehen konnte. Wie auch immer- ich versuchte es und testete meinen ersten Wurf Bloodhoundwelpen. Ich krabbelte zu dem schlafenden Wurf hinüber und streckte vorsichtig meinen Arm aus. Tatsächlich! Glenn hatte Recht gehabt! Einer der kleinen roten Hunde begann mit der Nase zu zucken und wachte mit zahnlosem Gähnen auf. Sein Kopf fiel auf die Decke, als er versuchte, seinen zitternden Körper vorwärts zu schieben. Keine richtigen Schritte, weit entfernt, eher ein wenige Sekunden währendes Krabbeln wie ein Krebs auf kurzen, abgespreizten Beinchen, bevor der Welpe klagend jaulte, was den Rest des Wurfes in Aufregung versetzte.

Der Test war vorüber, aber es war deutlich – ohne den geringsten Zweifel – dass diese

Ben und Gabe, Besitzer und Diensthundeführer sind Kent und Sandy Stuart.

Jeff und K.9 Valco, Besitzerin und Diensthundeführerin Phoebe Bault.

Testmethode kein Witz war. Vielleicht ist »Beobachtung« das bessere Wort als »Test«. Wie immer man es beschreibt – diese Geruchsarbeit war wichtig und ich begann sie mit einzubauen, wann immer es möglich war.

Der oben beschriebene Test ist nicht das A und O aller Tests. Tatsächlich entwickelte ich eine ganze Reihe von Tests, die auf meiner Erfahrung mit einigen großartigen Arbeitshunden basierten. Diese Tests beinhalten nicht nur die Fähigkeit, Menschen zu suchen, sondern auch Themen wie Schmerztoleranz, Versöhnlichkeit, Erinnerungsfähigkeit, Zurückhaltung, Ablenkbarkeit, Dominanz und Angst. Das Endergebnis war, dass die Hunde alle einen hohen Trieb hatten und es über alles liebten, Menschen zu suchen. Für all diese Hunde, mit denen ich gearbeitet habe, war die Suche immer das Wichtigste.

Ein hochmotivierter Welpe, der hoch konzentriert auf das Trailen ist, wird oftmals eine Trailmaschine. Wenn die Arbeit in ganz jungem Alter beginnt (8 bis 12 Wochen), werden die Konditionierung und das Training für den Hund im erwachsenen Alter beinahe instinktiv. Ein Welpe braucht acht Monate bis ein Jahr, bis er einsatzfähig ist, aber das Arbeitsergebnis ist im Allgemeinen besser. Außerdem entsteht während des frühen Trainings eine Bindung mit dem Hund, und diese Beziehung erhöht enorm die Fähigkeit des Hundeführers, den Hund zu lesen und letztendlich die Fähigkeit, wie gut der Hund für den Hundeführer arbeiten will.

Ein erwachsener Hund mit ebenso hohem Trieb, der aber später mit der Arbeit begonnen hat, kann auch ein guter Trailer werden, solange er nicht zu viele schlechte Erfahrungen im Gepäck hat. Das Arbeitsergebnis wird verdreht, wenn erst Angst, Sozialisierung und Handlingprobleme bewältigt werden müssen. Standardtests, die für einen Welpen genutzt wurden, können ebenfalls bei einem erwachsenen Hund angewandt werden, aber sie müssen angepasst werden. Außerdem muss ein genauer Blick auf mögliche schlechte Angewohnheiten geworfen werden.

Letzten Endes und wenn ich die Möglichkeit habe, würde ich für das Trailen immer einen Welpen wählen und ihn entsprechend ausbilden. Dann wird nichts anderes zum Mittelpunkt seines Lebens, bis er das Trailen beherrscht.

Kelli Collins mit einem hoch im Trieb stehenden Welpen.

3 Die Ausrüstung

Trail-Ausrüstung für den Hund

Passendes Geschirr

Ein Trailgeschirr wird dem Hund über Brust und Schultern angelegt. Es hat einen D-Ring in der Mitte des Rückens, an dem die lange Leine des Hundeführers befestigt wird. Ein gutes Geschirr verteilt das Gewicht des Hundeführers an der langen Leine hinter dem Hund gleichmäßig zur Brust, ohne den Nacken oder die Achselhöhlen abzuschnüren. Ein passendes Geschirr ist wichtig, wenn ein Hundeführer die Absicht hat, mit seinem Hund mehr als nur einige Meter oder für längere Zeit zu arbeiten. Ein passendes Geschirr ermöglicht dem Hund Bewegungsfreiheit bei minimaler Einengung und wenig bis keinen Unannehmlichkeiten. Das ist viel verlangt, wenn wir uns die große Vielzahl der »Geschirre« der Haustierindustrie näher ansehen.

Wichtig zu verstehen ist, dass Geschirr nicht gleich Geschirr ist. Die meisten Standard-Hundegeschirre sind nicht für die Arbeit gedacht und eher schlecht als gut. Das typische Geschirr, das man in den meisten Geschäften findet, besteht aus zwei Nylonschlaufen: eine geht um den Rücken und die Achselhöhlen und die andere um die Rippen des Hundes. Zwei Laschen, eine auf dem Rücken und eine am Bauch, verbinden die

Ein gutes Ledergeschirr, das den Druck gut verteilt, ohne den Hund zu würgen.

zum Trailen

beiden Schlaufen und umfassen einen D-Ring auf dem Rücken als Verbindung für die Leine. Diese Geschirre sind nicht für die Arbeit entworfen worden und verursachen einen hohen Druck. Am Nacken und den Achselhöhlen führen sie zu Scheuerstellen, wenn der Hund stark zieht. Der Vorteil ist, dass sie billig sind. Der Nachteil ist, dass sie den Hund wirklich stören. Solche Geschirre mögen vielleicht für einen Welpen ausreichend sein, der gerade erst mit der Arbeit begonnen hat, aber sie sollten nicht für ausgewachsene Hunde benutzt werden, die gerade ihre eigene Stärke zu entdecken beginnen.

Es gibt zahlreiche anständige Geschirre. Sie müssen nicht unbedingt aus Leder oder Nylon sein. Wichtig ist vor allem, dass sie keine Schmerzen oder Schäden verursachen, während der Hundeführer hinten an der Leine hängt. Ein gutes Geschirr verteilt das ganze Gewicht über die lange Leine gleichmäßig auf die Brust des Hundes – ähnlich wie bei einem Zugpferd. Die besten Geschirre, die ich kenne, haben breite Brustplatten und sind aus weichem, nicht reibendem Material gemacht. Sattler können leicht passgenaue Geschirre anfertigen.

Das Trail-Halsband

Ein Trailhalsband ist nichts anderes als ein Halsband, das um den Hals des Hundes geht und nicht stört – weder Hund noch Hundeführer. Unter »störend« verstehe ich Halsbänder mit Glöckchen, Signalen oder Licht, damit der Hundeführer den Hund besser sehen kann. Das mag ja großartig aussehen, aber in Wirklichkeit sind solche Sachen ablenkend, wenn der Hundeführer später im Einsatz ist. Das Trailhalsband des Hundes hat die Funktion, den Hund vom Gassigehen auf die Arbeit umzustellen, indem man die Leine vom Halsband an den D-Ring des Geschirrs wechselt. Wenn es blinkt oder klingelt, irritiert das den Hund, der gerade im Begriff ist, zu trailen. Und genau darum geht es doch beim Wechsel vom Halsband zum Geschirr – dem Hund mitzuteilen, dass er jetzt arbeiten muss.

Qualitativ hochwertiges Leder-Zughalsband.

Die lange Leine

Meiner Meinung nach ist die lange Leine die wichtigste Komponente der Trailausrüstung. Von allem Trailzubehör ist sie vermutlich mein charakteristischster Gegenstand. Die lange Leine ist ein Kommunikationsmittel, eine Nabelschnur, die Mutter und Kind verbindet – oder in diesem Fall Hundeführer und Hund. Wenn sie richtig benutzt wird, erlaubt die lange Leine dem Hund, mit Freiraum zu arbeiten, während sie den Hundeführer davor bewahrt, wie ein Ping-Pong-Ball herumzuhüpfen.

Darüber ermöglicht sie eine Art von Sprache – diese besteht allerdings nicht aus Worten, sondern aus Ruck, Zug, Spannung oder Mangel daran - all das erzählt Hund und Hundeführer, was der jeweils andere tut. Wenn die lange Leine richtig beherrscht wird, und »beherrscht« ist das richtige Wort, dann ist der Hundeführer in der Lage, den Hund bald blind zu lesen.

Das Trailen an sich ist eine Form von Kunst, aber die lange Leine kann Poesie in der Bewegung sein, wenn sie richtig benutzt wird. Wenn ein Hundeführer wirklich mit seinem Hund tanzen will und wenn er das meiste aus jedem Trail herausholen will, nimmt er sich dies zu Herzen und übt das rigoros.

Die lange Leine ist eine Klasse für sich. Das Problem ist, dass sie schwierig zu beherrschen ist und es Mühe macht, mit ihr umzugehen; folglich scheitern die meisten Hundeführer an ihr. Nachstehend beschreibe ich die einzige Leine, die ich bei meinen Trailhunden benutze. Ich verwende keinen anderen Typ Leine oder Design oder Material, weil ich damit nicht so gut arbeiten kann. Andere Leinen erlauben mir nicht, meinen Hund zu «fühlen«, und meinen Hund zu fühlen heißt, meinen Hund zu verstehen.

Eine sehr lange Leine besteht aus einem einzigen, zehn Meter langen Stück außergewöhnlich starken Leders mit einem Durchmesser von ca. 1 bis 1,6 cm. Solches Leder wurde früher für die Antriebsriemen schwerer Industrienähmaschinen gemacht, wie bereits in Kapitel 1 erwähnt. Dieses Produkt wird aufgrund seiner Elastizität und Festigkeit seit über hundert Jahren verwendet. Wer hätte je gedacht, dass wir es für einen Hund benutzen! Das Leder kann nirgendwo längs einreißen und am besten werden keine Nähte oder Nieten verwendet, um einem Griff oder eine Schnalle zu befestigen. Der Karabinerhaken und der Griff am anderen Ende der Leine sollten in sich mit mindestens zwei Zöpfen geflochten sein. Der Zopf ist alte Schule, aber er schafft eine ungewöhnlich starke Art der Verbindung, die nur selten reißt. Nieten und Nähte halten dagegen nicht bei harter Arbeit unter harten Bedingungen.

Eine gut getragene lange Lederleine fühlt sich so geschmeidig an, wie ich es bei anderen Materialien nicht fühle. Das Leder bewegt sich durch die Finger, ohne zu brennen, ist aber gleichzeitig ein bisschen klebrig, sodass der Hundeführer auch ohne Handschuhe einen guten Griff hat. Das wohl beste Gefühl, das ich von einer langen Leine kenne, ist das Gewicht der Schlaufe zwischen D-Ring und meiner Hand. Dieses Gewicht ist gerade hoch genug, um mich die Bewegung des Hundes spüren zu lassen, ohne beschwerlich zu sein. Darüber lässt sich das Leder leicht in Schlingen legen, ohne zu verknoten oder zu verwirren, wie es bei Nylon der Fall ist.

Warum zehn Meter? Ganz einfach: Wenn sich ein Hundeführer einen Hund aussucht wie in Kapitel 2, dann verflucht er mich wahrscheinlich in diesem Augenblick, weil sein Hund ziemlich schnell und stark ist und ihn sicherlich mehr als einmal aus dem Konzept bringen wird. Hundeführer – macht euch auf Schlimmeres gefasst! Aber wenn ein Hundeführer die lange Leine beherrscht, verringert sich die Erschöpfung und er wird nicht ganz so schnell müde.

Wenn ein Hundeführer am Ende einer langen Leine ist, muss er sich nicht so schnell oder geschickt bewegen wie sein vierbeiniger Partner. Bei korrekter Benutzung wird er nur einen Bruchteil der Anstrengung seines Hundes benötigen. Tatsache ist jedoch, dass es anfangs nicht leicht sein wird, und deshalb wird er sich zunächst damit schwertun.

Beispiel einer neuen Zehn-Meter-Lederleine

Gebrauchte Zehn-Meter-Lederleine – 15 Jahre alt!

Betrachten wir es einmal aus folgender Perspektive: Ein Hund bewegt sich und läuft viel mehr und mit mehr Beweglichkeit, als ein Hundeführer jemals in der Lage sein wird. Auch wenn der Hundeführer ein olympischer Geher-Star wäre, würde er nicht mit seinem Hund mithalten können. Der Durchschnittshund kann bei einem Sprint ungefähr 35 km in der Stunde laufen und erreicht eine Trabgeschwindigkeit, die das Joggen eines Menschen um mehrere km/h übertrifft. Ein Hundeführer ist für den Hund nichts anderes als ein Anker.

Ich weiß von einer Studie über außergewöhnliche Trailhunde, die auf eine Zielperson angesetzt wurden und diese frei suchen durften – kein Geschirr, keine Leine oder Hundeführer – nur der Hund. Aus der Luft betrachtet, suchten die Hunde ihre Zielperson mit treffsicherer Bestimmtheit. Es war, als wären diese Hunde bei einem dieser Carrerabahn-Rennen, das die Kinder in den Siebzigern so sehr liebten. Die Hunde waren so sehr auf der Spur, dass sie nicht abwichen und bewegten sich mit unglaublicher Geschwindigkeit. Diese Hunde sprinteten die meiste Zeit und behielten das Tempo über viele Kilometer bei.

Jetzt lassen Sie uns einen Sprung machen und einen Menschen ans Ende der Leine hinzufügen. Stellen Sie sich als Vergleich vor, wie langsam der Hund sich bewegen müsste. Es ist beinahe wie eine Zeitlupensequenz aus dem Film »Matrix«, in der »normale« Leute auf Neo mit Nutzlosigkeit reagieren, wenn er in seinen Matrixmodus geht. Oder, besser noch, es gibt eine Stelle in dem Zeichentrickfilm »Ab durch die Hecke«, in dem ein neurotisches Eichhörnchen kein Koffein bekommt, weil im Falle einer Koffeingabe der Rest der Welt langsam neben ihm her kriecht. So ist es für den Hund mit einem Menschen als Anhängsel. Und wir wundern uns, warum Hunde von anderen Dingen abgelenkt werden?

Der Hundeführer ist die größte Ablenkung von allen, und wenn ein Hundeführer nicht

Die richtige Handhabung der langen Leine ermöglicht es dem Hund, sich schnell zu bewegen, ohne dass der Hundeführer herumhopsen muss.

mit seinem Hund mithalten kann und ständig am Ende der kurzen Leine um sich schlägt, statt einfach mitzuhalten, ist er nichts weiter als ein Anker, und ich garantiere, dass dieser Hundeführer ständig seinen Hund vom Trail zieht. Und wenn der Hund ständig vom Trail gezogen wird, dann sucht er sich etwas anderes, Interessanteres - so einfach ist das.

Die Zehn-Meter-Leine erlaubt dem Hundeführer, den Hund laufen zu lassen und sich in verschiedene Richtungen zu bewegen, mit mehr Freiraum als an einer kürzeren Leine. Das bedeutet, dass der Hund wenig durch den Hundeführer behindert wird. Warum das so ist? Nun, es ist einfach Physik. Wenn der Hund nur in einem Radius von drei Metern laufen kann und der Hundeführer versucht, Schritt zu halten, hat er weniger Zeit sich zu bewegen und/oder zu reagieren, als wenn der Hundeführer zehn Meter Raum zwischen sich und seinem Hund hätte. Der Schlüssel ist das Ein- und Ausrollen der Leine.

Ein- und Ausrollen einer langen Leine

Das Ein- und Ausrollen lässt sich am besten damit beschreiben, dass man sich einen großen Fisch am Ende einer Angelrute vorstellt. Wenn der Fisch die Stromschnelle durchbricht, löst der Angler die Leine ein wenig, bis der Fisch abdreht oder müde wird. Wenn der Fisch langsamer wird, rollt der Angler die Leine ein bisschen ein und verkürzt die Distanz zwischen sich und dem Fisch. Der Trick ist die Handhabung der Leine. Mit einer Angelrute ist es eher einfach, mit einer langen Leine wird die Situation ein bisschen brenzliger.

Die lange Leine sollte aufgerollt in gleichgroßen Schlingen in der offenen Hand gehalten werden. Wenn der Hund läuft, kann die Leine frei von der offenen Hand rutschen.

Wenn der Hund langsamer wird, abbiegt oder zurückkommt, muss der Hundeführer die Leine in gleichgroße Schlaufen in der offenen Hand aufrollen. Wenn der Hund sehr schnell zurückkommt, ist es am besten, die Leine auf den Boden zu legen, um dem Hund die Möglichkeit zu geben, darüber zu laufen; und wenn er sich schnell bewegt, schnell einzurollen, und das lockere Ende in Schlingen zu legen.

Das Problem der meisten Hundeführer ist, dass sie bei dem Versuch, das Ein- und Ausrollen zu lernen, ungeduldig werden. Außerdem neigt die Zehn-Meter-Leine dazu, zu verknoten und sich an Gegenständen zu verheddern. Der durchschnittliche Hundeführer gibt dann auf und arbeitet mit der kürzeren Leine. Dies

Hundeführerin Sandy Stuart und K.9 Ben: Korrekt eingerollte Leine im Stadtgebiet.

mag zwar einfacher für den Hundeführer sein, nicht aber für den Hund, und das Arbeitsergebnis wird beeinträchtigt.

Als Begründung für die Verwendung der kürzeren Leine im städtischen Gebiet wird meist angeführt, dass der Hundeführer diese aus Gründen der Sicherheit des Hundes benutzen muss. Der Hund könne in der Stadt nicht an einer ausgerollten Zehn-Meter-Leine arbeiten. Das ist Unsinn. Ich arbeitete während meiner K.9-Dienstzeit fast ausschließlich im städtischen Gebiet in der Bucht von San Francisco und ich benutzte immer die Zehn-Meter-Leine. War mein Hund dabei immer am Ende der ganz ausgerollten Leine? Natürlich nicht, aber wenn es nötig war, konnte ich ihn vorlassen. Wenn die Umstände es erforderten, dass ich wegen des Verkehrs oder in anderen Situationen mit einem kürzeren Abstand arbeiten musste, nahm ich die Schlingen aus meiner offenen Hand, drückte sie zusammen und legte eine kleine Schlaufe oder einen halben Knoten über die Mitte der großen Schlaufen (eine Art Befestigung an der Stelle). Mit dem Rest der Leine lief ich eine kürzere Distanz zum Hund. Ich griff dann die Mitte der Schlinge mit meiner rechten Hand, während die Leine von dem halben Knoten zwischen Mittel- und Ringfinger verlief. In gewisser Weise sah es fast so aus, als ob ich einen Griff mit einem Seil hielte, das zwischen meinen zwei mittleren Fingern herausführt. Wenn ich die gesamte Länge oder einen Teil hiervon brauchte, war es einfach, den halben Knoten zu lösen und die Leine auszulassen. Ich nutzte diese Methode oft in den Straßen von San Francisco oder auch in den dichten Kiefernwäldern im Landesinneren von Amador County.

Dieses Vorgehen ermöglichte mir einen schnell arbeitenden Hund und es war mein Leinenhandling, das es ihm erlaubte, mit einem gewissen Maß an Freiheit zu arbeiten - ein Maß, das er selbst gewählt hätte, wenn er ohne mich als Belastung gearbeitet hätte. Die Tatsache, dass ich für meinen Hund keinen Anker darstellte, führte zu einer bemerkenswert guten Arbeit auf seiner Seite.

Ich lege deshalb allen Hundeführer nahe, diesen Umgang mit der Leine zu versuchen. Besser noch ist, wenn Sie es nicht nur versuchen, sondern es üben, als ob Sie keine andere Wahl hätten. Oder, wie der unsterbliche Mr. Myagi gesagt hätte: »Wie gewachst, so gewonnen«.

Die Pflege einer langen Leine

Ach ja, ich vergaß den zweiten Grund, warum viele Leute keine langen Leinen benutzen – die Pflege. In der heutigen Bügelfrei-Gesellschaft bevorzugen wir Produkte, die ein Minimum an Arbeit erfordern. Leder muss gereinigt und geölt werden; nur so bleibt es weitaus länger geschmeidig und stark, als ein Hundeführer seinen Hund arbeiten kann. Die beste Methode zur Reinigung des Leders ist die mit etwas Sattelseife und Wasser. Nachdem das Leder getrocknet ist, reibe ich die Leine auf der ganzen Länge mit Klauenöl ein.

Trail-Ausrüstung für den Hundeführer

Beim Trailen gilt vor allen Dingen eines und ich bitte Sie, mir dies zu glauben: Weniger ist mehr. Davon bin ich fest überzeugt, erst recht nach all den Fehlern, die ich gemacht habe. Meine Fehler haben mich zu einem besseren Hundeführer gemacht, denn ich habe aus ihnen gelernt und versuche immer noch, besser zu werden. Ich gebe ehrlich zu: Als ich in diesem Geschäft anfing, machte ich haufenweise Fehler, wovon manche deutlich schlimmer waren als andere. Einer meiner schwersten Fehler war, dass ich über sehr lange Strecken viel mehr als nötig mit mir herumgeschleppte. Diese Ausrüstung führte nicht nur dazu, dass ich schnell erschöpft war, sondern erschwerte mir auch meine Arbeit. Als ich damals als Trailhundeführer anfing, schleppte ich bis auf eine Küchenspüle so ziemlich alles mit mir herum. Was natürlich kein Problem war, solange ich mit einem Welpen einen Puppytrail lief. Wenn sich der Trail aber auf drei Kilometer oder mehr ausdehnte, wurde das Ganze schon etwas beschwerlicher.

Hundeführer Georgie Vaughan und K.9 Afra in den dichten Kieferwäldern von North Carolina. Schritt halten, Distanz sowie Ein- und Ausrollen der Leine erlauben Afra Freiraum, ohne sich zu verheddern.

Das erste Ausrüstungsstück, von dem ich mich dann trennte, war so eine Art SWAT-Weste mit jeder Menge Taschen für Messer, Ersatzpatronenmagazine, Kompass usw. Die gefüllte Weste brachte gut ihre zehn Kilo auf die Waage, und da hatte ich noch kein Trinkwasser dabei. Auch die kugelsichere Weste, die ich darunter trug, und der Pistolengürtel um meine Hüfte waren noch nicht mit gewogen. Wenn ich mit voller Ausrüstung unterwegs war, trug ich ungefähr dreizehn Kilo mit mir herum.

Wie schon erwähnt, machte das nichts, wenn ich Puppytrails lief. Ich konnte ohne Probleme einige hundert Meter laufen, ohne außer Atem zu geraten. Als ich jedoch anfing, in Einsätze zu gehen, bei denen ich mehr als anderthalb Kilometer hinter dem Hund hinterher traben musste, ging es mir ganz schön auf die Nerven, all das Zeug mit mir herumzuschleppen.

Ich kann mich noch gut an mein erstes Mal mit all dem Gepäck erinnern. Mein erster Hund, Ronin, war ein »Rennhund«. Wenn

George und Afra auf demselben Trail. Wichtig ist, die Leine vom Boden, von den Beinen des Hundes und den Rest von den Bäumen wegzuhalten. Halten Sie den Rest der Leine aufgerollt in der offenen Hand.

er auf der Spur war, raste er los. Dieser Hund konnte einem Trail im Galopp folgen, um die Kurven sausen und ohne zu ermüden mühelos über jedes Hindernis springen. Zu sagen, dass es schwierig gewesen wäre, mit ihm Schritt zu halten, wäre schlichtweg untertrieben. Zum Albtraum wurde es aber mit der SWAT-Weste, dem ledernen Pistolengürtel und der vier Kilo schweren Wasserflasche. Als ich die steilen, dreihundert Meter hohen, mit Eichen bewachsenen Hügel im Clara-County-Gebiet rauf und runter gerannt war, war ich körperlich völlig erschöpft, und schwindelig war mir auch. Außerdem war ich auch völlig überhitzt. Und wir mussten den Trail beenden, weil ich nicht mehr konnte. Stellen Sie sich das vor - da hatte ich diesen tollen Trailhund, der auf der Spur der vermissten Person war, und wir mussten abbrechen, weil ich nicht mehr konnte! Wenn das nicht peinlich ist…

Einer meiner ersten Mentoren, John Lutenberg, machte mir das ungefähr ein Jahr später klar. Wir liefen mitten im Winter einige Prüfungstrails in den Blue Ridge Mountains von West-Virginia für das FBI. Es war ein raues Gebiet mit unglaublich steilen Bergkämmen, dichten Wäldern und Gestrüpp.

Die Zielpersonen, die wir suchten, waren taktisch ausgebildete Jungs vom FBI, die den Gedanken sichtlich genossen, den Hunden eins auszuwischen. Sie hatten einen vierstündigen Vorsprung und machten das Beste daraus. Wir hatten keine Ahnung, wohin sie gehen würden – nur, wo der Start war. Entsprechend ihres Fitness-Level und den GPS-Daten stellte sich später heraus, dass sie mehrere Meilen Vorsprung zu uns hatten. Ich war Johns Backup und es war eine große Ehre für mich.

Der Trick eines guten Trailteams besteht darin, verlorene Zeit und Kilometer aufzuholen, indem man sich schneller als die gesuchte Person bewegt. Das Arbeiten mit John war der Inbegriff dieser Philosophie. Obwohl er zwanzig Jahre älter war als ich, konnte John rennen – und das über weite Entfernungen. Er nahm mich vor dem Prüfungstrail beiseite und sagte, ich solle in Erwägung ziehen, einiges meiner Ausrüstung abzulegen. Ich versicherte ihm, dass ich mithalten könne, und dachte dabei natürlich an den Altersunterschied zwischen uns (wie falsch ich lag, wurde mir einige Stunden später bewiesen). Ich fragte John aber noch nach seiner Meinung, was ich tragen sollte, und er sah an mir hoch und runter und meinte auf seine typische kurz angebundene Art: »Nichts von dem Dreck« – und zeigte auf meine Weste, den Pistolengürtel und den

Wasserbehälter. Ich fragte ihn, was er an meiner Stelle tragen würde, und er sagte, wenn er etwas bräuchte, könnten sie (er meinte die FBI-Agenten) es ihm bringen. Er trug seine Jeans, ein langes Shirt und eine Baseballkappe – das war's. Entgegen meiner damaligen Meinung trennte ich mich also mit Ausnahme von Pistolengürtel und Wasserflasche von meiner ganzen Ausrüstung.

Wir starteten den Trail, begannen zu traben und zwischendurch zu rennen und zu joggen. Wir waren anderthalb Kilometer auf dem Trail, als mir körperlich alles wehtat. Um die Sache noch schlimmer zu machen, gab ich mein Wasser Johns Hund. Es ging eine ganze Weile so weiter und es gab einen Moment, an dem ich dachte, ich würde aus den Latschen kippen. Glücklicherweise verfolgten wir die Zielpersonen bis zu einem gut platzierten Gefechtsstand mit Scharfschützen, die unsere Fortschritte mit GPS aufnahmen. Wir wurden kurze Zeit später ausgeflogen und ich begann mir ernsthaft Gedanken über Johns Worte und über meine eigenen bisherigen Erfahrungen zu machen.

Die wichtigste Lektion war, dass ein echter K.9-Trailer in der Lage sein muss, auf Langstrecken dranzubleiben. Nicht nur das: Wichtig ist, in der Lage zu sein, sich auf die eigentliche Arbeit zu konzentrieren – nämlich den Hund zu lesen, und glauben Sie mir, den Hund zu lesen ist aufwändig. Es kann nach vielen Meilen todlangweilig werden und wenn der Hundeführer sich mit der schweren, scheuernden Ausrüstung abschleppen muss, wird er abgelenkt. Wenn dies geschieht, verpasst er kleinste Hinweise des Hundes. Verpasst er zu viel davon, kommt der Hundeführer vom Trail ab und wird die Zielperson nicht finden.

Die Lehre aus dieser Geschichte ist: Ein Hundeführer, der diesen Job wirklich machen will, muss in der Lage sein, seine eigene Last zu tragen, was immer diese Last sein mag. Ich will gar nicht versuchen, jedem Hundeführer zu sagen, was er tragen soll, ich will nur sagen, dass er gut daran tut, auszuprobieren, was er auf längeren Strecken tragen will und kann. Wenn er das nicht schafft, würde er besser daran tun, mit einem Sprengstoffspürhund anstelle eines Trailers zu arbeiten.

Schuhe und Kleidung

Ich persönlich trage gerne einfach nur ein T-Shirt und Cargohosen im Militärstil sowie bequeme Schuhe, in denen ich den ganzen Tag laufen kann. Wahrscheinlich sind die Schuhe dabei am wichtigsten. Wenn ich nicht den ganzen Tag darin joggen kann, sind die Schuhe ihr Geld nicht wert. Ich habe einige Schuhe ausprobiert und herausgefunden, dass moderne Laufschuhe mit gutem Knöchelschutz am besten sind.

Goretex mag als ein wichtiges Kriterium erscheinen, aber in Schuhen mit Goretex-Membran sammelt sich das Wasser und kann nicht mehr abfließen, wenn der Hundeführer einen Bach mit kniehohem Wasser durchquert hat. Durch die Membran kann das Wasser nicht mehr aus dem Schuh abfließen und staut sich, und wenn das der Fall ist, sind Fußprobleme vorprogrammiert.

Ein nasser Fuß kann nicht atmen, wird schrumpelig und dann entstehen Blasen. Nachdem mir dies ein- oder zweimal passiert war, wechselte ich zu Schuhen mit Ablauflöchern an den Seiten. Die Löcher lassen den Schuh atmen und Feuchtigkeit wird weitaus besser abgegeben als bei den Modellen mit Goretex, und obwohl sie nicht wasserdicht sind, habe ich weitaus weniger Fußprobleme damit.

Ich trug noch nie gerne helle Kleidung, wenn ich mit den Hunden lief. Vielleicht deshalb, weil ich schon zu viele »schwere Jungs« verfolgt hatte, die mich gerne erwischt hätten. Davon abgesehen mochte ich es noch nie, von weitem aufzufallen. Mir ist klar, dass dies nicht dem Standard von Rettungshundestaffeln entspricht, und so mag mein Modestil nicht für jeden der richtige sein. Allerdings bin ich schon so manchen Trail für Rettungshundestaffeln gelaufen, der als typischer Vermisstenfall begann, bei dem sich aber später herausstellte, dass die Person bewaffnet und suizidgefährdet war. Und das Letzte, was man möchte, ist, so einer Person geradewegs in die Arme zu laufen. Auch bin ich nicht von der Vorstellung begeistert, dass jemand selbstmörderisch und eventuell bewaffnet ist und mich aus der Distanz beobachtet. Folglich trug ich Tarnkleidung oder zumindest erdfarbene Töne. Alle hinter mir können gern leuchtendes Orange tragen, wenn sie wollen oder es verlangt wird, aber zumindest ich werde kein Ziel mehr darstellen. Wenn mein Hund die Zielscheibe ist und ich direkt dahinter, ziehen wir die Kugeln eh an. Gott sei Dank lernte ich kurz nachdem ich zum zweiten Mal angeschossen worden war, die Proximity-Anzeige – tja, anscheinend lerne ich wohl langsam. Die Proximity-Anzeigen werden wir später noch in einem anderen Kapitel besprechen.

Ich möchte nicht allzu lange auf Klamotten und Schuhen herumreiten, weil sie Ihnen nicht allzu viel dabei helfen, Ihren Hund zu arbeiten. Nur eins sei noch gesagt: Kleidung und Schuhe sind persönliche Dinge. Wählen Sie einfach nur Dinge, die über viele Kilometer hinweg bequem sind, und versuchen Sie das Modelsyndrom zu vermeiden. Nach langer Erfahrung in den Wäldern weiß ich, dass jeder Hundeführer schwitzen und riechen wird, und ich garantiere, dass er auch einige Schrammen abbekommen wird. Ein Repräsentant für modische Kleidung ist ein Hundeführer also sicher nicht.

4 Geruchsarten

Die verschiedenen Arten des Geruchs könnten noch nicht einmal dann in einem Buch abgehandelt werden, wenn es darum um nichts anderes als dieses Thema gehen würde. Das olfaktorische System des Hundes wird in zahlreiche Büchern und Studien besprochen und es gibt viele Vermutungen, wie man dies auf die Arbeit mit einem Fährten- oder Trailhund anwenden kann. Ich bin kein Geruchsexperte. Ich habe keinen Doktortitel oder eine naturwissenschaftliche Ausbildung in Bezug auf Gerüche. Alles, was ich habe, sind Jahre und endlose Stunden, in denen ich Hunde bei ihrer Reaktion auf Gerüche beobachtet habe. Dabei sind meine Ansichten theoretischer Art und nicht unbedingt mit Tatsachen gleichzusetzen. Ich kann weder mit den Geruchsexperten mithalten, noch will ich das. Die Wissenschaft gehört den Wissenschaftlern und ich tue mein Bestes, mich nicht zu sehr darin einzumischen. Manchmal denke ich, dass dem theoretischen Auseinanderpflücken dessen, was der Hund wohl riechen mag, mehr Aufmerksamkeit gewidmet wird als dem Lesen des Hundes.

Bitte verstehen Sie mich nicht falsch: Die Wissenschaft über Gerüche ist wichtig, aber ein Hundeführer muss eher wissen, wie er den Hund richtig liest, als wie viele Geruchspartikel pro Millionen Riechzellen die Nase seines Chihuahuas wahrnehmen kann. Wenn wir uns zu sehr in Details über Gerüche verlieren, neigen wir dazu, durch zu viel Analysieren gelähmt zu werden. Mit anderen Worten: wir werden nie fertig. Und in diesem Buch soll es genau darum gehen: Wie man seinen Job gut macht. Im Gegensatz zur Arbeit mit einem Flächensuchhund ist für uns beispielsweise die Definition von biogener Entkalkung in Bezug auf Kohlendioxid nicht so wichtig wie zu erkennen, wann der Hund auf dem Trail der zu suchenden Person ist.

Warum Trailhunde versagen können

Bevor ich näher auf die verschiedenen Elemente des Verfolgens von Gerüchen eingehe, lassen Sie mich einige der Gründe erklären, warum Trailhunde eine relativ schlechte Erfolgsquote zu haben scheinen, wenn es um das Finden im realen Einsatz geht. Die grundlegenden Geruchsarten müssen vom Hundeführer verstanden werden, wenn er die Probleme jemals bewältigen will.

Eines der größten Probleme, die wir mit Trailhunden haben und der Hauptgrund, warum sie scheitern, ist die Tatsache, dass der durchschnittliche Hundeführer nicht erkennen kann, wann der Hund vom Trail der gesuchten Person auf einen anderen Trail – von Mensch oder Tier – wechselt. Nachdem ich Tausende von Hunde auf Trails gesehen habe, fand ich heraus, dass sie alle eines gemeinsam haben – sie folgen ihrem Instinkt.

Diese Instinkte sind einfach und uralt und basieren darauf, dass der Hund das bekommt, was er braucht, und zwar so schnell wie möglich. Der Haushund ist selbst in seiner ungewöhnlichsten Form, zum Beispiel der eines chinesischen Nackthundes, nicht allzu weit weg von der DNA des Wolfes. Haushunde,

beim Trailen

so haben Studien gezeigt, entwickeln sich in sehr wenigen Generationen zu ursprünglichen Kaniden zurück, die gänzlich anders aussehen als ihre Ausgangsform, wenn sie wieder anfangen, Wild zu jagen. Ihre Instinkte und Anforderungen zum Überleben beginnen ihren Körper zu verändern.

Wildkaniden und alle Haushunde haben eines gemeinsam – eine unglaubliche Nase, die es ihnen erlaubt zu kommunizieren, sich fortzupflanzen und Beute zu finden. Bei Letzterem scheint die instinktive Reaktion zu sein:

- nach dem frischesten vorhandenen Geruch zu jagen
- nach dem stärksten Geruch zu jagen
- nach einem schwächeren Geschöpf, einem verletzten Geschöpf oder einem emotionalen Geruch zu jagen

Dies hat seine Ursache darin, dass das Bedürfnis nach Futter der überwältigendste Instinkt von allen ist. Überleben basiert auf Fressen, und wenn der Hund kein Fressen findet, stirbt er – so einfach ist das. Deshalb glaube ich, dass Hunde immer ihren Instinkten folgen, wenn sie unter Druck sind, es sei denn, ihr Verhalten wurde durch Training verändert, das auf ihren instinktiven Reaktionen basiert. Mit anderen Worten: Wenn der Trailhund einen aufregenderen Geruch wahrnimmt als den, den er gerade trailt, kann er auf einen neuen Geruch umschalten und diesem folgen, wobei er wenig bis gar keine Anzeichen dafür erkennen lässt. Also wird der durchschnittliche Hundeführer dem Hund auf dem neuen Trail komplett ahnungslos folgen.

Meine Geruchstheorie impliziert nicht, dass Futter die einzige Belohnung ist, für die der Hund arbeiten wird. Sie erklärt einfach nur, dass die Hundenase und die Art, wie der Hund sie nutzt, auf dem Überlebensinstinkt basiert, und nicht auf einem Ball oder einem Zerrspiel. Das Ansprechen des Hundes auf Belohnung hat mit seiner instinktiven Reaktion auf Geruch nichts zu tun.

Basenji Axel entdeckt den Geruch einer Wachtel.

Suche nach dem frischesten Geruch

Meiner Meinung nach pickt der durchschnittliche Trailhund – unabhängig von seiner Zertifizierung –in einer Situation, wenn viele Trails von verschiedenen Personen vorhanden sind, immer den frischesten Geruch heraus, und zwar egal, ob ein Geruchsartikel benutzt wird oder nicht. Ich weiß, dass diese Aussage manchen wie Blasphemie erscheinen wird. Aber es ist die Wahrheit und es wird Zeit, dass die Leute beginnen, dieses Problem zu erkennen.

Zurück zum ursprünglichen Hundeverhalten: Der durchschnittliche Hund, der gar nicht so weit vom Wolf entfernt ist, braucht die sofortige Belohnung. Er kann nicht für die Zukunft planen, wie wir das tun. Für die Zukunft zu planen ist ein menschliches Konzept, nicht das von Tieren. Und der Hund überlegt nicht, dass er dann (und nur dann), wenn er geduldig genug ist, den richtigen Trail zu finden, diesem für mehrere Kilometer zu folgen und ein Meer von menschlichem Geruch zu durchwaten, am Ende seinen Keks bekommt. Er denkt, wenn er jetzt reagiert, bekommt er sofort seine Belohnung. Wenn wir wirklich einen Hund mit den Augen eines Hundes betrachten und nicht mit den Augen des Menschen, ist es einfach zu erkennen, was der Hund macht. Der durchschnittliche Trailhund wird immer den frischesten Geruch nehmen, auf den er trifft, weil dieser stärker und die wahrscheinlichste Geruchsquelle der Person ist - und somit zur Belohnung führt.

Warum man das Problem nie erkannt hat? Ganz einfach, weil die durchschnittlichen »Tests« für dieses Geruchsunterscheidungsproblem keine echten Tests waren. Es ist fast immer jemand anwesend, der das Trailszenario aufgestellt hat, wenn der Hund den Trail läuft. Und um die Situation noch komplizierter zu machen, ist dieser »Jemand« oftmals der Hundeführer. Wenn jemand anwesend ist, der das Szenario aufgestellt hat, kann der Hundeführer den Hund aufgrund subtiler Hinweise aus der Körpersprache des Zeugen beeinflussen. Der Hundeführer wiederum offenbart sich mit seiner eigenen Körpersprache durch Haltung und Position und Leinenhandling, was den Hund auf den richtigen Trail lenkt. Oft genug kann das passieren, ohne dass sich der Hundeführer dessen bewusst ist! Dies wird schmerzhaft offensichtlich, wenn der Hundeführer derjenige war, der beim Aufstellen des Trails dabei war, und ein bisschen weniger, wenn das eine andere Person war.

Ich weiß das so gut, weil die erste Person, bei der ich dieses Problem zum ersten Mal sah, ich selbst war. Nachdem ich wirklich ehrlich mir selbst gegenüber wurde, begann ich, Szenarien aufzustellen, um meinen Hund und mich zu testen. Nach zahlreichen Fehlschlägen stellte ich mein Training um, um diese zu beheben.

Suche nach dem stärksten Geruch

Das nächste Geruchsproblem, das ich häufig sehe, ist der Versuch des Hundes, den stärksten Geruch zu lokalisieren und ihm zu folgen, oder wie ich es nenne, den interessantesten Geruch. Der stärkste Geruch muss nicht einmal der geruchsintensivste sein. Oft ist es einfach nur der Geruch, den der Hund am meisten mag. Im Falle, dass der Hund am liebsten Katzen mag, kann es die Katze sein, die den Trail vor oder nach der Person kreuzte.

Der stärkste Geruch kann ebenso von einem Menschen sein, den der Hund bevorzugt.

Axel auf der Spur eines Chukarhuhns, zu sehen rechts am Bildrand. Tierischer Geruch kann ein Problem für den Trailhund sein.

Es ist sehr gebräuchlich, dass der Hundeführer seine Bekannten als Trailleger nutzt. Diese Leute sind oftmals andere Hundeführer oder Leute aus der Suchmannschaft des Hundeführers. Der Hund lernt aufgrund der Wiederholungen und der Belohnung, diese Leute vor anderen zu finden. Da er die gleichen Menschen wiederholt im Training findet, lernt er, dass es wirklich Spaß macht und relativ einfach ist. Hunde wählen, mehr noch als Menschen, den einfachsten Weg zur Belohnung. Auch das ist ein natürlicher Instinkt.

Oftmals sind die gleichen Trailleger auch diejenigen, die am Ende auch in dem Suchgebiet des Hundeführers auftauchen und als Suchteam die Gegend nach Hinweisen durchforsten. Noch schlimmer ist ein anderer Hundeführer, mit dem Sie immer trainieren und der seinen Hund vor Ihrem Hund arbeitet: Ihr Hund kennt beide gut – den anderen Hundeführer und den Hund – und wird ihrem Trail sofort glücklich folgen. Ich habe das immer und immer wieder beobachtet, und obwohl es ganz offensichtlich ist, wird das Problem anders ausgelegt: Dass ein Hund den Trail des anderen Hundes bestätigen würde. Dies geschah so oft in den Rettungshundestaffeln, dass eine ganz neue Suchstrategie zur Unterstützung entwickelt wurde: Bring einen zweiten Hund, damit dieser den ersten Hund bestätigt. Nachdem ich dies bei zahlreichen Gelegenheiten beobachtete, fand ich heraus, dass beinahe jeder Trailhund nichts anderes tat, als dem Geruch des anderen Trailhundes und des Hundeführers zu folgen.

Wenn der Trailhund im Training nur wenigen verschiedenen menschlichen Gerüchen ausgesetzt wird, wird er lernen, diesen mehr als anderen Gerüchen folgen zu wollen, und zwar unabhängig von einem Geruchsartikel. Der Trick zu lernen, wie Sie Ihren Hund bei Geruchsunterscheidungsproblemen lesen können, besteht darin, viele verschiedene Leute mit unterschiedlichem Background, Alter etc. einzusetzen. Dies ist der wichtigste Faktor in der Praxis des Traillegens.

Der stärkste Geruch ist möglicherweise nicht der mit den meisten vorhandenen Geruchspartikeln, sondern Geruch, den der Hund am meisten mag. Zur Erinnerung, dieser Geruch kann sein:

1. Bevorzugte Tiere
2. Bevorzugte Personen

Verschiedene Arten von Geruch

Was ist menschlicher Geruch?

Man bekommt zwar viele Informationen über die Zusammensetzung von verschiedenen Gerüchen, aber es mangelt an Wissen über den menschlichen Geruch und darüber, was der Hund genau wahrnimmt. Eine Theorie besagt, dass menschlicher Geruch aus Geruchspartikeln zusammengesetzt ist, die sich von der Haut ablösen, zu Boden fallen und vom Wind weggeweht werden. Eine andere Idee geht davon aus, dass der menschliche Geruch nichts weiter als eine Form von Gas ist, welches der Hund wahrnimmt. Ich denke, dass beide Recht haben und dass der menschliche Geruch eine Kombination aus beidem ist. Meine Meinung basiert darauf, was ich aus dem Hund lese, und nicht darauf, was ich in einem Buch gelesen habe. Und ich finde, dass der Schwerpunkt für den Hundeführer das sein sollte, was er in seinem Hund liest und nicht unbedingt, was zu diesem Thema veröffentlicht wurde. Darum werde ich diese Definition kurz halten.

Ich glaube, dass der Hund zwei Arten von menschlichem Geruch wahrnehmen kann und dass diese unterschiedliche Reaktionen hervorrufen. Die erste ist das, was vom Körper fällt und sich auf dem Boden ablagert oder mit dem Wind weggeweht wird. Sie besteht aus Hautpartikeln, die durch normale Bakterienvermehrung biologisch abgebaut werden und dabei den gleichen Faktoren unterliegen wie jedes andere organische Material. Diese Partikel produzieren einen Geruch, der sich verändert, sobald die Partikel altern und sich abbauen. Ich glaube, dass dies einer der Wege ist, wie Hunde die Richtung des Trails bestimmen. Diese Art von Geruch ist der Auslöser für das Fährten, Trailen oder eine Reaktion zum Verfolgen und ist häufig dort zu finden, wo er gefallen ist. Man erkennt das Verhalten daran, dass der Hund den Kopf unten hält. Mitunter wird erbittert darüber gestritten, inwiefern Hunde zur Bestimmung der Richtung anhand von Geruch in der Lage sind. In einem Verfahren wurde von der Verteidigung sogar

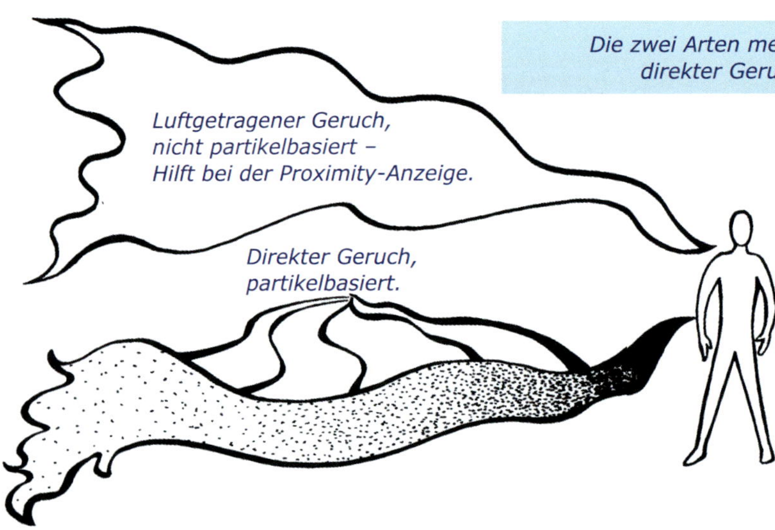

Die zwei Arten menschlichen Geruchs – direkter Geruch und Geruchsstrail.

schon einmal die Arbeit meines eigenen Hundes bestritten, was die Fehlbarkeit von Hunden und ihre Fähigkeit zur Bestimmung von Geruchsrichtungen betrifft.

In den Tausenden von Stunden, die ich hinter Hunderten von Hunden in doppelblinden Tests arbeitete, fand ich heraus, dass ein durchschnittlich guter Trailhund die meiste Zeit die korrekte Richtung des Trails zuverlässig aufnimmt. Wie Hunde das tun, weiß ich nicht genau, aber Wölfe und Kojoten sind hierfür das beste Beispiel aus der Natur. Ich habe sie bei vielen Gelegenheiten arbeiten und jagen gesehen und weiß vom Beobachten ihrer Bewegungen, dass auch sie meistens die richtige Richtung aufnehmen. Meiner Meinung nach liegt das einfach daran, dass sie Nahrung brauchen. Das Thema Futter steht bei wilden Kaniden ganz weit oben, denn den Großteil der Zeit sind sie auf der Jagd erfolglos.

Wenn ihre Fähigkeit zur Bestimmung der Geruchsrichtung nicht besonders gut ist, warum sollten sie dann überhaupt das Verfolgen von Geruchsspuren als Mittel zum Zweck entwickelt haben? Daher muss ich einigen »Experten« auf diesem Gebiet widersprechen. Ich glaube, dass ihre Testmodelle von Anfang an voreingenommen sind. Manchmal führen die Tests selbst die Ergebnisse in Richtung der von den Testern erwarteten Ergebnisse.

Der zweite Typ des menschlichen Geruchs ist der direkt vom Körper kommende, luftgetragene Geruch. Dieser Geruch ist wahrscheinlich gasförmig und hilft dem Hund, die Nähe der Person zu bestimmen. Das Verhalten hierbei besteht darin, dass der Hund den Kopf hochhält und intensiv sucht. Genauso ist es, wenn der Hund wegen der Nähe zu der Person mit den Augen und Ohren zu suchen beginnt.

Emotionaler Geruch

Von allen emotionalen Gerüchen ist Angst vermutlich am dramatischsten für den Hund. Angstgeruch basiert auf Adrenalin, das für den Hund in fast jeder Situation einen deutlichen Auslöser darstellt. Wenn der Hund Angst wahrnimmt, nimmt er automatisch eine dominantere, raubtierhafte Position ein. Die Angst einer Beute sagt dem Hund, dass er nicht mehr so vorsichtig sein muss wie zuvor und es aller Wahrscheinlichkeit nach ratsam ist, der Beute jetzt direkt an die Kehle zu gehen. Diese Reaktion basiert darauf, dass der Hund Nahrung oder Dominanz erreichen möchte – beides für das Überleben des wilden Hundes wichtige Dinge.

Diensthunde der Polizei haben wegen des Faktors Angst häufig eine höhere Erfolgsrate beim Finden als ihre Kollegen aus den

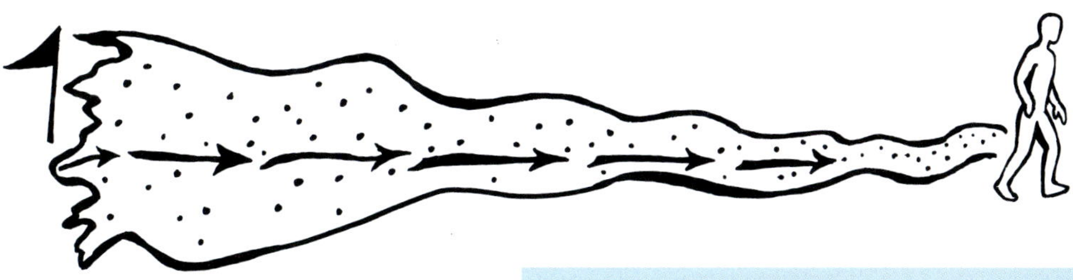

Beispiel eines menschlichen Partikel-Trails.

Geruchsverarbeitungstheorie
Wie der Hund die Trailrichtung erkennt

Trail altert mit Vorwärtsbewegung der Person

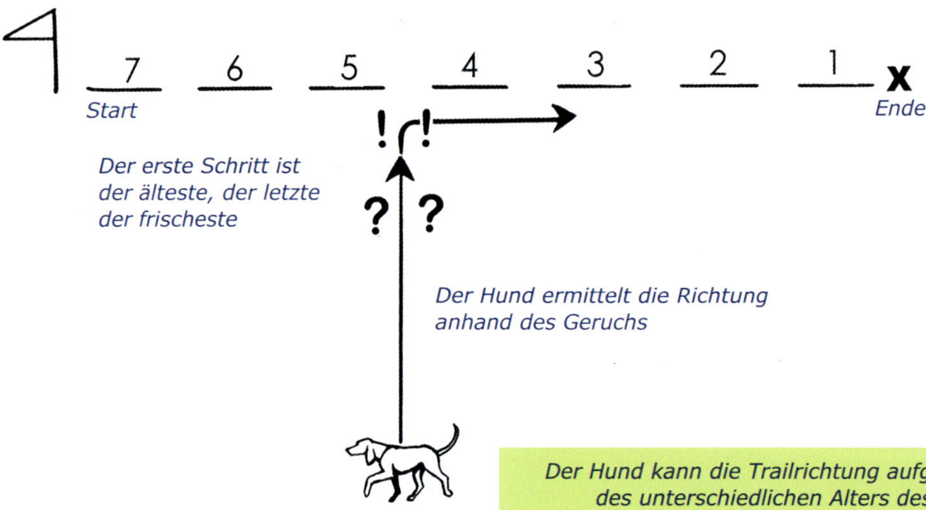

Der Hund kann die Trailrichtung aufgrund des unterschiedlichen Alters des sich zersetzenden Geruchs ermitteln.

Rettungshundestaffeln. Die meisten Leute, die von Polizeihunden gesucht werden, sind Kriminelle und waren meistens gerade im Begriff, ein Verbrechen zu begehen, als der Diensthund dazukam. Der emotional geladene Zustand, etwas zu tun, das einen ins Gefängnis oder Krankenhaus bringen könnte, führt zu mehr Geruchsausschüttung, und das nutzt dem Hund. Es hilft ihm sogar, sich viel leichter wie eine Rakete auf der Spur einzudocken, anstatt einen durchschnittlichen Unbekannten zu suchen, der gerade die Straße entlang gelaufen ist.

Wenn der menschliche Geruch mit Emotionen angereichert ist – sei es Angst, Ärger, extreme Freude oder Trauer – erzeugt das eine Veränderung in der gesamten Witterungsdynamik. Das hilft dem Hund, den Geruch zu fixieren, und er hat eher den Wunsch, diesen zu finden bzw. an dem Geruch über viele Kilometer dranzubleiben. Der emotionale Bestandteil des Geruchs ist das, was ihn besonders anziehend macht. Nicht alle Emotionen haben die gleiche Anziehungskraft für jeden Hund. Auch gibt es keinen Grund, warum Hunde einen Geruch mehr mögen als einen anderen, und nicht jeder Hund reagiert gleich auf denselben Geruch.

Als ich mit meinem Hund als Polizist tätig war, hatten wir es oft mit emotional aufgeladenen Trails zu tun – davon einige weit mehr als andere. Der typische Verdächtige eines Raubüberfalls war immer gut, solange er zu Fuß unterwegs war – Sexualstraftäter waren aber immer eine ganz andere Kategorie. Ich weiß nicht, was es war, das meinen Hund so stark reagieren ließ, wie er es bei Sexualstraftätern tat. Irgendetwas ließ meinen Hund bei dieser Art von Verbrechen regelrecht auf der Spur kleben. Vielleicht war es eine Kombination von Aufregung und der Angst, gefasst zu werden, die eine andere Art Adrenalinrausch erzeugte.

Am anderen Ende des Spektrums stehen Trails, die frei von Emotionen oder Gefühlen sind und bei denen der menschliche Faktor in jeglicher emotionaler Hinsicht außer Betrieb ist. Manche Alzheimerpatienten passen in diese Kategorie. Abhängig vom Stadium der Krankheit hat ein Alzheimerpatient meist überhaupt keine emotionale Kapazität. Außerdem kann er loslaufen und niemals anhalten.

Es gab einen Punkt in meiner Laufbahn, an dem ich mich fragte, was mit diesen Fällen eigentlich passierte, weil wir nicht eine dieser Personen finden konnten. Egal wic hart wir daran arbeiteten, die Trails schienen einfach zu verblassen, auch wenn sie ziemlich frisch waren. Unglücklicherweise fiel mir das erst viel später in meiner Trailkarriere auf. Die meisten Alzheimerpatienten, die wir suchten, litten unter einem fortgeschrittenen Stadium der Krankheit und hatten wenig Fähigkeit, mit anderen Leuten zu kommunizieren, geschweige denn, sich über irgendetwas aufzuregen. Sie hatten einen solchen Mangel an Emotionen, dass dieser Geruchsvergleich für meine Hunde nicht normal schien. Sie hatten bei diesen Leuten nicht dasselbe Interesse wie bei anderen. Später dämmerte es mir, dass dies eines der Szenarios war, die ich nie trainiert hatte. Die Lösung war nahezu so offensichtlich wie das Problem und es war unglaublich, dass es so lange dauerte, bis ich es kapierte. Trainiere mit Leuten, die du suchen wirst. Wenn ich jemals mit solchen Arten der Suche rechnen muss, ist es wichtig, im Training mit Menschen in ähnlichen Zuständen zu arbeiten.

Emotionaler Geruch ist für den Hund einfacher zu verfolgen. Wenn wir immer mit denselben Leuten, denselben Methoden, denselben Orten arbeiten, wird das Training langweilig und einfallslos. Diese Arten von Trails werden banal für den Hund. Ich verstehe, dass es verflixt schwierig ist, eine furchterregende Situation zu simulieren und dann den Trail zu laufen; wenn allerdings der Hundeführer und sein Trailleger immer dieselbe Arbeitsweise, Szenarien und Orte für ihre Trails verwenden, wird es langweilig und der Hund wird es merken. Wenn sich die Personen, Orte und Inhalte ändern, wird es wieder aufregender - und das ist besser für den Hund.

Auf Bodenverletzungen basierende Geruchsarten

Einige Fährten-Anhänger nutzen ausschließlich diese Geruchsform für ihren Sport. Die Betonung liegt dabei auf dem Wort Sport. Den Fährtensport gibt es schon seit vielen Jahren und er wurde als Grundlage für viele Polizei-Diensthunde-Fährtenprogramme standardisiert. Wie wir sehen werden, ist er ein Teil der Trailtechnik, aber nicht dessen einzige Komponente. Wenn sich ein Hundeführer ausschließlich auf die Verwendung der Bodenverletzung beim Fährten und Trailen konzentriert, reduziert er sich selbst auf einen kleinen Bereich von Suchmöglichkeiten. Ich will nicht näher auf die Geschichte des Fährtensports eingehen, weil es für das, was wir tun, nicht relevant ist, aber ich will meine Vorstellungen dazu aufzeigen, wie die Bodenverletzungen funktionieren und welche Rolle diese beim Trailen spielen.

Eine Bodenverletzung ist eine Veränderung der Oberfläche durch Bewegung oder Abnutzung. Normalerweise wird sie durch Schritte der zu suchenden Person verursacht. Bodenverletzungen können geknickte Grashalme, lose Blätter oder Lehm oder aufgewühlte Erde sein. All diese Zeichen können von einem guten Fährtenleser erkannt werden. Das ist zwar eine Kunst für sich, aber meiner Meinung nach von jedem Hundeführer erlernbar.

Eine Bodenverletzung ist nicht nur sichtbar, sie kann außerdem auch einen deutlichen Geruch haben, selbst für die ungeübte menschliche Nase. Probieren Sie einmal folgende Übung aus: Gehen Sie morgens auf eine Grünfläche, knien sich hin und riechen am Gras, bevor Sie darauf treten. Setzen Sie als Nächstes einen Fuß darauf und knicken ein paar Halme. Knien Sie sich dann wieder hin und riechen noch einmal. Sogar für die untrainierte Nase riecht dieser Fleck komplett anders, nachdem er betreten wurde. Wiederholen Sie diese Übung auf verschiedenen Untergründen wie Erde, Sand, laubbedecktem Waldboden und sogar Asphalt. Jede menschliche Nase ist unterschiedlich, aber ich wette, dass der durchschnittliche Leser in der Lage ist, die Unterschiede auf den meisten Untergründen zu riechen.

Hunde können diese Bodenverletzungen je nach Wind und anderen Umwelteinflüssen aus ziemlich erstaunlichen Entfernungen wahrnehmen. Ich habe einmal einen Trailhund erlebt, der die verschiedenen Ansammlungen flüchtig weggewehter menschlicher Geruchspartikel auf einem Parkplatz miteinander verband und auf einmal die entsprechende Bodenverletzung in über fünfzig Metern Entfernung wahrnahm. Weil die Bodenverletzung gekoppelt mit dem menschlichen Geruch stärker war, wurde der Hund davon stark angezogen.

Eine Bodenverletzung ist von den gleichen Umweltveränderungen abhängig wie der menschliche Geruch. Hitze, Wind und Regen verändern die Eigenschaften der Bodenverletzung. Ich vermute auch, dass sie dies in einer endgültigere Art und Weise tun, weil die Bodenverletzung an und für sich nicht unbedingt mit dem echten menschlichen Geruch der zu suchenden Person verbunden ist. Obwohl beides biologisch abbaubar ist, hält der menschliche Geruch die individuelle Komponente aufrecht, während die Bodenverletzung dies nicht mehr tut, es sei denn, sie ist stark durch den menschlichen Geruch kontaminiert.

Am Anfang kann der Geruch der Bodenzerstörung tatsächlich stärker sein als der menschliche Geruch, der vom Körper fällt. Darum glauben Fährten-Spezialisten, dass dies die primäre Methode für den Hund sei. Einige dieser Trainingsmethoden gehen so weit, die Nase des Hundes auf den Boden zu zwingen, indem die Leine vom Halsband unter den Achselhöhlen des Hundes verläuft, wodurch ein Druck nach unten entsteht, wenn die Leine gespannt ist. Von dem ausgehend, was ich über Geruch weiß und darüber, aus welch großen Entfernungen er wahrgenommen werden kann, wirkt es auf mich ehrlich gesagt wie

eine menschliche Interpretation von etwas, das man selbst nicht versteht, wenn man die Nase des Hundes auf den Boden zu zwingen versucht. Ich glaube, dass eine frische Fußspur auf weichem Untergrund ein sehr starkes Geruchsbild für den Hund bietet, aber ich glaube auch, dass dieses nicht unbedingt in der gleichen Stärke für sehr lange anhält. Wenn sich die Langlebigkeit abbaut, dann auch ihre Funktion als guter Anker für die Hundenase, und wenn der Hund nicht das Training oder den Instinkt hat, abgebautem, weggeblasenem menschlichem Geruch zu folgen, wird er schnell die Fährte verlieren. Dadurch blieben frühere Fährtenpraktiker immer wieder in ihrem Trainingsprogramm stecken. Sie waren so auf ihre Auffassung über die Arbeitsweise des Hundes fokussiert, dass sie eine Trainingsmethode entwickelten, um die Theorie zu unterstützen. Das Training und die Theorie waren so starr, dass abgebrochen wurde, sobald der Hund nicht mehr auf der Fährte war.

Frühere Tests bestätigten die Bodenverletzungstheorie, prüften jedoch nur, wie die Hunde trainiert wurden, und notwendigerweise nicht, wie gut sie trailen konnten. In diesen Tests ging eine Person über weichen Boden und der Hund folgte dieser Fährte in Perfektion. Im nächsten Test wurde die Person in einem Korb an einem Hochseil von einem Ort zum anderen befördert, was keine Bodenverletzung hinterließ. Und siehe da: der Hund war unfähig zu arbeiten. Die Variable in der Gleichung, die nicht wirklich erklärt wurde, war, dass die Hunde, die für diesen Test verwendet wurden, speziell auf Bodenverletzung und nichts anderes trainiert worden waren. Kein Wunder, dass das nicht funktionieren konnte. Das sportmäßig betriebene Fährten hat sicher einen Platz in unserer Welt und es macht wirklich Spaß, jedoch hat es sehr wenig mit der modernen Diensthunde-Trailingwelt zu tun. Dies liegt daran, dass bei Sportfährten verlangt wird, dass der Hund genau auf der Fährte bleibt. Wenn wir in diesem Buch weiterlesen, werden wir schnell erkennen, dass es keine absolute Methode gibt, mit der ein Hund dem Geruch folgen muss, und wenn wir diese auf die ein oder andere Art erzwingen, fangen wir an, den Hund auf den Weg zu führen, den wir gelegt haben.

Ich sagte bereits, dass Hunde häufig durch eine vom Halsband zwischen den Achseln verlaufende Leine gezwungen werden, ihre Nase auf die Fährte zu drücken. Es gibt jedoch noch eine weitere Komponente in dieser Art des Trainings, die Trailer ebenfalls behindert. Ich sehe oft Sportfährten-Trainer, die den Hundeführer benutzen, um dessen eigene Fährte zu legen, sich dann herumzudrehen und den eigenen Hund diese Fährte arbeiten zu lassen. Eine andere Verdrehung dieser Methode ist, einen Fährtenleger die Fährte legen zu lassen, der dann zum Start zurückkommt, um hinter dem Hundeführer und dem Hund zu laufen. Das kann wirklich verwirrend für einen Hund sein, der auf menschlichem Geruch arbeitet und nicht nur auf der Bodenverletzung und ist besonders störend für einen Trailer, der wirklich Geruch unterscheidet.

Ein Hund, der wirklich menschlichen Geruch unterscheidet, würde sich einfach umdrehen und denjenigen anzeigen, der die Spur gelegt hat, anstatt den Fußspuren zu folgen. Wenn der Hund gezwungen wird, der Fährte zu folgen und den damit verbunden Geruch zu ignorieren, wird das Training widersprüchlich und unproduktiv.

Bodenverletzungspur eines frischen Schuhabdrucks in weichem Matsch. Diese Fährte riecht sogar für einen Menschen deutlich anders als der nur wenige Zentimeter daneben liegende unberührte Boden.

Arten der Hochwitterung (luftgetragene Witterung)

Die Sucharbeit mit Hunden ist zwar heute weiter verbreitet als je zuvor, aber leider ist auch die Aufspaltung in verschiedene Disziplinen immer weiter ausgeufert. Wir konzentrieren uns nun kollektiv auf individuelle Komponenten der Geruchsarbeit mit Hunden, die meiner Meinung nach alle mit dem Trailen verwandt sind. Jeder Geruchsart, die wir in diesem Kapitel besprechen, ist eine eigene Disziplin zugeordnet, für die Hunde speziell trainiert werden. Wir haben den Geruch aus Bodenverletzungen für Fährtenhunde, die Hochwitterung für Flächenhunde oder den Leichengeruch für Leichenspürhunde.

Ich bin der Meinung, dass ein guter Trailhund all diese Geruchsformen nutzt und dass diese alle regelmäßig auf jedem Trail vorkommen können und dies auch tun. Wenn die Bodenverletzung stark genug ist, wird der Hund von ihr angezogen. Wenn sich ihr Geruch verdünnt, zum Beispiel weil ein weicher Untergrund in harten Asphalt übergeht, bewegt sich der Hund in Richtung des verwehten menschlichen Geruchs - hin zu Ecken, Verstecken und bewachsenen Stellen. Wenn der Hund die Person aus der Entfernung über Hochwitterung wahrnimmt und dann vom Trail in den Geruchskegel abweicht, ziehe ich es vor, den Trail abzukürzen und finde die Person so schneller als über den Trail, der nicht ganz so frisch und vielleicht sehr lang ist.

Menschliche Hochwitterung besteht aus hauptsächlich vom Wind und von Körpergasen verwehten Geruchspartikeln, die im Alter variieren. Am besten kann man sich diese Luftwitterung bildlich in Form eines Kegels vorstellen: das spitze Ende ist die Quelle des Geruchs und das offene Ende ist der Ausgangspunkt der Wahrnehmung. Stellen Sie sich eine Person vor, die mit einer Rauchfackel in einer Ecke eines offenen Feldes steht.

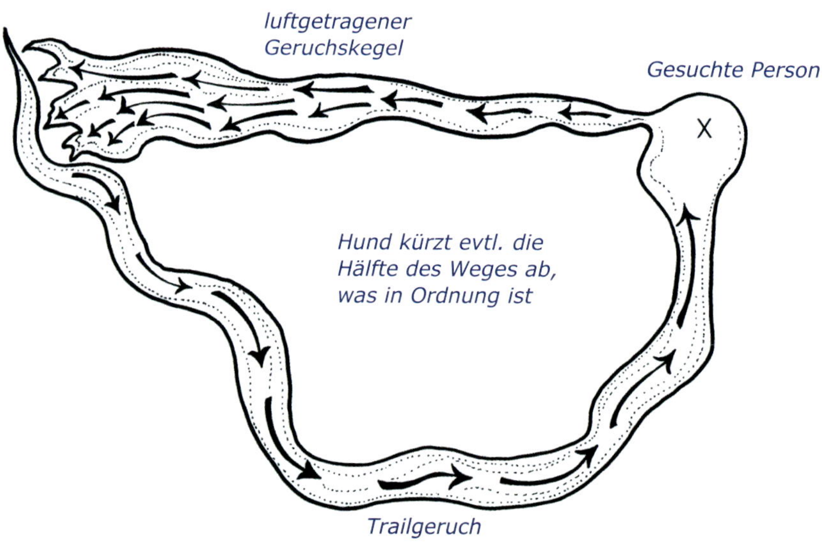

Wenn ein Diensthund luftgetragenen Geruch aus der Entfernung wahrnimmt und der Geruchskegel, der zur Quelle des Geruchs führt, stark ist, sollte es dem Hund erlaubt sein, ihm auch zu folgen. Dies ist ein gutes Beispiel dafür, wie man in einem solchen Fall abkürzen kann.

Wenn der Rauch sich mit dem Wind bewegt, verflüchtigt er sich, ist aber immer noch da und weitet sich aus. Abhängig vom Wind hat der Geruch die Form eines Kegels, der in der Breite variiert und mit der Entfernung von der Geruchsquelle zunimmt. Bei einer steifen Brise kann der Geruchskegel nur wenige Meter breit sein. Wenn der Wind abschwächt, scheint sich der Kegel auszubreiten und wird manchmal so breit wie ein Fußballfeld.

Der Geruchskegel ist für einen Trailhund der erste Hinweis, dass die Person sich in der Nähe befindet, weil er Geruch enthält, der frisch vom Körper weht. Ein Hund, der vom Geruch am Boden zur Luftwitterung wechselt, verändert im Allgemeinen sein gesamtes Verhalten und seine Körpersprache. Die ersten Anzeichen sind, dass er Kopf und Nase in den Wind, zur Geruchsquelle, dreht und sich dann auch diese Richtung bewegt. Er kann sich auch im Zickzack vor und zurück an die Ränder des Geruchskegels bewegen, wenn der Hund sich stärker zur Quelle heranarbeitet. Manche junge Hunde, die nicht mit Geruchskegeln vertraut sind, folgen dem Geruch, wenn er an ihnen vorbei auf den Boden weht.

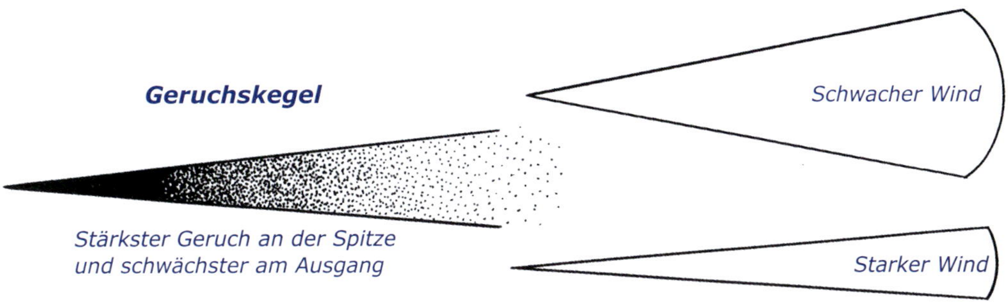

Geruchskegel können je nach Windgeschwindigkeit und Richtung des Trailverlaufs schmal oder breit sein oder auch ihre Form verändern.

Proximity-Geruchsformen

Die Wichtigkeit von Proximity - Anzeigen

Die Proximity-Gerüche, wie ich sie nenne, und die Proximity-Anzeige (dt. etwa: Kurz-vor-Ziel Geruch oder Näherungsgeruch, s.a. S. 14) ist die wichtigste Geruchsform in diesem Buch. Ich möchte alle Hundeführer, die ernsthaft an Trailing-Einsätzen interessiert sind, ermuntern, diesem kurzen Thema Aufmerksamkeit zu schenken und ihr Training entsprechend anzupassen. Es kann ihr Leben retten!

Ich begann mich mit Proximity-Geruch zu befassen, als einmal mein guter Freund Frank Merritt vom US Army Combat Tracker Team vorbeikam, um sich einige Diensthundetrainings anzusehen, an denen ich beteiligt war. Ich lernte Frank online kennen, als das Internet gerade modern wurde, so um das Jahr 1997. Ich versuchte mehr über taktische Operationen für Hunde zu lernen, die hochgefährliche

Straftäter auf der Flucht suchen, und lief dabei vor die sprichwörtliche Wand - es war einfach nichts über dieses Thema vorhanden.

Die meisten Operationen von Hundeeinsatz-Kommandos, die zu dieser Zeit bekannt waren, basierten auf der Methode der Flächen- und Gebäudesuche, bei denen die Teambewegungen langsam, dicht und eng waren. Ich hatte bereits gelernt, dass diese Art der Bewegung nicht zu einem Trailhund passt, weil er so nicht in einem funktionalen Tempo arbeiten kann. Ich besuchte einige Sondereinheit-Teams, die ernsthaftes Misstrauen gegenüber dem traditionellen Fährtenhund hegten. Aus praktischer Erfahrung hatten viele von ihnen gelernt, dass die Fährtenhunde, die sie kannten, selten so arbeiteten, wie sie angepriesen wurden. Ich war also gezwungen, meine eigene Informationsquelle zu finden und außerdem etwas relativ Neuartiges anzufangen – taktisches Trail-Training zu Strafverfolgungszwecken.

Merritts Erfahrung mit Fährtenhunden begann, als er im Jahre 1967 mit einer relativ obskuren Gruppe namens Combat Tracker Team Nr. 7 arbeitete, die zur 1. Cavalry Division – Air Mobile – gehörte. Das Team gehörte ferner zur Long Range Reconnaissance Patrol und anschließend zur 1/9 Cavalry-Division Reconnaissance. Diese Jungs waren hochtrainierte, mobile, kleine Einheiten, die Labradore als Fährtenhunde nutzten, um feindliche Soldaten sowie vermisste und entführte Amerikaner zu suchen. Ihre Erfolgsquote war phänomenal und ihre Rettungsquote vor allem deshalb bemerkenswert, weil sich die Teamoperationen häufig tief in feindlichem Gebiet abspielten. Der Schlüssel zu ihrem Erfolg waren die Nase des Hundes und ein Fünf-Mann-Team, das dazu da war, diese Nase zu unterstützen.

Ich unterhielt mich stundenlang mit Frank über Teamtraining und aktuelle Aufträge und lernte schnell, dass diese Männer mit ihrer Erfahrung und ihrem Training genau das waren, was ich brauchte, um mein eigenes Programm zu entwerfen.

Frank ermahnte mich mehr als einmal, dass ich immer an ein Zeichen denken sollte, das eines Tages vielleicht einmal mein Leben retten könnte – die Proximity-Anzeige des Hundes. Wenn es ein Zeichen gab, das Franks Leben mehr als einmal rettete, war es der Hund, der aus der Distanz warnte, dass die gesuchte Person in der Nähe war. Irgendwann brachte er es sogar so weit, dass er aufgrund der Anzeige seines Labradors nicht nur die Richtung bestimmen konnte, in der sich die Zielperson

Sister, ein Bloodhound, geführt von Mary Davenport, zeigt Hochwitterung aus der Distanz von ungefähr sieben Metern zur Person.

Ein Sondereinsatzteam bereitet sich auf die Unterstützung eines Trailing-Bloodhounds vor.

befand, sondern auch, wie weit entfernt diese noch war – und das allein durch die Beobachtung der Körpersprache seines Hundes.

Nachdem ich mir Franks Unterrichtsstunde zu Herzen genommen hatte und daraufhin nochmals einige meiner früheren Trailfälle durchdachte, bei denen hochgefährliche Straftäter auf der Flucht gewesen waren, wurde mir klar, dass ich es einige Male nur meinem Glück zu verdanken gehabt hatte, aufgrund der schlechten Sicherheitsmaßnahmen nicht verletzt oder getötet worden zu sein. Außerdem war die Methode, nach der ich ausgebildet worden war, für diesen Mangel an Sicherheit verantwortlich. Mein Problem damals war, dass ich dem Verbrecher direkt in die Arme lief, obwohl mein Hund mir rechtzeitig sagte, dass ich nahe dran war. Das war wirklich dumm!

Hinterher ist man immer klüger, aber Tatsache ist, dass ich einfach untrainiert war und dass niemand, mit dem ich trainierte, viel Erfahrung auf diesem Gebiet hatte – bis Frank ins Spiel kam. Ich glaube, dass uns im Leben bestimmte Menschen aus bestimmten Gründen begegnen, und der Grund für meine Begegnung mit Frank war, dass ich damals gefährliche Trails lief und er wahrscheinlich mein Leben rettete. Weil ich heute praktiziere und predige, was er mir beigebracht hat, hat seine Botschaft über die Jahre hinweg vermutlich auch noch anderen das Leben gerettet.

Specialist 4 Frank Merritt und sein Labrador Sambo, Combat Tracker Team #7, Vietnam, 1967. Frank war eine große Inspiration für mich und rettete mein Leben vermutlich gleich mehrfach.

Was ist Proximity-Geruch?

Proximity-Geruch in seiner Grundform ist nichts anderes als Luftwitterung, da der Hund den direkt vom Körper ausgehenden Geruch wahrnimmt. Allerdings gehe ich noch einen Schritt weiter und sage, dass er einen entscheidenden Anteil daran hat, dem Hund zu helfen, die Richtung und Entfernung der zu suchenden Person zu bestimmen. Wenn der Hund näher zur Zielperson kommt, scheinen ihm Geruchsindikatoren dies mitzuteilen. Es ist unmöglich zu sagen, was genau der Unterschied im Geruch ist, aber es ist offensichtlich, dass der Hund darauf reagiert. Wenn der Hund näher an die Person kommt, wird er lebhafter und aufgeregter. Irgendetwas passiert hier und es wird für den Hund sehr deutlich, dass er nahe an die Person kommt. Vielleicht ist es einfach eine Konzentration des Geruchs in einem bestimmten Gebiet, oder es hat etwas damit zu tun, wie lange der Geruch schon vom Körper weg ist. Vielleicht ist es ein wenig von beidem plus anderer Faktoren, die wir jetzt einfach noch nicht verstehen.

Ich glaube, dass Hunde auf einer Fährte oder einem Trail die Richtung des Trails basierend auf den winzigen Veränderungen im Alter des Geruchs von einem Schritt zum nächsten bestimmen können, und sie tun es, weil sich das Geruchsmuster des menschlichen Materials verändert, wenn es sich biologisch abbaut. Allgemein nimmt man an, dass menschlicher Geruch aus mikroskopisch kleinen Geruchspartikeln besteht, die vom Körper fallen. Ich teile diese Meinung, aber ich glaube darüber hinaus, dass es der biologische Abbau der Partikel durch aerobe Bakterien ist, durch den der Geruch entsteht, dem der Hund folgt, nicht die Partikel selbst. Jeder Schritt ist ein wenig frischer als der davor, und Hunde können das irgendwie bestimmen. Ich kam zu dieser Einsicht, als ich Hunde beobachtete, die aus Autos strömenden menschlichen Geruch verfolgten. Weil dieser aber nicht unbedingt auf Geruchspartikeln beruhte oder mit Gasen zu tun hatte, waren solche Trails für die Hunde nicht immer verständlich und sie konnten sich keinen vernünftigen Reim darauf machen. So genannte »Cartrails« scheinen sehr schnell zu versanden. Die Hunde hatten Geruch, aber sie fanden die Richtung nicht so leicht.

Versuchen Sie nun einmal, meine Überlegungen für einen kurzen Moment anzunehmen und in Gedanken mit mir mitzulaufen. Wenn Hunde wirklich das Alter des Geruchs von einem Schritt zum nächsten bestimmen können, wäre es leicht zu sehen, wenn sie ihrer Jagdbeute bis auf sagen wir etwa hundert Meter näherkommen. Wenn sie in hundert Metern Entfernung allerdings übermäßig ängstlich werden würden, könnten sie auf eine Art reagieren, die ihre Beute erschrecken oder zumindest warnen könnte, dass der Jäger in der Nähe ist. Folglich ist es logischer, wenn ihre Reaktion etwas gedämpfter bleibt: sie arbeiten weiter, aber sie regen sich zu diesem Zeitpunkt nicht zu sehr auf. Ganz verbergen können sie es allerdings auch nicht. Sie mögen die Meister der Geruchserkennung sein, aber wir sind Meister der visuellen Interpretation. Diese Kunst ist etwas, das uns von allen anderen Raubtieren unterscheidet. Wenn man beides miteinander kombiniert, hat man die ultimative Jagdeinheit – nicht ein, sondern zwei Raubtiere, die als eins zusammenarbeiten.

Subtile Körpersprache bei der Proximity-Anzeige

Egal, was Hunde tun, sie können nicht anders als körpersprachliche Signale zeigen, wenn auf der Geruchsebene etwas passiert. Der Schlüssel zum Proximity-Geruch ist, zu begreifen, dass es ihn wirklich gibt. Proximity-Anzeigen sind auch bei jedem Hund individuell anders, weshalb es unmöglich ist, jede denkbare Variante zu beschreiben. Ich möchte deshalb nur einige aufzählen.

1. Der Hund wird langsamer oder bleibt stehen und schaut in eine bestimmte Richtung.
2. Wenn der Hund Stehohren hat, wird er sie steil und nah beieinander aufrichten, um sie wie ein Radar auf das Ziel zu richten.
3. Das wichtigste ist: Auf diese Anzeichen folgt ein plötzlicher, aber leichter Anstieg in der Geschwindigkeit des Hundes.

Proximity-Geruch ist der erste Geruch, den der Hund wahrnimmt und der ihm sagt, dass etwas in der Nähe ist. Größere Veränderungen in der Körpersprache finden dabei meistens nicht statt.

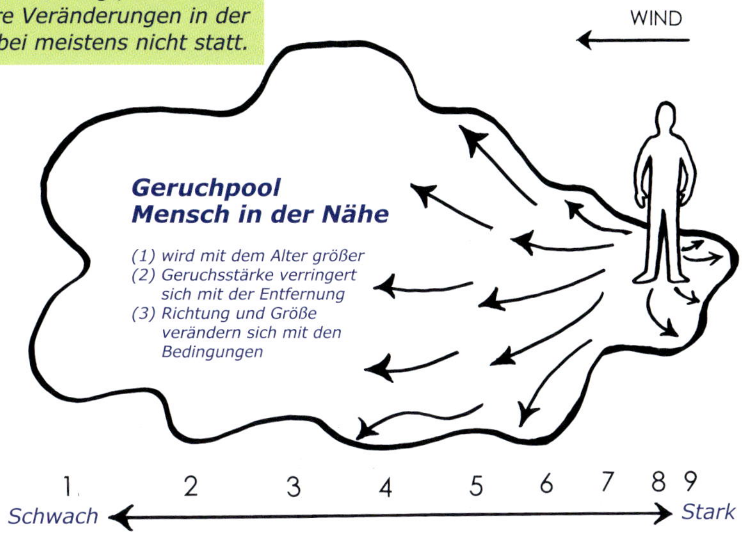

Die Körpersprache eines Hundes verändert sich, je näher er zur Person kommt.

Der Geruch ist näher an der Person stärker
Der Geruch von Geruchspartikeln ist besser / frischer
Direkter, vom Wind vom Körper der Person fortetragener Geruch kann im Wind oder im Proximity-Geruchspool vorhanden sein

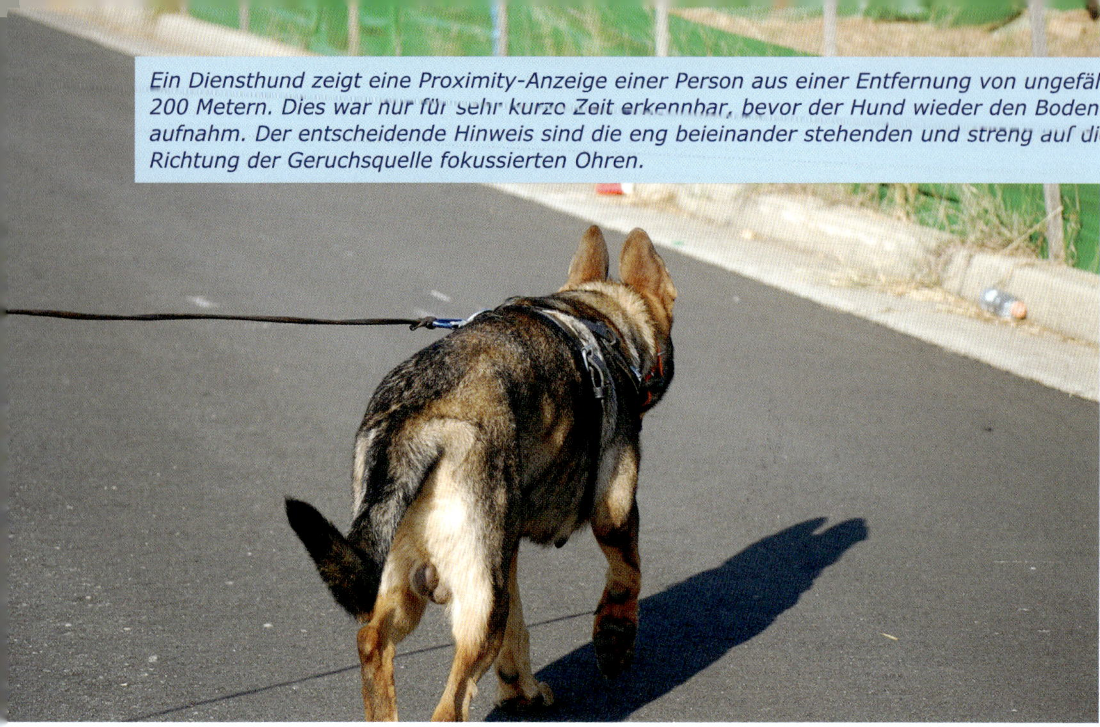

Ein Diensthund zeigt eine Proximity-Anzeige einer Person aus einer Entfernung von ungefähr 200 Metern. Dies war nur für sehr kurze Zeit erkennbar, bevor der Hund wieder den Bodentrail aufnahm. Der entscheidende Hinweis sind die eng beieinander stehenden und streng auf die Richtung der Geruchsquelle fokussierten Ohren.

Was tun, wenn der Hund Proximity anzeigt?

Wenn ein Hundeführer diese subtilen Veränderungen an seinem Hund erkennt, ist es an der Zeit, zu stoppen! Statt seinen Hund zu sich zu holen, sollte der Hundeführer die Leine einholen, während er ruhig zu seinem Hund hingeht. Er lässt den Hund absitzen oder legt ihn ab und beobachtet, in welche Richtung die Hundenase zeigt. Wenn der Hundeführer Glück hat und seine erste Proximity-Anzeige abfängt, wird sein Hund wahrscheinlich einen übermäßigen Trieb bekommen, sobald er gestoppt wird, weil er weiß, dass die Person nah ist und der Hundeführer die Überraschung zerstört.

Derselbe Hund mit breit stehenden, nicht richtungsweisenden »Trailohren« und Kopf in Bodennähe.

Training für Proximity-Anzeigen

Das Problem der meisten Trainingsmethoden beim Trailen ist, dass der Hundeführer mit dem Hund Hunderte von Übungstrails bis ganz zur Person hin läuft. Wenn man das so macht, sieht der Hundeführer die Proximity-Anzeige zwar vielleicht, registriert sie aber nicht wirklich, weil er so darauf konzentriert ist, dass der Hund das Ziel der Suche anzeigt. Warum ich das so genau weiß? Ganz einfach – weil ich es leider selbst so gemacht habe.

Trailtraining ist körperliches Training und damit Muskelerinnerungstraining. Alles, was wir immer wieder und wieder trainieren, wird in den Muskelreaktionen des Körpers gespeichert. Wenn der Hundeführer also im Training immer bis zur Zielperson hinläuft, ist es auch das, was er bei einem wirklichen Fall tun wird – ganz egal, welche Absichten die gesuchte Person vielleicht hat. Genauso wird ein Hund, der aus der Trainingserfahrung erwartet, immer ganz bis zur Zielperson hinzulaufen, eine vielleicht nur sehr undeutliche Proximity-Anzeige machen. Diese Anzeige wird in der Regel nicht so deutlich sein, wie sie wäre, wenn der Hundeführer ihn immer regelmäßig kurz vor Erreichen der Zielperson zurückhalten würde. Die Spannung der Suche erzeugt oft in Kombination mit dem Wissen, gleich zurückgehalten zu werden, bei Hunden Proximity-Anzeigen mit stärkerer Körpersprache.

Ich empfehle jedem Hundeführer, dessen Hund über das Stadium der Puppytrails hinaus ist, seinen Hund immer kurz vor der Zielperson anzuhalten, wenn er eine Veränderung in der Körpersprache wahrnimmt, die ihm anzeigt, dass die Person vermutlich nah ist. Lernen Sie diese Veränderung zu erkennen, sobald sie geschieht und halten Sie entsprechend an. Wenn der Hundeführer das so praktiziert, wird seine Fähigkeit zur Bestimmung von Richtung und Distanz der Zielperson ganz von selbst kommen, weil er bei seinem Hund auf diese Anzeichen achtet.

Taktische Überlegungen

Proximity-Anzeigen sind nicht immer per se gegeben. Sie finden in den meisten Trailsituationen statt, aber nicht in allen. Manchmal sind die Bedingungen einfach nicht so gestaltet. Falls aber eine Proximity-Anzeige stattfindet, muss der Hundeführer vorbereitet sein, seinen Hund zu managen und taktisch zu denken. Wenn die Situation so ist, dass der Hund nicht ohne Leine eingesetzt werden kann und mit dem Hundeführer verbunden bleiben muss, stellt letzterer nichts anderes als ein Ziel dar und muss in Deckung gehen – und zwar nicht etwa nur hinter einem Zaun oder Busch, sondern hinter etwas, das eine Kugel stoppen kann, wie ein großer Baum oder eine Steinmauer. Spanplatten und Trockenbau-Wände halten keine Kugeln auf.

Als Nächstes muss der Hundeführer einen Plan erstellen. Wenn die Proximity-Anzeige rund 50 Meter oder noch weiter entfernt von der Zielperson stattgefunden hat und der Hundeführer nicht zu laut war oder mit einer Taschenlampe geleuchtet hat, weiß der Verbrecher vielleicht gar nicht, dass der Hundeführer in der Nähe ist. Dann heißt es gute Deckung haben, den Hund ruhig halten und die Szene beobachten. Wenn der Hund nicht im Kreis herumläuft, steht er vielleicht still und schaut in die Richtung des Verbrechers. Er kann dem Hundeführer zwar nicht sagen, wohin er schauen soll, aber wenn der Hundeführer eine Linie zwischen Rute und Ohren des Hundes zieht, wie bei einem umgekehrten Visier eines Gewehrs, bekommt er beim Betrachten der Umgebung vermutlich eine gute Vorstellung davon, wo sich der Verbrecher aufhalten könnte. Der Hundeführer muss aus Sicht des Täters über die besten Plätze für Versteckmöglichkeiten nachdenken und seine taktische Annäherung dementsprechend planen.

Taktische Möglichkeiten können sein:

1. Polizisten zur Absicherung einsetzen und Täter herausrufen.
2. Polizisten zur Absicherung einsetzen und den Hund/die Hunde ohne Leine vorschicken.
3. Polizisten zur Absicherung einsetzen und eine Spezialeinheit bitten, das Versteck des Täters zu flankieren.
4. Polizisten zur Absicherung einsetzen und mit gebundener Überwachung arbeiten, um sich dem Versteck des Verbrechers zu nähern (gebundene Überwachung bedeutet, dass eine kleine Einheit eine andere Einheit unterstützt, während diese Schieß- und Bewegungstaktiken ausführt.

Es gibt auch noch viele andere Wege, mit der Situation umzugehen, und es gibt keine exakte Standard-Vorgehensweise für jedes Manöver, weil jede Situation anders ist und sich die Gegebenheiten stets verändern. Dies sind also nur Beispiele und jede Abteilung sollte ein eigenes Protokoll entwickeln. Die eigene Deckung ist und bleibt dabei aber immer das Wichtigste.

Üben, üben, üben

Warum sollten alle Hundeführer – aus Strafverfolgung, Suche und Rettung – die Proximity-Anzeigen trainieren? Weil die Person, die Sie suchen werden, vielleicht nicht immer die ist, die Sie annehmen. Wenn ein Hundeführer gut darin wird, Proximity-Anzeigen zu lesen und insgesamt ein guter Hundeführer mit einem guten Hund wird, werden sie eines Tages sein Leben, das Leben seines Hundes und/oder das einer anderen Person retten.

Arten von Totengeruch

Toten- oder Leichengeruch tritt auf, wenn von einem lebenden Wesen abfallender Geruch sich zu Geruch verändert, der von einem toten Wesen abfällt. Anders gesagt, Totengeruch bewegt sich nicht und ist kein Teil einer Trail- oder Fährtensituation. Vielmehr ist er statisch und von der Windrichtung und anderen Umweltbedingungen in einem bestimmten Gebiet abhängig und kommt deshalb am häufigsten bei Flächensuchen vor.

Wenn ein Mensch stirbt, scheint sich sein Geruchsbild dramatisch zu verändern. Dies reicht oft aus, um einen Hund vom Trail zu holen. Stellen Sie sich vor, Sie laufen über mehrere Kilometer einen guten Trail. Plötzlich zeigt Ihr Hund eine Veränderung in der Körpersprache und verliert einfach den Trail. Später stellt sich aufgrund anderweitiger Ermittlungen heraus, dass der Hund seine Suche einige hundert Meter vor dem Ort einstellte, an dem der Gesuchte Selbstmord begangen hat. Das ist erstaunlich.

Trailhunde sollten auch lernen, menschlichen Leichengeruch zu lokalisieren, denn dies kann eine natürliche Erweiterung vieler

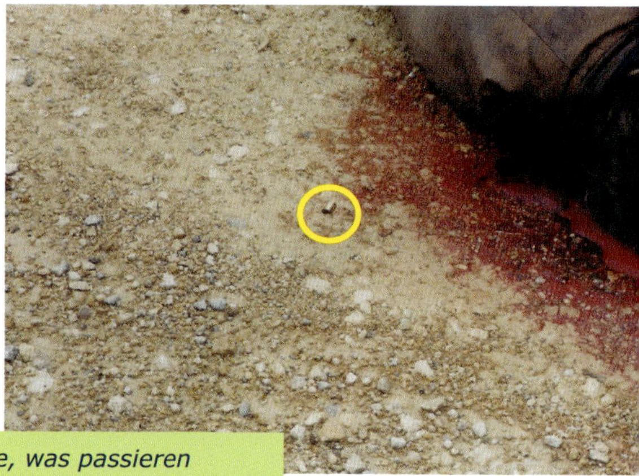

Ein frischer Todesfall, bei dem das Opfer wusste, was passieren würde. Beachten Sie die Patronenhülse im mittleren Teil des Bildes.

Dieser Schutzhund zeigt beim Trailtraining eine starke Angstreaktion.

Suchen werden. Wenn der Hund den Totengeruch nicht kennt, kann er eine Aversion dagegen haben und zurückschrecken, ohne dass der Hundeführer dies weiß.

Beim Totengeruch muss man noch auf einen weiteren Schritt eingehen – ein Schritt, der oft nicht berücksichtigt wird. Dieser Gedanke entstand anlässlich einer Suche, an der ich vor Jahren selbst beteiligt war. Ich trailte mit meinem eigenen Hund, fand aber nichts von Bedeutung. Ein anderer Hund wurde angesetzt und konnte einen Trail aufnehmen. Irgendwo entlang der Strecke drehte der Hund plötzlich um und lief zurück in die Richtung, aus der er ungefähr gekommen war. Hundeführer und Team überlegten nicht lange und folgten ihm einfach, bis der Hund die Suche einstellte. In dieser Situation zeigte der Hund eine Veränderung in der Körpersprache, die nach Angst aussah. Die anschließende Untersuchung ergab, dass der Körper der Person an der Stelle, wo der Hund abdrehte, schwingend im Baum an einer selbst geknüpften Schlinge baumelte. Nicht nur das, er hatte sich anscheinend umgebracht, kurz bevor der Trailer dort entlangkam.

Ich merkte mir diese Begebenheit, analysierte sie aber nicht weiter, bis im Laufe der Jahre noch weitere ähnliche Suchen mit verschiedenen Hunden auftraten. Ich stellte fest, dass Totengeruch – als eigener Geruch gesehen – die Hunde zu erschrecken scheint bzw. sie verwirrt. Frischer Todesgeruch, der auf Angst basiert, ruft eine elementare Reaktion des Hundes auf dem Trail hervor. Die meisten Hunde werden vorsichtig, aber viele klemmen die Rute ein und gehen in eine andere Richtung davon.

All diese Fälle kamen mir wieder in den Sinn, als ich einmal Hundeführer in Shreveport, Louisiana, beim Trailen in der Stadt trainierte. Wir hatten vor, unser Training in den Innenstadtbereich zu verlegen, der älter und heruntergekommener war. Dort gibt es weniger Verkehr und dafür mehr kniffelige Ecken und Abbiegungen für Hunde. Während wir an ein paar kleineren Problemen im Park arbeiteten, hörten wir alle so etwas wie Schreie und Gekreische etwa 800 Meter entfernt. Dann wurden sie von etwas unterbrochen, das sich wie laute Hammerschläge anhörte. Wir dachten nicht weiter darüber nach und arbeiteten fröhlich weiter.

Als der Nachmittag zu Ende ging, nahmen auch die mysteriösen Geräusche ab und wir kamen in diese Richtung, als wir zu einem Platz liefen, um mit den Hunden zu trailen. Einer der letzten Hunde an diesem Tag meisterte gerade sehr gut den Übergang von einer Rasenfläche in der Nähe eines Krankenhausparkplatzes zu einem asphaltierten Bürgersteig, der in der Nähe einiger sehr alter einstöckiger Gebäude lag. Als wir die Ecke des ersten Gebäudes umrundeten, stoppte der besagte Bloodhound plötzlich, hob den Kopf, klemmte die Rute ein und lief weg.

Was wir auch versuchten, wir waren nicht in der Lage, den Hund wieder zurück in die Arbeit zu bringen. Ich riet dem Hundeführer, abzubrechen und wir alle begannen uns umzusehen. Nur wenige Meter von der Stelle entfernt, wo der Hund den Schwanz einklemmt hatte und weglief, strömte blutiges Wasser von einem gelben, mit Stroh übersäten garagenähnlichen Teil des Gebäudes. Der Innenbereich war dunkel und düster, aber es war hell genug, um die Gebilde aus Aluminiumtoren und die Umrisse eines Viehstalles zu erkennen. In der Ecke, nahe der Tür zu einem anderen Teil des Gebäudes, befand sich ein großes, helles Schwein mit rollenden Augen.

Wir waren in einem alten Viehstall geraten, der mit einem Schlachthof kombiniert war! In der Ecke, in der das Schwein stand, wurden die Tiere getötet, und zwar offenbar direkt vor den Augen der anderen Schweine. Die Schreie und das Kreischen, das wir gehört hatten, stammten von Schweinen, die wussten, was bald mit ihnen geschehen würde und die panische Angst hatten.

Wir kehrten am nächsten Tag zum Schlachthof mit seinem Gekreische und Geknalle zurück und liefen mit allen acht Hunden an der kurzen Leine in den vorderen Bereich des Lagerraums. Jeder einzelne Hund zeigte Angst und die meisten versuchten wegzurennen, sobald sie den aus dem Gebäude herausströmenden Geruch wahrnahmen!

Wir probierten das gleiche Experiment mit anderen Hunden, als das Schlachten noch nicht angefangen hatte, und die Reaktionen waren völlig anders. Die Hunde zeigten zwar milde Ängstlichkeit, gingen jedoch mit. Wir probierten dieses Szenario, wann immer es möglich war, mit relativer Nähe zu den Schlachtzeiten und stellten fest, dass die Hunde alle Abneigung zeigten, wenn sie den Geruch ein paar Stunden vor dem Schlachttermin wahrnahmen. Tatsächlich zeigte nur ein einziger der in den letzten Jahren getesteten Hunde überhaupt keine Angst gezeigt und wollte die Situation erkunden.

Was war hier geschehen? Ich kann es nur »drohenden Todesgeruch« nennen. Es ist ein Geruch, der hochgradig mit Adrenalin aufgeladen ist, weil die betreffenden Lebewesen wissen, dass sie gleich sterben werden.

Warum unterscheidet sich dieser Geruch von anderen Todesgerüchen? Ich denke, dass es eine biologische Komponente gibt, die jedem Nasengeschöpf kommuniziert, sich bewusst zu sein: Der Tod ist hier, Weitergehen auf eigene Gefahr!

Nachdem ich zwei und zwei zusammenzählte und auf meine eigenen Fälle aus der Vergangenheit zurückschaute, erkannte ich schnell den klaren Beweis. Menschen wie Tiere, die wissen, dass sie sterben werden, haben einen Adrenalinschub, der mit ihrem Geruch überladen ist – und das hat Auswirkungen auf Hunde und alle Lebewesen, die über den Geruchssinn kommunizieren.

Beim Analysieren meiner eigenen Fälle und der Reaktionen meiner Hunde, wenn sie diesen Geruch wahrnahmen, wurde mir klar, dass meine Probleme teilweise darin bestanden, dass meine Hunde von dem Geruch angezogen wurden. Dabei kam mir ein bestimmter

Fall in den Sinn: Wir suchten nach einem Mordverdächtigen, der in die Berge flüchtete, sich aber erschoss, bevor wir dort eintrafen. Als mein Hund Ronin den Proximity-Geruch aufnahm und somit frischen Totengeruch, legte er einen extra Spurt hin, und als er die Leiche fand, wollte er sich auf ihr wälzen und riss mich dabei fast um.

Es ist unmöglich, den bevorstehenden Geruch des Todes in einer Situation mit Menschen nachzuahmen, außer in Fällen, in denen ein Diensthundeführer und sein Hund an einem frischen Tatort eintreffen und das trainieren können. Was ein Hundeführer jedoch tun kann, ist, einen Schlachthof zu suchen, in dem das Töten so ähnlich wie oben beschrieben stattfindet. Ich fordere Hundeführer gern dazu auf, ihre Hunde an solchen Orten zu arbeiten, um herauszufinden, wie sie auf diesen Geruch reagieren. Auch wenn es aus persönlichen Gründen unmöglich ist, diese Situationen zu trainieren, sollte ein Hundeführer zumindest wissen, wie sein Hund im Einsatz auf diesen Totengeruch reagieren wird. Die Reaktionen werden so offensichtlich und unvergesslich sein, dass er genau erkennen wird, was passiert ist.

Arten von Trailgeruch

Trailgerüche sind nichts anderes als eine Kombination aus all den genannten Geruchsarten, mit einer Ergänzung – dem menschlichen Geruch, der auf den Boden fällt und vom Wind und anderen Umweltfaktoren weggetrieben wird. Dieser Geruch bildet einen eigenen Trail, und obwohl er nicht unbedingt genau da zu finden ist, wo die Person entlang gegangen ist, bildet er dennoch einen Weg, der letztendlich zu der Person führt.

Im Falle einer Wiese an einem windstillen Tag fällt der Geruch sehr nahe vom Körper auf den Boden. Diese Art von Trail ist einfach zu verfolgen, weil der menschliche Geruch auf dem Boden liegt, ganz ähnlich wie Geruch, der aus durch Fußtritte hervorgerufenen Bodenverletzungen entsteht. Das Gleiche gilt für einen lehmigen Waldboden mitten im Wald oder für ein Getreidefeld.

Das Szenario ändert sich, wenn der Ort mit Beton oder Asphalt gepflastert ist. Der heruntergefallene Geruch hat nicht viel, woran er andocken kann und fliegt mit dem Wind weg oder wird von sich bewegenden Menschen oder Autos zu Bordsteinen, Gebäuden oder weichen Oberflächen mitgezogen. Ich veranschauliche das gerne mit dem Bild einer prall gefüllten Tasche mit Styroporkügelchen, die in der Mitte eines großen Parkplatzes bei einem Sturm herausgeschüttelt werden. Versuchen Sie jetzt mal, alle wiederzufinden und aufzusammeln!

Auch wenn die Person in eine ganz bestimmte Richtung gelaufen ist, kann das Geruchsmuster etwas ganz anderes zeigen. So kann zum Beispiel der Hund, anstatt dem Geruch der Person direkt von der Mitte des Parkplatzes aus zu folgen, wo sie entlanggegangen ist, sich zum Rand eines Gebäudes bewegen, wo er den Geruch aufzunehmen scheint. Wird der Hundeführer den Hund dann wegziehen, weil er nicht dem genauen Trailverlauf folgt? Natürlich nicht.

Kurz gesagt ist Trailgeruch also ein bisschen von diesem und ein bisschen von jenem, alles zusammengemixt in einem Topf aus Gerüchen. Wichtig ist, dass der Hund findet, wonach er sucht, und nicht, wie er das macht. Als ich am Anfang dieses Kapitels die Aufspaltung der Sucharten erwähnte, meinte ich damit wirklich den Hundeführer, der vorab entscheidet, wie und wann der Hund dem Geruch zu folgen hat, wodurch er ihm insgesamt die Möglichkeit nimmt, effektiv zu arbeiten.

Ein guter Trail kann eine Mischung von verschiedenen Such- und Geruchsarten sein: Er beginnt vielleicht mit der Bodenverletzung, gemischt mit menschlichem Geruch auf der Spur, weil der Boden aus saftig-weicher Grünfläche besteht. Dann ändert sich die Situation und der Hund folgt dem Geruch, der vom Wind über einen betonierten Weg zu ein paar Gebäuden verbreitet wird. Auf einmal bekommt der Hund über Luftwitterung einen bestimmten starken Geruch eines Rucksacks, den der Täter hinter ein paar Büschen auf der anderen Seite des Weges versteckt hat. Nachdem der Rucksack gefunden wurde, bekommt der Hund den Geruch auf dem harten Untergrund wieder in die Nase und trailt sprichwörtlich von einem Geruchspartikel zum nächsten, und es scheint, als ob diese nur auf Bordsteinkanten und an einigen Gebüschen hängen würden. Dies geht einige Blocks so weiter, dann hebt der Hund kurz den Kopf und überquert direkt die Straße zu einem Garten hinter dem Haus mit einem Tor, das leicht angelehnt ist. Innerhalb weniger Sekunden wird der Verdächtige unter Bauholz und anderem Baumaterial hinter dem Tor gefunden. Dies ist ein tatsächlicher Fall, der vielen anderen ähnelt, die ich über die Jahre hinweg gearbeitet habe.

Trailing besteht aus allen Geruchsformen und ist nichts anderes, als dem Hund zu erlauben, all seine natürlichen Instinkte einzusetzen, um die Person zu finden.

Bloodhound Sister, geführt von Mary Davenport, zeigt den Geruch an den Pflanzenstängeln an, der hier durch körperlichen Kontakt der gesuchten Person entstand. Diese Berührung war von der Zielperson im Training beabsichtigt und wurde dem Hundeführer nicht mitgeteilt.

Bloodhound Dempsey, geführt von Francine Weaker, zeigt gutes Trailverhalten bei Bodenverletzung.

5 Umwelteinflüsse

Menschlicher Geruch ist eine unbeständige Sache und scheint für alles Mögliche anfällig zu sein. Warum ich das erwähne? Weil wir niemals genau sagen können, von welchen Bedingungen genau Geruch beeinflusst wird – denn wir können uns nun einmal nie in die Nase des Hundes hineinversetzen, um wahrzunehmen, was er in welchen Konzentrationen riecht. Wir können nur raten – und genau das ist der Haken. Ich finde, dass wir als Hundeführer uns nicht so sehr auf die Wissenschaft vom Geruch konzentrieren sollten als vielmehr auf die Körpersprache unserer Hunde. Entweder ist der Hund auf dem Trail oder nicht, und unsere Fähigkeit zur Umsetzung der wissenschaftlichen Erkenntnisse und wie sie sich in verschiedenen Situationen auswirken wird sich nie damit vergleichen lassen, was der Hund im Bruchteil einer Sekunde macht. Für den Hundeführer ist es viel sinnvoller, sich auf das Lesen seines Hundes in verschiedenen Situationen und Bedingungen zu konzentrieren und festzuhalten, was er beobachtet hat, anstatt in einem Buch zu lesen, was nach Meinung von irgendjemandem unter bestimmten Bedingungen mit dem menschlichen Geruch passieren müsse und was der Hund nach Meinung dieses Irgendjemand daraufhin tun müsse…bedenken Sie, der Hund in diesem Buch ist nicht Ihr Hund!

Es gibt keine Möglichkeit, jede Variable in jeder Situation zu berücksichtigen. Es ist unmöglich, ein Szenario unter umwelttechnischen Bedingungen nachzuahmen – immer! Es geht einfach nicht. Es ist wie mit Kirschblüten: Jede einzelne ist ein wenig anders und es gibt keine zwei genau gleichen oder die perfekte Vorlage. Egal, wie sehr wir versuchen, den Druck des Barometers, Temperaturen, Windgeschwindigkeit, Richtung und andere Faktoren zu erfassen – kein Geruchsszenario wird sein wie das vorherige. Sie sind alle einmalig. Wenn wir das verinnerlichen, ist es einfach zu verstehen, dass wir niemals fähig sein werden, exakte wissenschaftliche Theorien auf Hundeeinsätze anzuwenden. Die Fähigkeit zur Rückschau und Analyse kann je nach Perspektive des Hundeführers belastend oder einzigartig sein. Ich aus meiner Sicht bin für »einzigartig«, denn dieses Wort beschreibt auch unser Metier recht gut.

Aber nehmen wir nur einmal an, wir könnten ein identisches Umweltszenario nachstellen, um nachzuvollziehen, wie sich menschlicher Geruch in einer gegebenen Situation verhalten würde. Können wir wirklich all diese Daten schnell genug verarbeiten, um festzulegen, wie man einen Hund arbeiten soll? Ich denke nein.

Ich war immer ein Freund davon, den Weg des geringsten Widerstandes zu nehmen, und dieser Weg besteht darin, meinen Hund zu lesen anstatt meinen eigenen Überlegungsprozess anzuwenden und herauszufinden zu versuchen, was die Hunde eh am besten können. Nochmals: Zu viel Analysieren kann auch lähmen. Die besten Hundeführer sind diejenigen, die sich von Natur aus gut einfühlen können, nicht die, die ein natürliches Talent zum Analysieren haben.

Letztlich reagiert nicht jeder Hund unter bestimmten Bedingungen gleich. Genau wie die Bedingungen sind auch die Hunde einzigartig. Wir können nicht bei jedem Hund die

auf den Geruch

Reaktion auf Geruchsreize messen. Es führt also kein Weg daran vorbei, dass ein Hundeführer lernen muss, seinen eigenen Hund zu lesen.

Trotzdem benötigen wir auch ein grundlegendes Verständnis dafür, was menschlichen Geruch beeinflusst. Ich werde versuchen, mich kurz zu fassen und einfach einen allgemeinen Überblick auf die Elemente der Umwelteinflüsse geben anstatt eine wissenschaftliche Abhandlung zu schreiben.

Zeit

Zeit ist vermutlich die Geruchsvariable Nummer eins, die wir ins Auge fassen müssen, und sie ist auch am schwierigsten zu kalkulieren. Weil Zeit linear ist, zumindest in unserer Vorstellung, sollte dies ein Widerspruch in sich sein. Zeit kann aber nicht der einzige Faktor bei der Bestimmung der Frische des Geruchs sein oder ob ein Trail funktionieren kann oder nicht, weil Zeit auch viele andere Variablen wie Temperatur, Wind, Regen und so weiter beinhaltet. Und wenn der Geruch altert, verändert sich auch jede der Variablen in ständig wechselndem Maß mit. Wenn menschlicher Geruch sich an einem Tag zwei Stunden lang hält, ist deshalb noch längst nicht gesagt, dass er dies am nächsten auch tut. Vielleicht hält er sich an einem Tag nur eine Stunde lang, am nächsten aber zwölf bis vierundzwanzig Stunden lang. Woher kommen diese Unterschiede? Sie liegen an den anderen Umweltfaktoren, die mit Zeit verknüpft sind. Alles, was mit Geruch zu tun hat, ist miteinander verbunden. Aus diesem Grund und weil es unwahrscheinlich ist, dass eine Situation sich genauso noch einmal wiederholt, kann es geradezu unmöglich vorherzusagen sein, wie lange sich Geruch in einer Situation halten wird. Die einzige Möglichkeit ist, mit aus Tests stammenden Durchschnittswerten zu arbeiten. Dabei muss uns klar sein, dass diese Werte zwar mehr oder weniger repräsentativ sein mögen, sie aber nicht immer perfekt stimmen müssen und der Faktor X ins Spiel kommen kann. Der Faktor X ist die große Unbekannte, wenn Sie so wollen.

Hier ein Beispiel: Als Polizeihundeführer habe ich mir stets alles Mögliche aufgeschrieben – Alter des Trails, Temperatur, Barometer, Druck, Wind, harter Untergrund, weicher Untergrund und so weiter. Zeit war vermutlich der am genauesten untersuchte Faktor. Wenn ich einen Trail innerhalb weniger Stunden nach Verschwinden der Person lief, so fand ich heraus, hatte ich eine Chance von 30–40%, diese Person oder Beweisstücke von ihr zu finden. War der Trail älter als 12 Stunden, standen die Chancen bei weniger als 15%, und war er älter als 24 Stunden, landeten wir im einstelligen Bereich. Es gab außerdem eine deutliche Veränderung der Körpersprache des Hundes in Verbindung mit den Schwierigkeiten je nach Alter der Trails. Allerdings kam es auch manchmal vor, dass die Trailbedingungen der blanke Horror waren, mein Hund aber trotzdem arbeitete, als liefe er auf Schienen und schnell und effizient fand, wonach er suchte. Was war der Unterschied? Ich konnte es nie mit Sicherheit sagen und schrieb es dem X-Faktor zu. Wir können nicht wissen, was die Hundenase weiß – so einfach ist das, und je eher der Hundeführer das begreift, desto eher wird er sich bei dem, was er tut, besser fühlen.

Alle Details kennen zu wollen ist typisch menschlich, aber geradezu selbstzerstörerisch, wenn es ums Trailen geht. Ich kann dies mit absoluter Bestimmtheit sagen, weil ich selbst damit konfrontiert wurde– sogar über lange Zeit. Als ich mich dann auf das Lesen des Hundes konzentrierte anstatt darauf, wissen zu wollen, was er riecht, wurde ich ein besserer Hundeführer.

Die Quintessenz ist, dass es in Sachen Zeit keine Quintessenz gibt und dass Geruch wirklich sehr unbeständig ist. Er kann in einer Stunde noch da sein, vielleicht aber auch nicht. Es spielen so viele andere Faktoren mit hinein, dass es unmöglich ist, einen Zeitstempel auf alles zu drücken. Die Prozentzahlen zeigen aber meiner Meinung nach ein recht interessantes Bild, auch wenn sie vielleicht nicht auf jeden Hund und jede Situation perfekt zutreffen. Der Erfolg sinkt exponentiell mit dem Alter des Trails. Je schneller Sie auf den Trail kommen, umso besser. Wir werden später noch auf die Gründe dafür zu sprechen kommen.

Meine Empfehlung für alte Trails basiert auf meinen persönlichen Erfahrungen aus der Arbeit mit meinen eigenen Hunden, aber auch auf dem Training von Hunderten anderer Hunde im Laufe der Jahre. Sie ist einzig und alleine meine Meinung.

Wie ich bereits an anderer Stelle sagte, sind wir Diensthundeführer oft zu viel mit alten Trails beschäftigt. Wir kümmern uns mehr um Zertifizierungen für bestimmte Altersstufen eines Trails als darum, was der Hund tatsächlich leisten kann. In fast jeder Diensthundeschule höre ich Hundeführer prahlen, dass ihre Hunde Trails gelaufen wären, die 24, 48 oder 72 Stunden oder sogar einen Monat alt waren. Ich weiß, dass nur wenige Hunde erfolgreich einen kompletten Blindtrail laufen können, der älter als 12 Stunden ist - und ich habe Hunderte geprüft, die angeblich in diesem Zeitfenster erfolgreich waren. Die Faszination des Unwahrscheinlichen ist vermutlich der größte Hinderungsgrund für Erfolg in unserer Trailhunde-Gemeinde - die meisten Trailhunde finden selten, wonach sie suchen.

Die beste Zeit für Einsätze unter allen Bedingungen ist zwischen ein und vier Stunden. Dies ist das Zeitfenster, in dem der Hund die größte Chance hat, zumindest eine zuverlässige Richtung zu finden – das ist nur möglich, solange alles andere stimmt, z. B. ein guter Geruchsartikel und minimale Kontamination.

Zwölf Stunden sind für die meisten Trailer die durchschnittliche Obergrenze. Nicht, dass der Geruch dann weg wäre – er ist nur nicht mehr so ausreichend vorhanden, dass der Hund ihm zuverlässig folgen könnte. Und genau das ist der Punkt: Zuverlässigkeit. Wenn wir der Fantasie mehr Glauben schenken als der Wirklichkeit, werden wir öfter scheitern. Kann ein Hund einem älteren Trail folgen? Absolut, solange Geruch in ausreichender Menge vorhanden ist, sodass der Hund diesem auch folgen kann. Nach zwölf Stunden sind diese Möglichkeiten sehr dünn gesät, punktum. Es steht Ihnen frei, es selbst auszuprobieren, aber seien Sie dabei bitte so ehrlich und machen den Test doppelblind.

Temperatur

Temperatur hat stark variierenden Einfluss auf Geruch und ist, genau wie die Zeit auch, mit anderen Elementen wie Feuchtigkeit und Kontamination verquickt. Selbst bei gleicher Temperatur werden nie zwei Trailbedingungen genau gleich sein. Wirklich zu entscheiden, welche Temperaturen perfekt sind, ist deshalb eine unmöglich zu erfüllende Aufgabe. Durchschnittswert heißt das Zauberwort, und selbst damit kann man falsch liegen. Die Reaktion des Hundes auf die Situation bestimmt, ob er Witterung hat oder nicht – und nicht unsere pseudo-wissenschaftlichen Theorien zum Geruch.

Weil menschlicher Geruch ein auf der Aufspaltung von kohlenstoffbasiertem Material beruhender biologischer Vorgang ist, glaube ich, dass Temperatur ihn in dieser Hinsicht beeinflusst. Hohe Temperaturen führen zu einem schnelleren Zerfall dieses Materials und führen je nach Situation entweder zu seiner Zerstörung oder seinem Überleben. Trockenes, heißes Wetter hat einen konservierenden Einfluss auf den Geruch und macht ihn nur für kurze Zeit nutzbar beziehungsweise bis zu dem Moment, bis Feuchtigkeit oder Nässe eine Fortführung des Aufspaltungsprozesses ermöglichen. Ideal sind Temperaturen über dem Gefrierpunkt und unter 30° Celsius mit mäßiger bis hoher Luftfeuchtigkeit. Klar ist natürlich, dass die Temperatur nicht nur Einfluss auf die Zersetzung des Geruchs, sondern auch auf die körperliche Arbeitsfähigkeit des Hundes hat.

Temperaturen um den Gefrierpunkt können den Geruch buchstäblich einschließen, bis es taut, vor allem, wenn der Trail nicht frisch ist. Frische Trails unter gefrorenen Bedingungen veranlassen den Hund, sehr viel näher auf dem Trail der Person zu arbeiten und lassen es nicht zu, dass der Hund seitlich abdriftet, um dem Geruch mit dem Wind zu folgen. Dies kann man darauf zurückführen, dass er sich eher an der Bodenverletzung als am tatsächlichen menschlichen Geruch orientiert.

Luftgetragene Hochwitterung scheint wegen ihres gasförmigen Zustands eher von der Temperatur beeinflusst zu werden als auf Partikeln basierender Geruch. Deshalb können trockene, heiße Wetterbedingungen den vom Wind verwehten Geruch regelrecht verbrennen, während der Geruch auf Partikelbasis länger zu halten scheint.

Ich habe Trailhunde von Kalifornien bis Florida und vielen Gegenden dazwischen trainiert und fand dabei heraus, dass die südlichen und östlichen Staaten mit relativ hoher Luftfeuchtigkeit die besten Gegenden sind, um Trailer zu arbeiten. Die Trails scheinen länger zu halten und der Geruch scheint dort stärker zu sein. Sehr trockene Orte wie die

Kaos rennt durch den Schnee.

westliche Wüste sind die absolut schlimmsten Gegenden. Der gemeinsame Nenner scheint die Feuchtigkeit zusammen mit mehr Vegetation zu sein. Dies unterstützt die Theorie, dass Geruch weitgehend auf dem biologischen Zerfall von menschlichen Körperpartikeln beruht. Wenn es weniger Orte gibt, an denen sich Geruch sammeln und ablegen kann, gibt es kaum die Chance einer vorhandenen Spur.

Wenn ich in Kalifornien im Sommer arbeitete, tat ich dies meist am Abend, da ich dann eher Chancen auf Erfolg hatte. Tagsüber war es heißer und trockener und man musste sich durch mehr Kontamination arbeiten. Am Abend war es viel kühler, weniger windig und feuchter. Wenn ich tagsüber eine Alarmierung hatte und es extrem heiß war, wartete ich einfach bis zum Abend, in der Hoffnung, dann eher einen Trail zu finden, weil ich wusste, dass die Ergebnisse tagsüber nicht so gut sein würden.

Mein Mentor Glenn Rimbey sagte mir immer, es sei das Beste, seine Hunde in der Nacht zu arbeiten, weil »die Erde in der Nacht einatmet, was den Geruch näher zum Hund bringt, und am Tag ausatmet und den Geruch vom Hund wegträgt.« Seine Erklärung war wirklich so simpel, aber wenn ich heute zurückdenke, hatte er damit genau die richtigen Worte getroffen.

Taktisches Team mit Unterstützung eines Bloodhounds während des Trainings auf feuchtem Gras

Sergeant John Kunkle und Bloodhound Hangtown Hank arbeiten einen Trail im Sommer unter sehr heißen und trockenen Bedingungen.

Wind

Unabhängig vom Ursprung des Geruchs hat Wind ganz offensichtliche Auswirkungen auf ihn. Wenn ein starker Wind weht, fliegt der Geruch mit ihm und verteilt sich mit der Distanz und Zeit. Geruch auf dem Boden bewegt sich ebenfalls mit dem Wind, wenn auch weniger. Die Entfernung sowie die Art und Weise, wohin der Geruch weht, hängt vom Boden, von Hindernissen und der Stärke des Windes ab. Nehmen wir als Beispiel einen knapp 300 Meter breiten Parkplatz mit relativ ebenem Betonboden und gleichmäßig vom einen Ende bis zum anderen verteilten kleinen Pfosten, die auf runden Betonunterbauten stehen. Stellen Sie sich nun vor, Sie würden eine Rauchfackel hochhalten, von der lilafarbener Rauch ausströmt. Wir gehen von einem Ende des Parkplatzes – sagen wir dem Westende – weiter nach Norden. Der Wind weht mit 20 km/h vom Westende des Parkplatzes. Während wir gehen, weht der lila Rauch von West nach Ost. Der Rauch beginnt sich aufzulösen und auszubreiten, je weiter er weg von uns ist. Jedes Mal trifft der Rauch auf eine dieser runden Betonunterbauten mit den kleinen Pfosten, hält sich dort einen Moment und weht dann drumherum. Stellen Sie sich vor, dass sich ein kleiner Partikel mit jedem Rauchteilchen in der Luft verbindet, und jedes Mal, wenn ein Rauchpartikel auf ein Hindernis trifft, lagert sich ein wenig davon an jeder dieser Stellen ab.

Wenn der Rauch weiter über den Parkplatz weht, trifft er auf Bordsteine und vielleicht Gebäude und Autos. Wir können auf dieser Art im wahrsten Sinne des Wortes einen Trail erkennen und bekommen eine Vorstellung davon, wie ein Hund den Geruch findet.

Einfluss von Wind auf den Geruch

Ebene Oberfläche Beispiel: Parkplatz

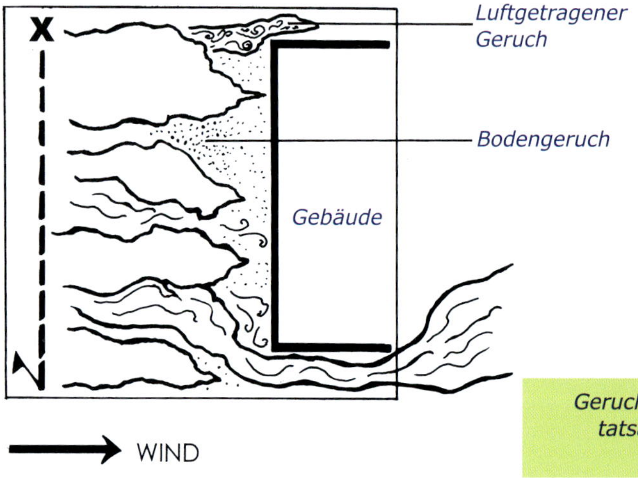

Geruch bewegt sich mit dem Wind vom tatsächlichen Laufweg der Person bis dahin weg, wo er gestoppt wird.

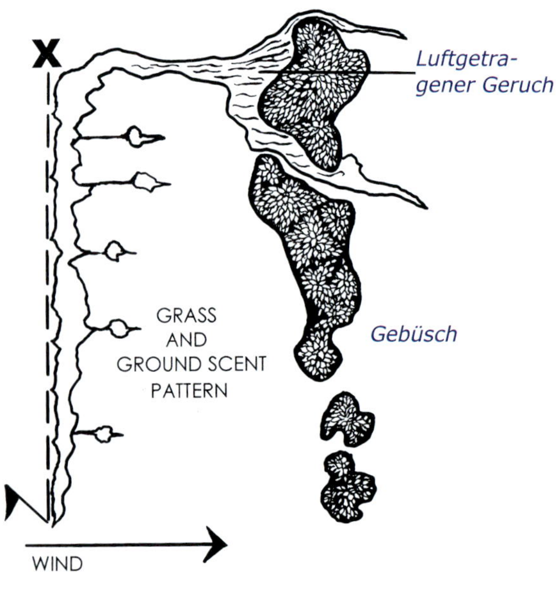

Wind und weicher Untergrund mit Bewuchs

Stellen wir uns nun dasselbe vor, aber auf Gras mit Büschen, Bäumen, Picknicktischen usw. Weil der Boden dicht bewachsen ist, gibt es viel mehr Stellen, an denen der Geruch sich sammeln kann, und weil der Boden lebt, nimmt er Wasser auf und schafft günstige Voraussetzungen zum Abbau des biologischen Materials. Der Trail ist stärker und nah an den tatsächlichen Fußstapfen der Versteckperson.

Zusammenfassend kann man sagen, dass Wind den Geruch bewegt und verstreut und so die Orte verschiebt, wo der Hund ihn tatsächlich finden könnte. Der Geruch könnte in den tatsächlichen Fußtritten sein, z. B. auf Gras, oder auch hundert Meter entfernt, wenn es sich um einen asphaltierten Parkplatz handelt.

Der Einfluss von Wind auf den Geruch bei Flächen mit Vegetation: Der Geruch fliegt nicht so weit weg.

Wasser

Wasser löscht den Geruch nicht. Meiner Meinung nach verstärkt es ihn sogar, weil es den biologischen Abbau des organischen Materials, das den Geruch enthält, intensiviert. Wasser schafft neben Sauerstoff gute Bedingungen für Bakterienwachstum oder um Dinge zu zersetzen.

Allerdings gibt es Situationen, in denen Wasser Probleme verursachen kann. Extrem schnell fließendes Wasser führt dazu, dass der Geruch an unterschiedliche Stellen gespült wird, etwa flussabwärts oder gegen das Ufer oder an Felsen in der Mitte des Flusses. Im Falle eines heftigen Regengusses wird der Geruch vom eigentlichen Weg weggewaschen, aber er wird nicht zerstört oder verdeckt.

Wenn ein Trailhund auf einen Fluss trifft, den die Zielperson benutzte, um seine Spur zu verwischen, geht er meistens genau zu dem Punkt, an dem die Person ins Wasser gegangen ist und folgt dem Geruch flussabwärts. Ist der Hund nicht darauf trainiert, einen Fluss zu überqueren, wenn er auf diese Situation trifft, kann er dies soweit tun, wie der Geruch flussabwärts gespült wurde. Kilometerlang. Daher könnte der Mythos stammen, dass ein Gefangener einen Fluss überquert, damit der Hund die Spur verliert. Auf der anderen Seite ist Wasser für Hunde, die das Spiel der Wasserquerung schon kennen, nur selten ein Hindernis.

Geruch auf oder in einem Gewässer ist so etwas wie ein Ölteppich, der oben auf der so genannten laminaren Schicht des Wassers zu bleiben scheint und sich mit Wind und Strömung bewegt. Der Geruchsteppich weitet sich so lange aus, wie der Restgeruch vorhanden ist. Laut Stephen Spotte (Captive Seawater Fishes: Science and Technology, 1973) ist die laminare Schicht des Wassers eine Barriere, die sich aus Molekülen zusammensetzt, welche die Rate des Gasaustauschs in den Gewässern bestimmen.

Je dicker die Schicht, desto schwerer ist es für die Gase, in die Atmosphäre oder aus der Atmosphäre zu gelangen. Die Dicke der Schicht wird vom Gehalt der organischen Verbindungen im Wasser selbst bestimmt, also auch von der Temperatur, der Oberflächenspannung, dem atmosphärischen Druck und dem spezifischen Gewicht, um einige zu nennen. Einfach gesagt: je dicker die Schicht, desto kleiner die Menge Geruch, die sich mit der Wasserbarriere austauscht. Wenn der Geruch unterhalb der Oberfläche nach oben strömt, reduziert sich der Anteil des Geruchs, der in die Atmosphäre strömt, durch niedrige Wellenbewegungen und starke organische Belastung. Mit anderen Worten: ein langsam fließendes Gewässer leitet Geruch schlechter als klares, schnell fließendes Quellwasser.

Ein militärischer Rauchkanister unter Wasser. Der Rauch steigt durch die Wasseroberfläche auf und verteilt sich mit dem Wind und der Strömung.

Jeff und Ronin bei einer Leichensuch-Übung auf einem See.

Ich habe über die Jahre mit vielen Trailhundeführern gesprochen, die die Arbeit bei Regen vermieden, weil sie fürchteten, dass Mutter Natur ihre Bemühungen durchkreuzen würde. Dabei ist nichts weiter entfernt von der Wahrheit als das: Einige meiner besten Trails fanden bei leichtem Regen statt.

Aus irgendeinem Grund wird der Geruch bei leichtem Regen stärker und ist näher am Boden. Starkregen jedoch kann, obwohl er nicht unbedingt ein Geruchskiller sein muss, den Geruch vom eigentlichen Trail wegspülen, sodass die Effizienz beim Einsatz sinken kann. Der Hund hat dann zwar Geruch, aber Probleme, »A« mit »B« zu verbinden.

Der Hundeführer muss unter allen Regenbedingungen trainieren, weil der Hund jeweils unterschiedlich arbeiten wird. Er muss wirklich bei allen Wetterbedingungen rausgehen, um selbst herauszufinden, ab welchem Punkt die Effizienz seines Hundes nachlässt- das ist der einzige Weg, dies herauszufinden.

Umweltbedingte Kontamination

Abgesehen vom Alter ist das nächste große umweltbedingte Thema für die meisten Trailhunde die Kontamination durch den Menschen. Das kann eine Menschenansammlung sein oder irgendetwas, was von Menschen produziert wird, wie etwa Kohlenmonoxid von Auspuffgasen, Dämpfe aus Küchen oder Laboren oder alles andere, was riecht. Wenn wir es schon riechen können, müssen wir bedenken, womit der Hund erst klarkommen muss. Das Arbeiten in einer Stadt kann ein echter Alptraum für einen Trailhundeführer sein, weil der Hund sich einfach nicht durch den immensen Gestank in der Stadt durcharbeiten kann. Es ist nicht etwa so, dass der Geruch nicht mehr da ist, sondern er wurde vielmehr mit anderen Gerüchen durcheinander gemischt. Ein durchschnittlicher Hund hat Probleme, überhaupt damit zurechtzukommen, und selbst die besten Trailer können

Sandy Stuart und Ben arbeiten einen Trail zwischen Autos entlang einer Einfahrt eines Fast-Food-Drive-Ins. Man sieht, dass der Hund Geruch in der Bordsteinrinne aufnimmt.

unter diesen Bedingungen die Spur verlieren.

Nur, weil der Hund vermutlich einem bestimmten Geruch folgen kann, heißt das noch lange nicht, dass er das auch tun wird, wenn er quasi einen ganzen Kessel voller Gerüche vorfindet. Je ablenkender die Gerüche in bestimmten Gegenden sind, desto schwieriger ist es für den Hund, sich durch alles durchzuarbeiten. Die sprichwörtliche »Nadel im Heuhaufen« ist ein guter Vergleich dazu: Versuchen Sie einmal, in einem vor Ihnen ausgebreiteten Haufen Heu eine Nadel zu finden, die nur wenige Zentimeter lang und so dünn ist wie ein Grashalm. Obwohl sie vielleicht anders in Farbe und Struktur ist, wird sie sich nicht sofort abheben, weil so viele ablenkende Ähnlichkeiten in dem ganzen Haufen vorhanden sind.

Ein Hund kann sich durch all dies durcharbeiten und macht es auch mit Zuverlässigkeit, allerdings muss er durch stufenweises Training dafür trainiert werden. Am besten beginnt man bereits im Welpenalter (8–12 Wochen): Dann sollte der Welpe wiederholt der städtischen Umgebung mit allem Möglichen an Gerüchen, Anblicken und Geräuschen ausgesetzt werden. Wenn das Trailtraining auf weichem Boden verschiedene Phasen durchlaufen hat, sollte das Trailen Umgebungsarbeit beinhalten. Dies bedeutet nichts anderes als Herumlaufen an all diesen neuen, verwirrenden Ablenkungen bis zu dem Moment, an dem der Hund sich nicht mehr dafür interessiert. Umgebungsarbeit endet niemals, weil es immer neue Bedingungen gibt, denen der Hund noch nie zuvor ausgesetzt wurde.

Wenn der Hund das Ganze zuverlässig auf weichem Boden kann und auch die Übergänge zu hartem Boden gemeistert hat, ist es an der Zeit, sich auf gemäßigteres Stadttraining zu stürzen. Meine Anforderungskriterien für Zuverlässigkeit auf weichem Boden sind:

1. Der Hund bleibt mindestens 200 Meter lang auf einem Trail, der eine Stunde alt ist.
2. Der Hund läuft nicht an Abbiegungen vorbei.
3. Der Hund kann für kurze Distanzen ohne Probleme von weichem Boden auf relativ unkontaminierten Asphalt wechseln und kann Straßenkreuzungen arbeiten.
4. Der Hund lässt sich nicht von anderen Menschen oder Tieren ablenken. Ist ein Stadthund relativ kleintierresistent, fällt es ihm leichter, in der Wildnis zu arbeiten. Ein Hund vom Land wird nicht so einfach in der Stadt zu führen sein, auch nicht, wenn er diese Umgebung bereits kennt. Der Schlüssel zu erfolgreichem Umgebungstraining ist, dass der Hund noch jung und formbar ist.

Literaturhinweis

Spotte, Stephan, 1973, Captive Seawater Fishes: *Science and Technology*. Hoboken, N.J.: John Wiley & Sons.

6 Rund um den

Die drei Hauptbegriffe rund um den Geruchsartikel sind

Sammeln – Auffinden von Geruchsbeweisen
Bewahren – Einsammeln und Aufbewahren von Geruchsbeweisen
Präsentieren – dem Hund den Geruchsbeweis präsentieren

Sammeln von Geruch

Hier geht es darum, wie der Hundeführer den Geruchsartikel findet und aufbewahrt. Wenn wir vom Standpunkt der Identifizierung und aus Sicht des Hundes betrachtet darüber nachdenken, erkennen wir, wie schwierig das sein kann.

Wenn wir davon ausgehen, dass menschlicher Geruch individuell und Geruchsunterscheidung möglich ist und dann noch die schiere Menge an Geruch hinzufügen, die jede Person produziert, wird das Problem offensichtlich.

Lassen Sie uns noch einmal zum Beispiel der Rauchfackel aus den Kapiteln 4 und 5 zurückgehen und es auf einen Park mit zehn Leuten übertragen. Jede Person hat ihre eigene, individuelle Geruchs-/Rauchfackel, alle sitzen ruhig beisammen und beobachten, sagen wir einfach mal, ein Trailing-Seminar. Während das Seminar abläuft, füllt der Rauch innerhalb von Sekunden die gesamte Umgebung. Eine der Personen steht nun auf, hinterlässt einen leeren Platz und einen Geruchs- bzw. Rauchtrail. Obwohl dieser anders als alle anderen ist, erscheint er in dieser Umgebung sehr unscharf und durch die anderen Rauchfahnen vielleicht verschwommen. Nur weil diese Person weggeht, heißt das nicht, dass ihr Platz leer bleibt. Da ist viel los! Ihr Platz wird zu einer Saugglocke für jede Menge anderer Gerüche, inklusive der Gerüche von jedem, der vorher, während oder hinterher dort gesessen hat. Falls sich Geruch wie Rauch verhält, ist es einfach zu verstehen, dass das Geruchsunterscheidungs-Bild nicht so einfach sein kann. Der Geruch unserer vermissten Person ist zwar auf diesem Sitz – aber der jeder anderen Person ebenfalls. Woher weiß der Hund, dass genau diese Person sein Objekt ist?

Lassen Sie uns noch einmal zu diesem Sitz zurückkehren. Erst einmal hatte er direkten Kontakt mit der Person, die darauf saß, auch wenn alle möglichen sonstigen Gerüche auch darauf abgelagert worden sind. Das allein heißt noch nicht, dass der Hund diesen einen Geruch herausfiltern wird, vor allen Dingen, wenn einer der Kontaminationsgerüche aus Emotionen wie z. B. Angst bestand. Es bedeutet aber aus der Geruchsperspektive betrachtet eine Menge, nämlich dass der Geruch vielleicht ein bisschen stärker und frischer ist. Trotzdem hat der Hund mit all den anderen störenden Gerüchen zu kämpfen, und das ist kein leichtes Unterfangen.

Hundeführer bei einem Seminar über Geruchstheorie.

Geruchsartikel

Es wäre für einen Trailhund sehr schwierig, wenn man ihn in diese Mischung quasi hineinwerfen und dann erwarten würde, dass er diese eine Person findet. Ich habe das sogar wiederholt ausprobiert und festgestellt, dass die meisten Hunde es nicht richtig machen werden.

Wenn also Hunde grundsätzlich in der Lage sind, Gerüche zu unterscheiden und einen bestimmten Trail zu finden, warum dann nicht hier? Das liegt an der Kontamination und den verwirrenden Faktoren. Es ist einfach zu viel Geruch vorhanden und der Hund ist nicht in der Lage, den einen gesuchten wirklich zu isolieren…noch nicht.

Wir wurden also mit der Suche nach einer vermissten Person beauftragt und haben einen Geruchsartikel – den Sitz –, den wir für unseren Hund benutzen können. Traditionalisten machen uns glauben, dass wir nur unseren Hund hereinführen und an dem Stuhl schnüffeln lassen müssen und – voilà! – haben wir den Trail! Gemach gemach! Selten, wenn überhaupt, habe ich Hunde gesehen, die ein Gebiet voll mit Leuten ausgearbeitet haben, den Trail der vermissten Person fanden und diesen dann auch noch aufspüren konnten, ohne dass etwas wirklich Emotionales im Geruch war, was den Hund so bei seiner Mission unterstützt. Falls die Person ängstlich oder wütend war, sind das bessere Voraussetzungen für den Hund, sie zu finden, aber einfacher alter menschlicher Geruch – wie von allen anderen, die an diesem Ort sitzen – ist nichts Außergewöhnliches und kann ohne etwas Hilfe unidentifizierbar sein.

Der erste Baustein zum Verständnis von Geruch «sammeln« ist, zu erkennen, dass man es trotz aller Bemühungen nicht schaffen kann, Kontamination von anderen Gegenständen am Tatort zu eliminieren. Das ist außer unter Labor-kontrollierten Bedingungen unmöglich, und selbst dann wäre ich noch skeptisch. Ähnlich wie der Stuhl mit zehn verschiedenen Leuten wird jedes Szenario, an dem man einen Geruchsartikel findet, wahrscheinlich kontaminiert sein – entweder von anderen Personen oder durch andere Gerüche. Wenn ein Hundeführer von Kontamination ausgehen kann, ist es extrem wichtig, dass er daran denkt, wie leicht es für einen Hund ist, nur geringe Mengen von Geruch wahrzunehmen.

Eines der üblichsten Szenarien für Rettungshundeführer ist, dass eine Person vermisst wird. Sehr häufig wird das Hundeteam zum Haus eines vermissten Kindes gerufen, ohne dass etwas Besonderes passiert ist. Das Kind wird einfach vermisst. Er oder sie ist von der Schule nicht nach Hause gekommen, war draußen spielen, kam nicht zum Abendessen nach Hause und so weiter. Familie und Freunde haben das Haus abgesucht, um das Haus herum und in der Nachbarschaft, die Lieblingsplätze des Kindes durchkämmt und riefen dann die Polizei. Der Polizeibeamte und ein paar Kollegen treffen ein und durchsuchen wieder die Gegend nach dem Kind, wobei sie oft die Suche nochmals wiederholen, die schon durchgeführt wurde. Bis jetzt ist das Kind noch nicht aufgetaucht und die Eltern werden immer besorgter.

Die meisten Dienststellen haben mittlerweile Einsatzpläne für Fälle von vermissten Kindern vorliegen. Die Tragödien aus früheren Fällen von vermissten Kindern, Entführung und Mord, haben eine spezielle Vorgehensweise nötig gemacht. Unglücklicherweise basierte die Notwendigkeit dieser speziellen Vorgehensweise auf Missmanagement. Der rote Faden für viele dieser Vorfälle war mangelnde Reaktion, Fehlen koordinierter Reaktionen und/oder mangelnde Koordination mit Hilfsstellen, um die Suche zu erweitern. Es ist bedauerlich, dass Tragödien der Antrieb für die Änderung der Suchpläne bei vermissten Kindern waren.

Die Polizeibehörde hat nun Standardanweisungen bei der Meldung von vermissten Personen, insbesondere bei Kindern. Diese Pläne bestimmen ein Zeitfenster für die Meldungen, den Beginn von Ermittlungen oder den Einsatz von Hilfsorganisationen wie z. B. Hundeteams. Weil diese Einsatzpläne durch den politischen Druck nach geschehenen Tragödien oft übers Knie gebrochen wurden, kann es zu einem Schrotflinten-Effekt kommen, wo bei einer Suche alles ohne bestimmte Richtung verschossen wird.

Der Einsatz von Hunden ist bei diesen Fällen zwar gestiegen, aber der Einsatz von qualifizierten Hunden und qualifizierten K.9-Suchtaktiken nicht. Polizeidienststellen haben selten einen speziellen Trailhund, der nach einem vermissten Kind suchen kann. Meistens verfügen sie über Polizeihunde, die für drei Dinge ausgebildet wurden – zur Festnahme, zum Aufspüren von Betäubungsmitteln und zum Fährten. Das Fährtentraining, das die Hunde absolvieren, ist oftmals ein erzwungener Sportstil des Fährtens, das sehr wenig mit der Realität zu tun hat, und wenn der Hund keinen Angstgeruch auf dem Trail erkennt, der älter als wenige Minuten ist, ist er nutzlos. Außerdem sind die meisten Polizeihunde auf die Festnahme trainiert – daher kann man ihnen bei der Suche nach einem vermissten Kind nicht trauen aus Angst, dass sie das Kind böse beißen und verletzen könnten.

Konsequenterweise verlassen sich die meisten Dienststellen auf »Trailer« von Rettungshundestaffeln oder anderen Ehrenamtlichen. Da die Ehrenamtlichen jedoch nicht den Dienststellen angegliedert sind, haben die Dienststellen keine Ahnung, was der Hund kann oder wie sein Trainingsstandard ist. Die Dienststellen wissen lediglich, dass der Einsatz des Hundes notwendig wird und bekommen daher einen Trailer. Es wurden keine besonderen Maßnahmen ergriffen, um die Verwendung des Hundes zu verhindern, und in den seltensten Fällen wurde daran gedacht, den Tatort vor Geruchskontamination zu schützen. Der Trailhund ist oft eine notwendige Ergänzung, die die Dienststellen nutzen/tolerieren müssen, damit sie mit der Suche fortfahren können.

Dies ist offensichtlich nicht immer der Fall. Ich habe mit und für viele Dienststellen gearbeitet, die genau wussten, welchen Hund sie einsetzen würden und wie. Natürlich war das nicht von Anfang an so. Dienststellenmitarbeiter müssen eingearbeitet werden und lernen, Hunden als nützlichem Hilfsmittel zu vertrauen, die gute Ergebnisse vorweisen können. Allerdings haben die meisten Dienststellen, für die ich arbeitete, nicht ihre eigenen vertrauenswürdigen Hilfsmittel und machen oftmals schlechte Erfahrungen mit außenstehenden Trailern. Meine Erfahrung mit Vermisstenfällen ist, dass die meisten Dienststellen, auch wenn sie auf dieses Hilfsmittel zurückgreifen müssen, dem außenstehenden Hundeteam gänzlich vertrauen und einfach keine Ahnung haben, wie man es einsetzt. Wenn die Dienststellen dem Hund nicht trauen oder nicht wissen, wie er arbeitet, garantiere ich, dass der Hund wahrscheinlich spät gerufen wird und der Tatort, aus der Geruchsperspektive betrachtet, bereits stark beeinträchtigt wurde. Der Hundeführer ist oftmals der Letzte am Tatort, aber von ihm wird erwartet, das sprichwörtliche Kaninchen aus dem Hut zu zaubern und das vermisste Kind zu finden.

Lassen Sie uns nun zu dem Szenario mit dem vermissten Kind zurückkehren. Bis zu dem Zeitpunkt, an dem Hund und Hundeführer am Tatort eintreffen, können bereits mehrere Polizeibeamte und auch Familienmitglieder aus dem Haus und aus der Gegend vor Ort sein. Der Hund muss nun zwischen vielen Gerüchen unterscheiden, nicht nur einigen wenigen. Hinzu kommt noch der Geruch von Angst, der von den Familienmitgliedern verströmt wird. All diese frischen und überaus interessanten Gerüche können für den Hund aufgrund ihrer großen Menge und der Kombination mit Emotionen viel »sichtbarer« sein. Wenn das Kind unter keinen ungewöhnlichen Umständen verschwand, kann der Hund eine extrem lange Zeit brauchen, um diesen einzelnen, unauffälligen Geruch zu lokalisieren.

Nun fügen wir eine weitere mögliche Schwierigkeit hinzu: Mengen von überladenem Geruch des Vermissten. Dieser liegt im Haus des Vermissten und unzählige Trails führen vom Haus weg und ins Haus hinein. Warum sollte sich einer von den anderen abheben? Nun füge ich eine weitere große Variable hinzu: Familiengeruch – das ist der Geruch, der zu den Leuten gehört, die im selben Haus wie das Kind leben. Es ist nicht genau derselbe, weist aber Gemeinsamkeiten auf. Diese Gemeinsamkeit kann den Hund zusammen mit einem frischen Trail der falschen Person auf den falschen Weg führen.

Mit diesem sehr breiten Überblick über die typischen und in der Regel schwierigen Suchen vom Haus einer vermissten Person aus können wir erkennen, warum es wichtig ist, ein Programm aufzustellen, um die kontaminierten Gerüche auszuschließen und sicher dafür zu sorgen, dass der Hund einen eindeutigen Zielgeruch hat.

Der Job des Hundeführers ist, den Ansatzpunkt zu bestimmen. Er muss alle anwesenden Leute auf einen Weg mit dem größten Hindernis stellen – den Weg, in den die Zielperson wohl wahrscheinlich am wenigsten gegangen wäre. Er muss ihnen erklären, warum er dies tut (um die Ablenkung für seinen Hund zu minimieren) und dann noch einen guten Geruchsartikel suchen. Während er sucht, wäre es eine gute Idee des Hundeführers, in allen kleinen Kammern/Nischen zu schauen, in die ein menschlicher Körper hineinpassen könnte. Nichts ist peinlicher als eine »vermisste Person«, die sich in einem Kabuff im Haus versteckt!

Die besten Geruchsartikel sind die, die am wenigsten von anderen Familienmitgliedern kontaminiert sind und die einen starken direkten Körperkontakt hatten, vorrangig an den verschiedenen Drüsen. Schmutzige Unterwäsche, BHs und Schlafanzüge sind hervorragend, solange sie nicht im gemeinsamen Wäschekorb gelandet sind. Andere gute Gegenstände sind Haarbürsten, die nur vom Vermissten benutzt wurden, Zahnbürsten, Brille, Frauenhygieneprodukte oder Windeln. All diese Gegenstände müssen so ausschließlich wie möglich der vermissten Person gehören. Wenn nicht, ist es notwendig, die kontaminierten

Beteiligten anwesend zu haben, bevor der Hund gestartet wird.

Einer der besten Geruchsartikel, den ich jemals für meinen Hund hatte, war ein benutzter Tampon. Er führte zu einem schnellen Auffinden einer vermissten Frau, die seit drei Tagen weg war. Der Geruchsartikel war unwahrscheinlich ansprechend für meinen Hund und seiner Körpersprache zu diesem Zeitpunkt nach zu urteilen war es wahrscheinlich der beste Geruchsartikel, den ich je hatte. Ja, das klingt eklig, aber eklig ist auch die Entdeckung einer verwesenden Leiche Monate, nachdem sie vermisst wurde. Wenn ein ekliger Geruchsartikel dem Hund dabei hilft, sich ein besseres Bild von der Zielperson zu machen, lohnt sich die Zeit und Mühe, ihn zu benutzen.

Wenn alles am Tatort geregelt ist und ich einen guten Geruchsartikel habe, suche ich schnell und oberflächlich einmal um das

Kelli Collins arbeitet einen Polizeihundewelpen, der seinen ersten Puppytrail läuft. Der Geruchsartikel war ein schmutziges T-Shirt. Starker, frischer Geruch ist notwendig, um dem Hund die Verbindung zwischen Geruchsartikel und Zielperson beizubringen

Grundstück des Hauses herum ab. Ich versuche aufgrund von Befragung und Beobachtung den größten logischen Umfang des Familien-/Haus-Geruchspools und eventuelle Ausgänge der Zielperson zu finden (ich werde erklären, warum dieser letzte kleine Schritt wichtig für den nächsten Abschnitt beim Präsentieren des Geruchs ist). Jetzt bin ich fertig und kann den Hund starten.

Lassen Sie uns einen Blick auf ein paar andere Szenarien werfen und daran denken, wie menschlicher Geruch produziert wird, um wahrgenommen zu werden. Einbrüche und Fluchtautos sind übliche Trail-Situationen für Diensthunde. Anders als Fluchtautos sind Einbrüche am schwierigsten zu arbeiten und führen am wenigsten zum Erfolg. Warum sind Fluchtautos einfacher? Vielleicht ist es am besten, jedes Szenario einzeln zu betrachten.

Das Fluchtauto ist oft mit einem gestohlenen Fahrzeug gleichzustellen, das von Polizeibeamten mit einem Hundeteam im Schlepptau gejagt wird. Dies ist der Hauptgrund, warum Fluchtautos oft erfolgreich zu arbeiten sind – Zeit. Wenn der Täter gejagt wird, ist viel Geruch vorhanden. Je näher die Cops kommen, umso mehr Geruch produziert der Täter. Jede Menge Angstgeruch durchdringt jeden Teil des Autos und strömt durch die Fenster und Lüftungen. Sofort, wenn der Täter herausspringt und wegrennt, kann der Hundeführer an dieser Stelle seinen Hund starten. Man braucht dafür wirklich keinen Geruchsartikel, weil der Hund das Ziel kennt, bevor er zum Auto des Täters kommt. Er bekommt den Angstgeruch über den Wind oder vom Geruchspool des Autos und wird zur Rakete, lange bevor der Hundeführer das Kommando zur Suche gibt.

Die Schlüssel für diese Suche sind:

1. Angstgeruch
2. Als Erster am Tatort
3. Wenig bis keine Kontamination

Der Angstgeruch ist der Artikel und der Trail ist oftmals durchtränkt davon. Es kann sehr schwer für den Täter sein, den Hund in dieser Situation abzuhängen. Diese Art zu trailen ist einfach. Jeder Hund kann das. Als Erster am Tatort zu sein und keine anderen kontaminierten Gerüche im Auto zu haben macht auch viel aus. Wenn anderer menschlicher Geruch hineingemischt wird, kann dies den Hund ein wenig verwirren, aber der Angstfaktor ist die Trumpfkarte. Meistens überwiegt der Angstgeruch gegenüber der Kontamination. Allerdings scheint Angstgeruch seine Stärke mit fortschreitender Zeit zu verlieren. Der menschliche Geruch ist noch da, verliert aber etwas von seinem Glanz. Ich kann mir keinen Reim darauf machen, kenne den Grund dafür nicht und kann nicht wirklich prognostizieren, wie lange es anhält. Das Beste, um Angstgeruch zu nutzen, ist, so schnell wie möglich am Tatort anzukommen.

Im Falle eines Fluchtautos ist also der Tatort – oder das Auto – auch der Geruchsartikel. Normalerweise reicht es, den Hund im Nahbereich des Autos anzusetzen. Man bezeichnet dies auch als »place last seen« (der Ort, wo der Gesuchte zuletzt gesehen wurde). Ermöglicht man dem Hund, den Innenraum des Autos nah des Sitzes zu riechen, auf dem der Dieb saß, kann das helfen, ist jedoch nicht unbedingt notwendig, wenn es nur einen Verdächtigen gibt. Im Fall mehrerer Verdächtiger im selben Auto wird der Sitz ein bisschen wichtiger, wenn es notwendig ist, außer dem Fahrer noch andere zu verfolgen. Andernfalls wird der Verdächtige durch den Hund wie bei einem Würfelspiel gewählt werden und mehr als wahrscheinlich wird sein, dass es der erste Geruch sein wird, auf den der Hund trifft.

Lassen Sie uns nun zum Einbruch kommen. Bei einem Einbruch werden wir wahrscheinlich eine geringe Menge Angstgeruch vorfinden beziehungsweise es werden mit Sicherheit andere emotional aufgeladene

Simulation des Trails von einem Fluchtauto aus. Jeff mit Kooper.

Gerüche vorhanden sein. Das könnten Vorfreude, Aufregung oder andere emotionale Gerüche sein, aber nicht ganz so markant wie bei einem Fluchtauto.

Das andere Problem beim Einbruch ist ganz einfach die Tatsache, dass die Hundeeinheit normalerweise nicht als Erster am Tatort sein wird, es sei denn, der Fall ist ganz frisch. In neun von zehn Fällen ist der einzige Grund, warum der Hund bei einem Einbruch eingesetzt wird, dass der Trail frischer bzw. ganz frisch oder dass etwas bei dem Einbruch außergewöhnlich ist, wie ein extrem hoher Wert des Diebesguts oder andere verschärfende Faktoren wie ein Sexualdelikt. Das bedeutet für den Hundeführer, dass es wohl ebenfalls eine Menge von kontaminierten Gerüchen gibt, obwohl dort wahrscheinlich einiges an Emotionen beim Geruch vorhanden ist.

Der erste Umstand, mit dem man zu kämpfen hat, ist der extreme Umfang des Geruchspools und anderer alter Gerüche von Besitzern und Insassen. Der nächste ist der Geruch von all den Polizeibeamten vor Ort. Diese Kontamination in Verbindung mit dem Alter des Geruchs bedeutet, dass Angst oder anderer emotionaler Geruch, der dort vorhanden war, für den Hund weniger maßgeblich sein könnte. Die Auswahl eines frischen Geruchsartikels und ein gutes Startritual werden nun wichtig. Einfach mit dem Hund in die allgemeine Tatortnähe zu gehen ist möglicherweise nicht gut genug.

Wie finden wir nun etwas, das dem Hund im Falle eines Einbruchs helfen könnte? Das gestohlene Auto war leicht, weil der Verdächtige das Auto fuhr und flüchtete. Der Einbruch ist nicht so einfach. Das Entscheidende, um eine Geruchsquelle zu finden und den Hund starten zu können, ist das richtige Vorgehen am Tatort. In den meisten Fällen hat das Gebäude einen Ein- und Ausgang, wo der Einbrecher hinein bzw. hinausging. Diese Ein- und Ausgänge halten oft mehr Geruch, weil der Verdächtige sich meist daran zu schaffen gemacht hat oder den Eingang aufgebrochen hat, um hineinzugelangen. Einen Türrahmen aufzuhebeln oder in ein Fenster einzubrechen und über den Fenstersims zu klettern produziert mehr Geruch an dieser Stelle als woanders im Gebäude. Auch verfügen diese Orte über eine größere Menge an emotionalem Geruch, da sich der Einbrecher an diesen Stellen meistens gefährdet fühlt. Oft hält sich an den Einbruchstellen drüsenartiger Geruch des Einbrechers und kann sich physisch auf einer Oberfläche ablegen. Dieser Geruch ist viel besser als luftgetragener menschlicher Geruch, der einfach so vom Körper abfällt.

Tatort eines Mordes nach einem Sexualdelikt mit CSI-Technikern, die am Ort des Verbrechens arbeiten. Ihre Kontamination kann ein Problem für den Hundeführer darstellen. Was sie tun und wo sie sich aufhalten, kann entscheidende Informationen zerstören.

Der Geruch des Hundeführers ist dem Hund gut bekannt und der Hundeführer wird wissen, wie er seine eigene Kontamination minimal hält. Die Eingangsstelle sollte bei Gegenständen wie Fensterrahmen und Türgriff, die vom Einbrecher manipuliert wurden, vorsichtig überprüft werden. Abdrücke von Werkzeugen, aufgewirbelter Staub und tatsächliche Abdrücke können eine gute Geruchsquelle an der Eingangsstelle sein. Der Gegenstand selbst

Eine von einem Einbrecher in Kalifornien entfernte und verschobene Lüftungsöffnung. Der Hund zeigte aufgrund des direkt an der Oberfläche anfhaftenden Geruches sehr stark an.

Das Problem mit der Einbruchstelle ist, dass sie oftmals stark kontaminiert ist. Gutmeinende Beamte am Tatort inspizieren die Anlage und in den meisten Fällen sammeln sie Beweismaterial wie Abdrücke von Werkzeugen oder Fingerabdrücke. Diese Manipulation am Tatort kann aus geruchlicher Sicht als zerstörend betrachtet werden, außer, wenn bestimmte Elemente berücksichtigt wurden. Idealerweise sollten Tatort-Ermittler und andere Beamte in der sensiblen Beschaffung des menschlichen Geruchs ausgebildet sein und vorsichtshalber zu viel Kontamination vermeiden oder ganz einfach die Ankunft des Hundeteams abwarten.

Vorzugsweise sollte der Hundeführer als Erster genau die Eingangsstelle untersuchen.

kann als Geruchsquelle für den Hund genutzt werden, in dem der Hundeführer einfach mit der Hand darauf zeigt. Es können noch andere Methoden genutzt werden, um Geruch zu sammeln und den Hund auf andere Weise anzusetzen. Wir werden dies im nächsten Abschnitt »Aufbewahrung des Geruchs« erläutern.

Vorher müssen wir noch das Thema Kontamination behandeln. Nur, weil wir glauben, wir hätten eine einwandfreie Geruchsquelle, ist es nicht ratsam, dies auch einfach so anzunehmen. Besser ist es, Schutzmaßnahmen zu treffen. Der Hund muss eine gute Vorstellung von den Personen bekommen, die im Zusammenhang mit dem Geruchsartikel stehen und wo sich diese aufhalten. Wir werden dies im letzten Abschnitt dieses Kapitels

»Präsentieren des Geruchs« behandeln.

Sammeln des Geruchs ist nichts weiter, als Geruchsquellen für den Hund zu finden. Es ist die Vorstufe für jede erfolgreiche Menschensuche. Je besser der Geruchsartikel, desto besser die Chance für den Hundeführer, den Tatverdächtigen zu fangen. Es ist wirklich ganz einfach. Ein guter Hundeführer wird Experte darin, visuelle Zeichen und die Körpersprache seines Hundes zu lesen. Ein erfolgreicher Hundeführer lernt, wo und wie nach Gegenständen zu suchen ist, die den Geruch des Verdächtigen tragen könnten.

Aufbewahren von Geruch

Das Aufbewahren des Geruchs hat zwei unterschiedliche Zwecke:

1. Den Geruch des Gesuchten so zu erhalten, dass er für den Hund als brauchbare Geruchsquelle am Ansatz des Trails vorhanden ist, weil der Gegenstand, der angefasst wurde, nicht mehr benutzt werden kann.
2. Den Geruch so zu erhalten, dass er auch für die zukünftige Verwendung brauchbar bleibt.

Es gibt viele Spekulationen und nicht viel Wissenschaftliches dazu, wie wir Geruch einfangen und erhalten können. Schauen wir uns als Erstes das Thema des Geruchserhalts an, weil dies wirklich eins der schwächsten Glieder in der Kette der Geruchsbeweise ist.

Eine Theorie besagt, dass Geruch Jahre überleben kann, solange er in einer Plastiktüte an einem kühlen Platz verbleibt. Ich glaube nicht daran – erstens wegen des Einflusses der Kontamination und zweitens wegen der Leichtigkeit, mit der Geruch die Membrane der Tüte durchdringen kann. Jeder Hundeführer eines Drogenspürhundes, der etwas taugt, ist in der Lage zu bezeugen, mit welcher Leichtigkeit sein Hund Drogen oder jede andere Substanz, auch menschlichen Geruch, durch eine Plastiktüte wahrnehmen kann. Wenn Sie mir nicht glauben, probieren Sie es selbst mit einem Zwiebel- oder Knoblauch-Riechtest aus.

Allerdings muss ich dazu sagen, dass ich selbst auch die Plastiktüte benutzt habe und das auch funktionierte – eben nur nicht zuverlässig oder für lange Zeit. Eine Plastiktüte funktioniert im Notfall, wenn der Hundeführer schnell etwas zur Aufbewahrung benötigt. Wenn aber der Geruch für lange Zeit erhalten bleiben soll, sollte er in etwas anderem aufbewahrt werden. In meiner Ausbildung habe ich gelernt, die Plastiktüte zu verwenden und sie während meiner Laufbahn auch lange Zeit benutzt. Geändert habe ich das erst, als ich Probleme bei Geruchsunterscheidungstests feststellte, die für den Hund eigentlich einfach hätten sein müssen.

Der beste Weg zur Aufbewahrung einer Geruchsquelle, die später noch vom Hund benutzt werden soll, ist ein dicht verschlossenes Marmeladenglas. Das Glas kann zwar nicht vollständig verhindern, dass ein Gasaustausch stattfindet, aber es ist auf jeden Fall sicherer als eine Tüte. Das Glas hilft, die Geruchskontamination durch andere Personen oder Gegenstände auf den darin enthaltenen Geruchsartikel zu reduzieren. Außerdem ist es mit dem Glas möglich, dass der Geruch sich ausbreitet, wenn das Gas leicht erwärmt wird, sobald man es öffnet. Das Ergebnis ist beinahe wie eine Böe aus Geruch, die aus dem Glas zur Nase des Hundes aufsteigt. Ein Hauptbestandteil meines Geruchssets ist eine kleine Sammlung von Schraubdeckelgläsern. Stellen Sie sicher, dass die Schraubdeckelgläser fest verschlossen an einem vor Hitze und Feuchtigkeit geschützten Ort aufbewahrt werden.

Ein Marmeladenglas für Beweismaterial schließt Kontamination besser aus als eine Plastiktüte.

So, nun haben wir ein Aufbewahrungsmittel, in das der Geruch hineinkommt - aber wie bekommen wir den Geruch zum Beispiel von einer Fensterbank, einem Stuhl oder Autositz in das Glas hinein? Wenn der Hundeführer den Hund nicht zum Gegenstand bringen kann, um ihn daran riechen zu lassen, muss er den Gegenstand zum Hund bringen - und große, sperrige Teile wie einen Autositz bringt man nicht mal eben zum Hund.

Gazepads werden seit Jahren von Hundeführern zur Geruchspräsentation benutzt. Das Problem mit einem Gazepad ist nicht das Pad selbst, sondern das, worin es steckt – nämlich eine Plastiktüte. Ein steriles Gazepad scheint geradezu ein Geruchsmagnet zu sein, und wenn es sorgfältig benutzt wird, kann es leicht menschlichen Geruch aufnehmen, auf den man den Hund ansetzen kann. Der entscheidende Faktor ist, wie man den Geruch bekommt und dann aufbewahrt. Wenn das Pad benutzt und dann in eine Plastiktüte geworfen wurde, ist es auch weiterhin ein Magnet für Gerüche, die durch die Tüte gelangen können.

Nun haben wir also das Glas und das sterile Gazepad. Wie erhalten wir nun den Geruch? Es geht nicht einfach nur darum, mit dem Pad über eine Oberfläche zu wischen und dann das Pad in das Glas zu legen. Wir müssen verstehen, dass der Gegenstand ganz leicht sowohl durch uns selbst als auch durch andere kontaminiert werden kann. Die einfache Tatsache, dass wir mit unseren Händen in die Taschen greifen und damit das sterile Gazepad öffnen, wird es schon kontaminieren. Dies passiert, weil Hosentaschen ein wahrer Brunnen aus Gerüchen sind. Alles, was wir anfassen oder festhalten, ist jetzt, aus geruchlicher Perspektive betrachtet, ein Teil dieser Taschen. Das Problem ist nicht der Geruch des Hundeführers, sondern der Geruch, der vom Hundeführer im Laufe der Zeit aufgenommen wurde.

Gazepads ziehen Partikel und Feuchtigkeit in ganz großem Stil an. Weil sie sehr trocken

Geruchsartikel-Set mit sterilen Gazepads, Marmeladengläsern und Handschuhen.

und frei von Kontamination sind, ziehen sie Substanzen auf natürliche Weise an. Der einfache Vorgang, ein neues steriles Gazepad auf einen Gegenstand zu legen, zieht alles auf dem Gegenstand zum Pad, so ähnlich wie ein Magnet. Und wenn Gas vorhanden ist, wirkt das sterile Pad wie ein natürlicher Lockstoff und Filter. Wenn das Pad über die Oberfläche gewischt wird, sammelt es weitere Materie von der Geruchsquelle. Um diese Theorie zu testen, legen wir ein neues, steriles Gazepad auf einen Haufen aus Puder oder Flüssigkeit und entfernen es dann. Das Entscheidende ist, die Menge der äußeren Einflüsse wie etwa das, was in der Tasche oder Nähe war, zu minimieren. Es gibt absolut keine Möglichkeit, jegliche Kontamination von außerhalb völlig auszuschließen, aber es ist ziemlich einfach, sie zu minimieren.

Der nächste Bestandteil meiner Geruchs-Ausrüstung ist ein gutes Paar steriler Einweghandschuhe aus Nitril. Diese Handschuhe sollten nicht in einer Tasche oder einem Beutel aufbewahrt werden, die äußeren Einflüssen ausgesetzt sind, weil es ihr Zweck ist, die Geruchskontamination zu verringern, nicht, sie zu erhöhen. Der wichtigste Aspekt beim Gebrauch dieser Handschuhe ist, dass sie bis zum Moment der Geruchsartikelbeschaffung unkontaminiert bleiben. Sie sollten in ihrer Box an einem relativ sauberen Platz aufbewahrt werden, bis sie benutzt werden können. Ziehen Sie sie erst in der Nähe des Ansatzpunktes an, an dem der Geruchsartikel benutzt wird. Wenn die Handschuhe angezogen sind, ist es wichtig, dass sie nicht mehr als nötig an der Außenseite mit bloßen Händen berührt werden. Denken Sie daran – alles, was der Hundeführer berührt, ist als Geruch an seinen Händen.

Ich empfehle, all diese Dinge in einem kleinen Angelkasten, der nicht für andere offen zugänglich ist, im Kofferraum aufzubewahren. Der Kasten muss sauber sein, damit er nicht selbst zum Kontaminationsfaktor wird. Ich selbst bevorzuge schmale Boxen von ungefähr 45 cm Länge, 20 cm Breite und 18 cm Höhe. Das ist groß genug für die Schachtel mit Einweghandschuhen, ein paar Päckchen sterile Gazepads und einige Gläser mit Schraubdeckel.

Wir haben nun ein Grundverständnis dafür, dass Geruch sehr sensibel und leicht durch andere Gerüche zu kontaminieren ist. Wir haben die notwendigen Dinge, um ihn zu beschaffen und dem Hund zugänglich zu machen. Der nächste Schritt ist, einen Ablauf zu entwickeln, den wir immer wieder erfolgreich absolvieren können, ohne groß darüber nachdenken zu müssen. Muskelerinnerung ist nicht nur für das Handling wichtig, sondern auch für die alltägliche Arbeit wie die Beschaffung des Geruchs. Hundeführer müssen einen Weg finden, der zu ihnen passt und dann immer wieder auf die gleiche Weise vorgehen. Wenn man sich in einer Stresssituation befindet, ist die Muskelerinnerung etwas, das einem hilft, keine Fehler zu machen – einfach, weil man es wie Zähneputzen schon Tausende Male zuvor getan hat.

Ich selbst gehe so vor: Ich gehe davon aus, dass alles ein Tatort ist, auch wenn der Fall nichts weiter als ein einfacher Vermisstenfall ohne Anzeichen von Fremdeinwirkung zu sein scheint. Ich tue das deshalb, weil auch harmlos klingende Fälle kippen können und man sich plötzlich in der Situation wiederfindet, einen Kriminellen zu jagen. Wenn meine Methode zur Beschaffung des Geruchs schlampig war, kann es schwierig sein, den Geruch später als Beweismittel zu verwenden. Wenn ich die gesuchte Person oder direkt mit ihr in Verbindung stehendes Beweismaterial finde, aber meinen Geruchsartikel verliere, bedeutet das, die Grundlage meiner Arbeit zu verlieren. Ohne diese Grundlage gibt es keine Arbeit und alles, was ich bis dahin getan habe, kann umsonst gewesen sein.

Das Absuchen eines Tatorts nach Geruch muss wie das Absuchen eines Tatorts bei einem Verbrechen sein. Der Hundeführer sollte so wenig wie möglich stören und so schnell wie möglich wieder verschwinden. Er darf keinen Beweis seiner Anwesenheit hinterlassen. Das beinhaltet Fußabdrücke oder körperliches Beweismaterial wie Kaugummi, Kautabak und Zigarettenkippen. Der Hundeführer stellt nicht nur Geruch sicher, um ihn später zu benutzen, sondern schützt auch den Tatort für den Fall, dass noch forensische Arbeit getan werden muss. Wenn er hierbei Mist baut, wird er nicht mehr zum Spielen in die Sandkiste eingeladen werden.

Lassen Sie uns ein Szenario betrachten, das ich anwende, um Leute in der Praxis zu trainieren. Der Tatort ist ein geparktes Auto auf einem schmutzigen Parkplatzgelände. Niemand ist in dem Auto und es wurde bereits von örtlichen Polizeibeamten untersucht. Mein erster Schritt ist, nicht in der Nähe zu parken, sondern mindestens fünfzig Meter weit weg – und dies gilt auch für jeden Helfer bei einem Traileinsatz. Polizei, Feuerwehr und Sanitäter haben die schlechte Angewohnheit, direkt am Tatort zu parken und oft auch noch den Motor laufen zu lassen. Das Problem ist, dass der Ausgangspunkt des Gesuchten eventuell genau an der Stelle ist, wo alle Autos geparkt sind. Wenn Unmengen von Ersthelfergerüchen plus Auspuffgase von laufenden Motoren vorhanden sind, sind die Chancen gut, dass das Hundeteam nirgendwo hingeht. Parken Sie nicht direkt am Tatort!

Der nächste Schritt ist, eine Kurzbeschreibung des Vorfalls vom Einsatzleiter oder einem anderen zuständigen Beamten zu bekommen. Ich versuche das, was mir berichtet wird, mit Vorsicht aufzunehmen und nicht zu sehr ins Detail zu gehen. Aussagen von Betroffenen oder Zeugen können irreführend sein. Betroffene und Zeugen mögen es, wenn man Ihnen zuhört und können Informationen anbieten, die möglicherweise nicht ganz sachlich sind, wie etwa die Richtung, in die der Gesuchte geflohen ist. Es wäre sehr blamabel, wenn ich einer falschen Zeugenaussage so viel Bedeutung beimessen würde, dass ich meinen Hund unbewusst auf einen gar nicht existierenden Trail leiten würde. Ob das passieren kann? Ja, leider! So mache ich es also auf keinen Fall! Wenn mein Hund gut genug ist und vor allem ich gut genug bin, ihn zu lesen und wenn ich einen guten Trail und Geruchsartikel habe, erfahre ich schnell, wohin der Gesuchte rennt. Ich brauche nicht den Job meines Hundes für ihn zu tun. Wenn ich darauf beharre, könnte ich mir genauso gut ein Geschirr anziehen.

Jetzt, wo ich die Informationen habe, die ich brauche, um loslegen zu können, stehe ich noch vor einem Dilemma, das ein Trail-Killer sein kann.

Menschliche Spuren am Straßenrand zeigen eine Richtung an.

Höchstwahrscheinlich bin ich nicht die einzige Person am Tatort. Je weniger die anderen Helfer tun, desto besser, weil überall, wo jemand geht, ein neuer Trail entsteht. Alles, was angefasst wird, ist ein neuer Geruch, der für meinen Hund interessant sein könnte. Ich bitte deshalb alle anwesenden Zeugen, Betroffenen und Beamten, sich zu einer Gruppe zusammenzustellen und positioniere sie an einer Stelle, von der es sehr unwahrscheinlich ist, dass der Gesuchte sie auf seiner Flucht passiert hat. Die Idee dahinter ist, die Verwirrung für meinen Hund zu minimieren und seine Chancen auf Finden eines Abgangs zu maximieren. Wenn viele Leute auf dem Weg des Verdächtigen herumschwirren, kann mein Hund den Weg nicht finden. Ich nehme mir einen Moment Zeit, um den Anwesenden zu erklären, was ich tue, und sie haben immer dafür Verständnis. Wenn ich mich nicht zu lange aufhalte und nicht zu dramatisch werde, bin ich ohnehin in ein paar Minuten wieder mit meinem Hund weg, das ist also für jeden auszuhalten. Dieser eine Schritt kann den Unterschied zwischen Versagen und Erfolg ausmachen.

Wenn ich einmal eine allgemeine Vorstellung von dem Geschehen bekommen und meinen Ansatz gefunden habe (in unserem Beispielfall ging der Gesuchte einfach nur von der Fahrertür des Autos weg), dann schaue ich mich um, um zu sehen, was ich zu meinem Vorteil nutzen könnte. Aus der Entfernung und bevor ich am Tatort herumlaufe, halte ich angestrengt Ausschau nach Schleifspuren oder Fußabdrücken, die zum Gesuchten gehören könnten. Ich will nicht ein Fährten-Seminar abhalten, aber ich will ein paar wichtige Punkte des Fährtens anreißen. Eine Fußspur kann viel dazu beitragen, um mich weiterzubringen. Sie kann eine Richtung vorgeben, sie kann mir sagen, ob sie zur Zielperson oder zum Polizeibeamten gehört, der den Tatort untersucht, und kann mich in Augenblicken des Zweifelns beruhigen, wenn ich für mehrere Kilometer hinter meinem Hund her renne und jeder hinter mir denkt, dass mein Hund eine Katze jagt. Das Finden des passenden Abdrucks in dieser Situation gibt einen enormen Antrieb.

Spuren im Laub auf der Beifahrerseite eines Trucks zeigen, dass jemand auf der rechten Seite des Fahrzeugs gegangen ist. Achten Sie auf die durch das Umdrehen dunkleren Blätter.

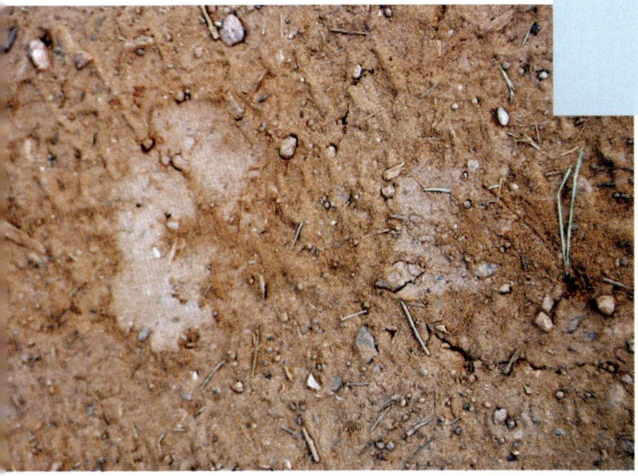

Ein leichter Schuhabdruck, vielleicht von einem Cowboy-Stiefel, über der eigentlichen Autospur zeigt an, dass der Gesuchte über die Spur lief, nachdem er parkte und das Auto verließ.

Eine außerhalb des unmittelbaren Tatorts befindliche Spur kann wichtig sein, wenn mein Ansatzpunkt vom geruchlichen Standpunkt aus betrachtet so kontaminiert ist, dass mein Hund es schwer hat, einen Trail zu finden, der weg vom Tatort führt. Wenn ich eine Stelle finde, um meinen Hund außerhalb des kontaminierten Geruchspools zu starten, kann ich meine Zielperson möglicherweise finden.

Nachdem ich eine Spur isoliert habe oder nicht, suche ich mir eine Stelle aus, um den Bereich des Autos zu betreten und eine, ihn wieder zu verlassen. Dabei tue ich mein Möglichstes, um keine eigene Spur zu hinterlassen. Ich gehe einmal um das Auto herum und schaue beim Gehen hinein, um einen Blick auf die darin befindlichen Gegenstände zu werfen. Wenn die Türen und Fenster des Autos bei starker Sonneneinstrahlung geschlossen wurden, öffne ich eine Tür, damit das Gas ein wenig entweichen kann. Das ist wichtig, denn wenn ein Auto von der Sonne durchflutet wurde, wird es zu einer heißen Box aus Geruch, die für einen Hund überwältigend sein kann, wenn man sie als Geruchsartikel gebrauchen möchte.

Wenn ich meinen Rundgang beendet habe, entscheide ich mich für eine Tür, durch die ich das Fahrzeug betrete, und tue mein Bestes, um keine Fingerabdrücke zu hinterlassen oder die von anderen nicht zu zerstören. Ich vermeide es, das Äußere oder Teile des Autos anzufassen, die normalerweise beim Ein-oder Aussteigen von Personen berührt werden. Ich versuche außerdem, nicht mit meinem gesamten Körper ins Auto zu gelangen, weil ich dann gezwungenermaßen Geruch hinterlasse. Sehr selten erfordert diese Suche viel mehr als nur das teilweise Einsteigen in ein Auto.

Hundeführer Les Helgeson bereitet sich darauf vor, in ein Fahrzeug zu steigen, um einen Geruchsartikel aufzunehmen.

Die besten Stellen, um den Geruch des Fahrers zu finden, sind die, die zuletzt berührt wurden. Meistens, aber nicht unbedingt ausschließlich sind das:

1. Fahrersitz und Kopfstütze
2. Schaltknauf
3. Lenkrad
4. Armlehne auf der Fahrerseite

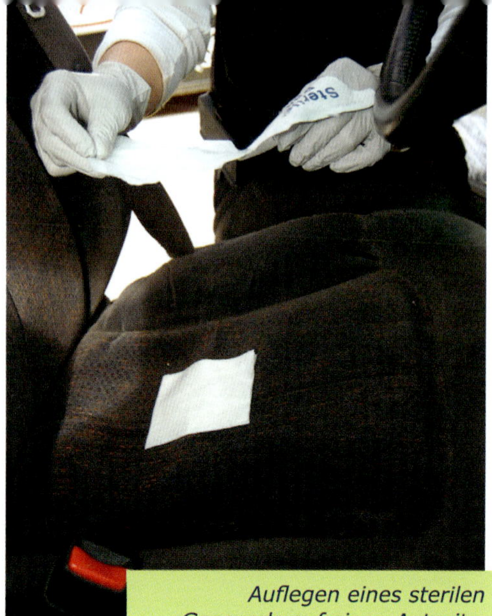

Auflegen eines sterilen Gazepads auf einen Autositz.

Abwischen des Geruchs von einer Kopfstütze.

Auch wenn ich einen Gegenstand im Auto sehe, der nach einem wunderbaren Geruchsartikel aussieht (schmutziges T-Shirt, Schuhe, Mütze), muss der Gegenstand nicht unbedingt der Person gehören, nach der ich suche. Ich nehme nicht automatisch an, dass das, was ich sehe, dem Gesuchten gehört. Ich verwende etwas, von dem ich einen begründeten Verdacht habe, dass es von der Zielperson stammt.

Wenn ich einfach nur schnell meinem Hund den Geruch präsentieren möchte, reicht es, wenn ich die Tür öffne, auf den Sitz zeige und das Startkommando gebe. Wenn ich nicht die Möglichkeit habe, meinen Hund dahin zu bringen und selbst einen Geruchsartikel aussuchen muss, versuche ich unbedingt, keine Gegenstände mit glatter Oberfläche zu berühren, weil diese verborgene Fingerabdrücke enthalten könnten, und wenn ich Fingerabdrücke an einem Tatort vermassele, werde ich nie mehr zur Mitarbeit gebeten.

Sobald ich eine Idee habe, wovon ich den Geruch nehmen könnte und nach Anhaltspunkten einer Spur meines Gesuchten Ausschau halte, bin ich bereit für den Geruchsartikel. Ich werde nicht weiter auf die taktische Perspektive der Suche eingehen, weil dies jetzt nicht das Thema ist. Taktik bei der Durchführung einer Suche ist ein anderes Kapitel in einem anderen Buch.

Ich hole meinen Kasten zum Auto und ziehe meine Handschuhe an. Dann nehme ich ein einzelnes Gazepad und öffne es über der Stelle, von der ich den Geruch abnehmen möchte. In diesem Fall nehme ich die Armlehne auf der Fahrerseite. Ich reibe leicht mit dem Pad über die Oberfläche und lasse es für ein paar Minuten liegen. Jetzt habe ich einen Geruchsartikel.

Jetzt kommt der heikle Teil: das Pad wieder abnehmen, das ich eben aufgelegt habe. Das mache ich so: Ich öffne das Glas mit

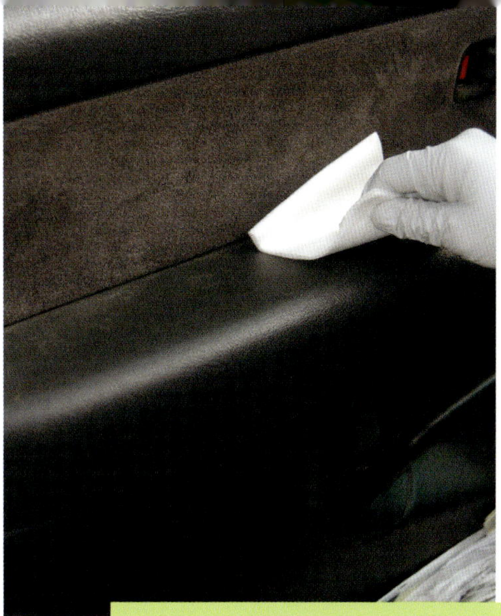

Aufnahme von Geruch von einer Armlehne.

Handschuhen über dem Pad und benutze den Deckel, um das Pad in das Glas zu packen. Dann verschließe ich das Glas sofort an Ort und Stelle.

Dieser Vorgang dauert ganze drei Minuten und ich habe einen brauchbaren Geruchsartikel mit minimaler Kontamination. Nichts, was immer ich auch tue, wird die Kontamination ganz verhindern. Mein einziger Job ist, die Kontamination so gering wie möglich zu halten, während die Geruchsproduktion maximiert wird.

Manchmal wische ich aber auch die Stelle ab, von der ich den Geruch nehmen möchte. Ich öffne einfach das Pad über der Stelle und wische ein paarmal darüber, vergesse dabei jedoch nicht, dass ich Fingerabdrücke vernichten könnte und dazu beitrage, mit dieser Methode Beweismaterial zu vernichten. Wenn ich vermute, dass Beweismaterial an der Stelle vorhanden sein könnte, die ich abwischen möchte, lasse ich es besser sein. Hunde brauchen sehr wenig Geruch, um gestartet zu werden, und wenn ich ein brandneues, steriles Gazepad benutze, das genau an der Geruchsquelle geöffnet wurde, bekomme ich eine ausreichende Menge Geruch. Oberflächen mit Metall oder harter Kunststoff halten den Geruch nicht so gut wie ein Autositz oder eine Leder-Armlehne.

Wenn wir an den Tatort des Einbruchs mit dem kaputten Lüftungsfenster als Einbruchstelle denken, können wir uns nun gut vorstellen, wie wir vorgehen. Wir gehen zu der Stelle, ohne unsere eigene Spur zu hinterlassen, suchen nach Fußabdrücken des Verdächtigen und Wegen rein und raus sowie nach Gegenständen am Tatort, von denen wir wissen, dass der Tatverdächtige diese angefasst hat und packen unsere Gazepads darauf. Wenn wir auf die Fensterbank zeigen und dem Hund erlauben könnten, direkt dort zu arbeiten, wäre dies am besten.

Das größte Problem mit Hundeführern heutzutage ist ihr übermächtiges Vertrauen, dass ihr Hund schon den Weg aus einem kontaminierten Tatort heraus finden wird. Sie tun wenig, um das Gebiet zu schützen, sammeln weder einwandfreie Geruchsartikel noch managen sie Aktivitäten an einem Tatort. Sie nehmen einfach an, dass der Hund auf magische Weise den Trail aus diesem Gebiet hinaus findet, indem sie ihm einen Geruchspad in einer Tüte präsentieren. In neun von zehn Fällen ist das Gegenteil der Fall. Der Hund findet nichts, was zum Tatverdächtigen gehört, und oftmals ist es ein Trail von jemand anderem, der sich vom Tatort entfernt hat, aber nicht vom Verdächtigen.

Meine Philosophie basiert auf unzähligen erfolglosen Suchen, bei denen mein Hund nicht einmal den Weg aus einer Papiertüte heraus gefunden hätte, geschweige denn aus einem Tatort heraus. Schuld daran war nur mein übersteigertes Ego und wie es die Leistungsfähigkeit meines Hundes in solchen Situationen gerne gesehen hätte. Ich musste also mein Ego in die Schublade packen und wirklich zusehen, dass dieser Prozess ein wenig besser funktionierte. Und das hieß Tatort-Management, besseres Sammeln von Geruchsartikeln und deren Aufbewahrung.

Sobald mein Geruchsartikel im Glas ist, nehme ich mir ein paar Minuten Zeit und beschrifte es. Mit einem wischfesten Stift schreibe ich meine Initialen, Datum, Uhrzeit und Ort oben auf den Deckel. Dies bildet den ersten Teil einer Kette aus Beweisen, die ich brauchen werde, falls der Fall zu einer Straftat wird und meine Arbeit hinterfragt wird. Wenn das Glas nicht mehr in meinem Besitz ist, muss die nächste Person in der Reihe es für die Beweiskette genauso beschriften oder auf einem Stück Papier, das dem Glas beigefügt wird.

Präsentation des Geruchsartikels

Das Präsentieren des Geruchsartikels ist die letzte Phase dieses dreischrittigen Prozesses, und es kann der wichtigste sein. Ich weiß – ich habe das bisher bei jedem Schritt gesagt. Sagen wir, sie sind alle gleich wichtig. Ich beginne diesen Abschnitt damit, wie man es nicht tun sollte.

Ich bin viel gereist, habe trainiert und im ganzen Land mit Trailern gearbeitet, habe jede Methode des Präsentierens eines Geruchsartikels gesehen und daraus gefolgert, dass es das schlimmste überhaupt ist, dem Hund den Geruch aufzuzwingen. Ich nenne es Geruchsartikel-Aversion.

Folgendes haben Sie vielleicht auch schon gesehen:

> Der Hundeführer hat eine Socke in einer großen Plastiktüte und bereitet sich vor, diese seinem vertrauensvollen Hund zu zeigen. Er steht direkt beim Hund und hält diese gigantische Tüte, versucht gleichzeitig, den Hund zu halten, während er die Tüte öffnet (weil er vergessen hat, das Geschirr richtig anzulegen, bevor er zur Tüte gegriffen hat). Als er das Geschirr mit der Tüte in der Hand anlegt, nimmt sein Hund einen Hauch Geruch aus der Tüte wahr, weil sie nahe an seinem Kopf ist und hat nun den Geruch der Zielperson. Nachdem das Geschirr und die Leine korrekt angelegt sind und der Hundeführer fertig ist, öffnet er die Tüte etwas umständlich und legt diese vor seinen Hund. Da der Hund den Geruch bereits wahrgenommen hat (oder weil er weiß, was als Nächstes passiert), dreht er den Kopf weg und schaut in eine andere Richtung. Der Hundeführer ist verwirrt, nimmt die Öffnung der Tüte und versucht diese über die Schnauze seines vertrauensvollen Hundes zu stülpen. Weil dieses Manöver ein bisschen zu offensiv ist, wendet der Hund sich ab oder meidet die Tüte. Voilà! Geruchsartikel-Aversion!

Der Hundeführer hat gerade sein Bestes getan, um den Hund gründlich vom Genuss des herzhaften Geruchs eines Gesuchten zu entmutigen. Wenn überhaupt, hat er daraus eine lästige Pflicht ohne viel Spaß gemacht. Wenn dem Hund etwas keinen Spaß macht, wird er es nicht gerne tun. Wenn der Geruchsartikel keinen Spaß macht, besteht die Möglichkeit, dass der Hund den Geruch nicht wahrnehmen will und das mit dem Trail verbindet, besonders dann, wenn der Trail verwirrend und von vielen frischeren Gerüchen kontaminiert ist.

Meine Idee war immer, den Geruchsartikel interessant zu machen und eine größtmögliche Überraschung daraus zu machen. Wenn der Hund etwas riechen will, ist es viel wahrscheinlicher, dass er an dem Geruch festhalten wird. Nun – wie erreichen wir das?

Es ist wirklich nicht so schwer und man braucht nur ein System, mit dem man kurz

Beachten Sie, wie sich der Hund vom Gegenstand wegdreht.

und knapp auf den Punkt kommt. Oder, wie mein altes Armeeprinzip lautet: KISS – Keep It Simple, Stupid (Halte es kurz und einfach).

Es gibt nicht nur den »einen« Weg. Nutzen Sie einfach, was immer zu dem individuellen Hundeführer passt. Ich möchte Ihnen ein Beispiel geben, wie ich es jedes Mal mache, auch bei einfachen Übungstrails. Wenn der Hundeführer diese Methode immer wiederholt, wird er dies auch bei stressigen »Einsatz«-Trails tun. Man nennt es Muskelerinnerung, und sie ist ein Hauptbestandteil für jedes erfolgreiche körperliche Training.

Als Erstes ziehe ich meinem Hund das Geschirr an und halte meine lange Leine in perfekten Schlingen mit dem kurzen Ende am Halsband. Dann lasse ich ihn sich lösen, falls notwendig, und zwar vorzugsweise nicht in dem Gebiet, wo sich möglicherweise der Gesuchte aufhielt. Dies ist ein weiterer Grund, warum ich in Entfernung vom Einsatzort parke – ich will keinen Kotbeutel mit mir herumschleppen.

Ich bringe es mal auf den Punkt: Wenn ich mich auf eine wirklich wichtige Suche nach einer vermissten Person vorbereite und mein Hund kackt, ist das Letzte, was ich tun möchte, darüber nachzudenken, wie ich es aufhebe und wo ich es loswerden kann.

Dieses kleine Problem kann meine ganze Muskelerinnerungsroutine versauen und es sieht dazu noch blöd aus. Ich gehe nicht nur einfach Gassi, ich bin im Begriff, einen wichtigen Job zu tun. Hundekot schaufeln ist nichts weiter als Ablenkung. Wenn ich den Kot aufheben muss, weil es mich einfach nervt, tue ich das, wenn ich zurückkomme, denn er wird wahrscheinlich noch da sein.

Sobald ich Stellen mit Geruchspool und Kontamination herausgefunden habe und meine Anwesenden zusammen in einer Reihe an einer Stelle stehen, wo der Gesuchte am wenigsten langgegangen oder herumgegangen sein könnte, bringe ich meinen Geruchsartikel in einem Einmachglas an den Abgangspunkt. Ich versuche das Glas so zu öffnen, dass ich den Deckel leicht entfernen kann, ohne dass dabei Luft von draußen in mein Glas eindringt.

Aufstellen der Anwesenden in einer Reihe.

Den Umkreis des Ansatzpunktes auf der Grünfläche, die möglicherweise den Geruch hält.

Dann befolge ich die folgenden Schritte:

1. Ich gehe mit meinem Hund an allen in der Reihe stehenden Personen vorbei, damit er ihre Gerüche kennt und höchstwahrscheinlich ihre Trails ignoriert. Diese Methode nennt man auch »missing member« (fehlendes Mitglied) oder Geruchsinventur.
2. Ich setze meinen Weg auf dem Perimeter fort, von dem ich glaube, dass dieser die Gerüche der Anwesenden vom Herumgehen oder Herumstehen beinhaltet. Dies ist außerdem der Rand eines riesigen Geruchspools der Familienangehörigen von ihren täglichen Aktivitäten und könnte damit ein großer Perimeter sein.
3. Während ich diesen Perimeter abgehe, achte ich bei meinem Hund auf Kopfbewegungen, die jeden Ausgangstrail anzeigen. Ich ermutige ihn nicht oder halte ihn ab, ich vermerke sie einfach in meinem Kopf.
4. Ich bewege mich zurück zu dem letzten Ort, an dem mein Gesuchter gesehen wurde und zu der Stelle meines vorbereiteten Glases oder Geruchsartikels. Wenn ich ungefähr anderthalb Meter vom Artikel entfernt bin, wechsle ich vom Halsband aufs Geschirr und gebe ein bisschen Zug darauf. Ich versuche, nicht bei Gegenwind anzusetzen, weil ich nicht möchte, dass mein Hund den Artikel bereits aus der Entfernung riecht. Es muss eine Überraschung für ihn werden.
5. Ich nehme meine schön in Schlaufen gelegte Leine in meine freie Hand und fasse mit dieser oben ins Geschirr, halte also sowohl Leine als auch Geschirr mit meiner Hand.
6. Ich trete mit meinem rechten Fuß vor den Hund, beuge mich vor und hebe den Deckel des Glases. Wenn ich das tue, ist mein Hund immer sehr interessiert, was im Glas sein könnte und beugt sich erwartungsvoll nach vorn.

Jeff bei der Arbeit mit Raijin.

Jeff bereitet Anvak auf eine Geruchsaufnahme am Geruchspad im Glas vor.

7. Ich lasse zu, dass mein Hund zum Glas zieht, und sobald er mit der Nase den oberen Rand erreicht, gebe ich das Kommando zu suchen.
8. Wenn mein Hund vom Glas ablässt, lasse ich das Geschirr los und gebe Leine, behalte dabei aber meine exakte Position bei und versuche nicht, mich zu bewegen. Ich hole die Leine ein und aus (hängt davon ab, wohin und wie sich mein Hund bewegt), bis ich Trailverhalten sehe (oder auch nicht), das mit dem übereinstimmt, das mein Hund in der Vergangenheit hatte und mit dem er anzeigt, dass er den Geruch des Gesuchten hat und ihm folgen wird.
9. Sobald mein Hund Trailverhalten zeigt, folge ich ihm – und nur dann. Ich spreche nur bei kleinen Korrekturen.

Wenn mein Hund kein Trailverhalten zeigt, führe ich ihn in konzentrischen Kreisen umher und benutze die Länge meiner Leine als ein Messwerkzeug – etwa 7- bis 10-Meter-Intervalle – bis er anzeigt, dass er einen Trail hat oder nicht. Die Anzahl der Kreise hängt vom vorangegangenen Training und der Effizienz bei der Handhabung dieser Methode ab.
Ich erreiche mit dieser geruchlichen Bestandsaufnahme mehrere Ziele:

1. Ich habe die anwesenden Personen von der Geruchsspur ausgeschlossen.
2. Ich erlaube meinem Hund, eine Vorstellung von den bereits vorhandenen Geruchspools und Ablenkungen zu bekommen.
3. Mein Hund findet vielleicht während meiner Kreise um den Geruchspool einen Ausgangstrail des Gesuchten und nimmt kontaminierte Gerüche wahr.

Das Vorbeigehen vor allen Anwesenden und Ermittlern oder Familienangehörigen hilft meinem Hund, Trails zu eliminieren, denen er nicht folgen soll. Ausnahmslos sind diese Leute überall am Tatort und es besteht eine erhebliche Chance, dass ihr Geruch auch auf dem Geruchsartikel ist. Wenn der Hund nicht weiß, dass diese Leute anwesend sind, dass deren Spur frischer ist und dass ihr Geruch

Rajin versucht, nach der Geruchsaufnahme am Glas einen Trail zu finden.

Jeff folgt Anvak, sobald er den Trail findet und Trailverhalten zeigt.

unbeabsichtigt auf dem Geruchsartikel ist, könnte der Hund leicht der Spur eines Anwesenden, Ermittlers und Familienmitgliedes folgen.

Das Kreisen um den Geruchspool kann höchst informativ und hilfreich sein. Die meisten Häuser haben eine große Menge von familiärem Geruch sowie dem Geruch des Gesuchten, der sich tagtäglich dort aufhält – alles in einem kleinen Bereich rund um das Haus. Trailer können erhebliche Schwierigkeiten beim Ausarbeiten dieses kontaminierten Durcheinanders haben und ganz schnell einen alten Trail aufnehmen. Indem der Hundeführer sich beim Gehen um den Rand des Geruchspools mehr Zeit nimmt, gibt er dem Hund die Gelegenheit, den aktuellen Ausgangstrail wahrzunehmen. Wenn er dem Hund einen guten Geruchsartikel gibt, kann dieser leicht zurück zum Ausgangstrail gehen.

Die Präsentation des Geruchartikels ist ein wichtiger Faktor, um dem Hund dabei zu helfen, den Trail zu finden. Wenn der Start nicht gut ist, gibt es selten ein gutes Ende. Wenn man Aversionen hervorruft, weil man dem Hund den Geruchsartikel ins Gesicht stößt, ist die Wahrscheinlichkeit gegeben, dass der Geruch des Gegenstandes niemals vom Hund behalten wird. Wenn der Hund den Geruch des Gesuchten nicht registriert, wird er vermutlich nicht den richtigen Trail finden oder stattdessen einen falschen nehmen. So einfach ist das. Und wie mit allem, was ich predige, fordere ich die Leute auf, es auszuprobieren.

Wenn ein Hundeführer nicht glaubt, dass eine Geruchsaversion vorhanden ist oder dass sie den Hund abhalten könnte, den richtigen Trail aufzunehmen, sollte er es ausprobieren. Allerdings muss doppelblind getestet werden und mit Faktoren, die einen wirklichen Test ergeben.

Ich mache den Test so: Eine Person (Zielperson) geht von einem Ort los, den der Hundeführer aussucht, aber der Hundeführer und jeder, der bei ihm ist, während er den Hund arbeitet, begleitet weder die Zielperson, noch weiß der Hundeführer, was die Zielperson macht, bis er am Ansatzpunkt ankommt. Die Zielperson läuft mindestens anderthalb Kilometer und der Trail endet an einem völlig

Geruchsinventur

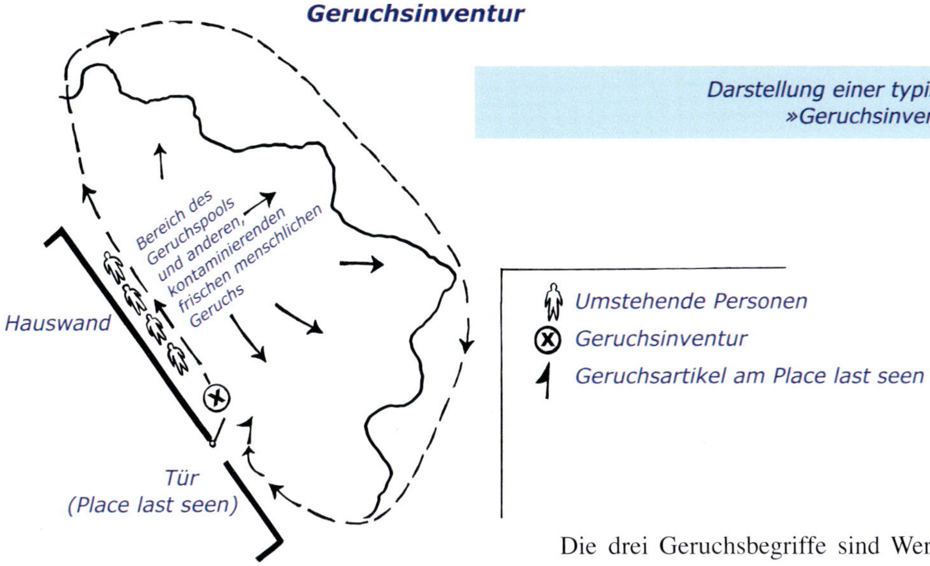

Darstellung einer typischen »Geruchsinventur«.

unbekannten Ort. Fünf weitere Personen werden eine Stunde später in das Gebiet gerufen und laufen einen Radius von 50 Metern in jede Richtung. Diese Leute können alle anwesend sein, wenn der Hundeführer den Hund startet. Der Hund kommt zum Ansatz und wird an einen guten Geruchsartikel der Zielperson angesetzt. Wenn der Hund den richtigen Trail aufnimmt und die Person findet, nehme ich meine Aussage zurück.

Die drei Geruchsbegriffe sind keine Regeln, die der Hundeführer wörtlich nehmen muss. Sie sind nichts weiter als ein Leitfaden, der es dem Hundeführer ermöglichen soll, auf Probleme vorbereitet zu sein und den Hund bei seinem Job zu unterstütztzen. Unser Job als Hundeführer ist es, Probleme zu minimieren und die Chancen auf Erfolg zu erhöhen. Der Job des Hundes ist nur, diesen Geruch zu finden und ihm zu folgen, vorzugsweise dem Geruch, auf dem wir ihn angesetzt haben.

Die drei Geruchsbegriffe sind Werkzeuge und Richtlinien, die Hundeführer gebrauchen können, um ihr eigenes System oder Programm zu entwickeln. Sie müssen es nicht genauso machen wie ich. Wenn Sie jedoch den Problemen, die ich geschildert habe, Beachtung schenken und Schritte unternehmen, um Ihre Einwirkung auf die Leistung Ihrer Hunde zu reduzieren, werden Sie mehr Gesuchte finden.

Hundeführer Kent Stuart zeigt auf seine Weise, wie er seinem Hund den Geruch präsentiert. Beachten Sie die aufgeregte Reaktion seines Hundes Gabe.

7 Trailleger und das

Was es mit echten Vermissten in echten Einsätzen zu tun hat

Vielseitigkeit trainieren

Trailleger sind ein Element in der Ausbildung, an dem ein Hundeführer in spe scheitern kann oder eben nicht. Trailleger sind alles, und wenn ein Hundeführer keine guten oder nicht genug verschiedene hat, wird sein Hund niemals wirklich hervorragend in der Geruchsunterscheidung sein. Meine Erfahrung mit Hunden, die immer wieder mit denselben Leuten trainieren, ist, dass sie dazu neigen, immer dem ersten oder dem frischesten Trail zu folgen, auf den sie treffen.

Meine Trainingsphilosophie beruhte immer darauf, wie ich beim Militär und für Strafverfolgungen trainierte, und das hieß, mit der Realität im Hinterkopf zu trainieren. Mit anderen Worten: Ich trainiere, wie ich arbeite. Wenn ich das nicht tue, könnte mein Arbeitsergebnis beeinträchtigt werden und mein Leben wäre in Gefahr. Dies gilt besonders für meine Diensthundearbeit bei der Polizei. Es wird von mir erwartet, dass ich jede Person finde, vom vermissten Kind bis zum bewaffneten Kriminellen. Wenn ich nicht mit diesen unterschiedlichen Szenarien im Hinterkopf arbeite, habe ich Schwierigkeiten, diese Leute zu finden.

Ein grundlegendes Problem, das ich als Hundeführer hatte, war, vermisste Alzheimer-Patienten zu finden. Mein Hund verlor diese Trails immer, auch wenn sie frisch waren. Ich hatte Schwierigkeiten zu verstehen, warum das so war, und erst Jahre später begann ich die Ursache des Problems zu erkennen. Ich hatte große Mühe, so vielseitig wie möglich mit meinen Traillegern zu sein, aber ich fand es nie nötig, mit einer Vielzahl von Menschen zu arbeiten, die medizinische oder psychologische Probleme haben. Ehrlich gesagt war mir nicht bewusst, dass es darauf ankam. Aber wie mit allem ist man hinterher immer klüger und jetzt weiß ich, dass Hunde wirklich mit der Nase sehen, und was wir als merkwürdiges Verhalten erkennen, basiert auf dem, was wir hören und sehen können; Hunde dagegen erkennen es mit ihrem Geruchssinn. Alzheimer-Patienten törnten meinen Hund ab und ich glaube ehrlich, dass er eine Aversion gegen den Geruch hatte. Auch wenn er ihm für eine Weile folgte, bevorzugte er es, sobald er etwas Interessanteres roch, lieber diesem Geruch zu folgen. Ich verstand zu diesem Zeitpunkt nicht, dass die Situation im Einsatzfall eine andere gewesen wäre, wenn ich mit einigen Alzheimer-Patienten geübt und mein Hund gelernte hätte, dass er eine Belohnung bekommt, wenn er diese findet. Zumindest habe ich daraus gelernt und jetzt gebe ich diese Information an andere Hundeführer weiter, wann immer das möglich ist: Trainiere, wonach du suchen wirst. Wenn du das nicht tust, wirst du es nicht finden!

Dies bezieht sich auch auf Alter, Geschlecht, Rasse und Herkunft. Wenn der Hundeführer nur mit weißen, fetten Männern trainiert, die eine Vorliebe für McDonalds haben, dann wird der Hund gut darin sein, diesen

Legen von Trails

Typ Mensch zu finden. Was eine Person einzigartig macht, ist nicht nur ihr genetischer Aufbau, sondern auch ihre Lebensumstände, Nahrungsvorlieben und -abneigungen, Körperpflege-Angewohnheiten, Kleidungsstil, Rasse, Alter, Geschlecht und vielleicht sogar Religion. Wenn die Situation eine Auswirkung auf den chemischen Aufbau eines menschlichen Körpers hat, dann hat sie auch Auswirkung auf den Geruch. Wenn der Hund keine Erfahrung mit einem Geruch hat, wird er diesen Geruch wahrscheinlich mit weniger Nachdruck verfolgen.

Hier ein perfektes Beispiel dafür: Ich veranstaltete vor kurzem eine Trainingseinheit mit der Mutter meines Zwingermeisters, Tamami, als Trailleger. Tamami besuchte Georgia und war gerade angekommen. Wir arbeiteten an Geruchsunterscheidungsproblemen, dazu komme ich noch in einem späteren Kapitel. In diesem bestimmten Fall legte ich einfach Zwei-Personen-Trails, so genannte Split Trails, die sich am Start trennen, und der Hund musste eine richtige Wahl aufgrund des Geruchsartikels treffen. Ich bat Tamami um einen Geruchsartikel für mein Glas und dann darum, einen kurzen, geraden, markierten Trail zu einem mir bekannten Versteck zu legen. Zur selben Zeit legte eine andere Person, ein ortsansässiger, weißer erwachsener Mann den anderen Trail, im Winkel weg von Tamamis Trail.

Ich holte den ersten Hund, der bis dahin sicher bei der Geruchsunterscheidung war. Die Hundeführerin führte die geruchliche Bestandsaufnahme durch und kreiste ihren Hund herum, in der Hoffnung, Kopfbewegungen zu erkennen, die einen Ausgangstrail anzeigten. Erstaunlicherweise zeigte ihr Hund nahezu keine Reaktion auf Tamamis Trail, aber nagelte sich auf der Verleitung fest wie auf Schienen. Die Hundeführerin ging zurück zum Ausgangspunkt, ziemlich genau auf Tamamis Trail, und präsentierte dem Hund den Geruchsartikel. Der Bloodhound ignorierte komplett den richtigen Trail und stürzte sich auf den Trail des weißen männlichen Erwachsenen. Selbst als der Hund korrigiert wurde, wollte er den falschen Trail nicht verlassen. Es war so, als würde der richtige Trail gar nicht existieren.

Tamami bereitet den Geruchsartikel für den Split Trail vor.

Ich ahnte, dass das passieren könnte, deshalb hatten wir das so geplant. Tamami kommt aus Japan und war erst einen Tag zuvor angekommen. Ihre Ernährung und die Lebensumstände sind völlig anders, als die von jedem anderen hier in Canton, Georgia. Ich glaube, dass der chemische Aufbau ihres Geruchs unterschiedlich genug war, dass er nicht vom Hund erkannt wurde und er kein Interesse daran hatte.

Wir erstellten dieses Szenario noch einmal und brachten einen zweiten Hund namens Anvak dazu, der zu diesem Zeitpunkt ebenfalls sicher war. Dies war ein Hund, den ich persönlich für die Strafverfolgung trainiert hatte. Ich hatte mir große Mühe gegeben, ihn jeder Situation und jeder möglichen Person auszusetzen, aber ein japanischer Einwohner war neu. Hingegen hatte Phoebe, meine Zwingermeisterin, bei zahlreichen Gelegenheiten für mich Trailleger gespielt. Anvak dockte sich auf den Trail von Phoebes Mutter ohne Probleme ein. Er musste auch den Ablenkungstrail zuerst passieren, um auf den richtigen Trail zu kommen. Warum er das so gut machte? Ich denke, dass in diesem Fall der familiäre Geruch der Grund war – Mutter zu Tochter. Anvak nahm die Ähnlichkeit wahr, und auch wenn da einige Unterschiede sein mochten, hatte er kein Problem damit, diesem Geruch zu folgen.

In vielen Fällen hat sich bei praktischen Übungen ebenso wie bei Einsätzen genau dieses Szenario ereignet. Daher habe ich Vielseitigkeit zu einem wichtigen Teil meines Trainingsplans für die Hunde gemacht, die wir persönlich trainieren, ebenso für Hundeführer, die zu uns zum Training kommen. Wenn keine Bemühungen erfolgen, den Pool an Traillegern regelmäßig zu ändern, wird der Hund nie so gut sein, wie er sein könnte.

Die Quintessenz ist: Wenn ein Hundeführer denkt, dass eine Person auf irgendeine Weise anders ist, sollte die Person eine Trainingsmöglichkeit sein. Versuchen Sie, diese Person vor Ihren Hund zu bekommen! Ich höre oft Ausreden von meinen Schülern über ihre Schwierigkeiten, neue Trailleger zu bekommen. Wenn dies ein Problem ist, arbeitet der Hundeführer nicht hart genug daran oder er lebt in einer Zehn-Personen-Stadt. Hundeführer werden hiermit aufgefordert, ihre Phantasie spielen zu lassen. Wenn sie es nur nachdrücklich genug wollen, werden sie einen Weg finden. Hier sind einige Beispiele meines Personenkreises, auf den ich zurückgreife:

1. Schüler aus Grundschule, Mittelstufe, Oberschule und Hochschulstudenten
2. Jeder Nachbar, den man überreden kann
3. Jedes Familienmitglied
4. Leute in Altersheimen
5. Leute aus dem Obdachlosenheim
6. Leute, die die Straße entlanglaufen und die ich interessant finde
7. Pfadfinder (Mädchen und Jungen)
8. Personen mit unterschiedlichen Behinderungen
9. Drogenabhängige
10. Psychisch Kranke

Anvak findet.

Wichtig ist, nicht schüchtern zu sein. Fragen Sie alle und jeden. Vielfältigkeit ist der gemeinsame Nenner.

Psychologische Probleme, Gehirnerkrankungen, Drogen

Ich sprach dieses Problem bereits an, aber ich möchte an dieser Stelle noch einmal tiefer darauf eingehen. Wie bei jeder Emotion glaube ich, dass jede Art von psychologischer und chemischer Störung des Gehirns (Drogen) ein neues Geruchsbild für den Hund darstellt und einige Hunde diese Problematik nicht sonderlich mögen. Ich hatte einmal einen Hund, der den Geruch von Alzheimerpatienten genauso wenig mochte wie den Geruch anderer Demenzarten. Methamphetamin-, Heroin- und Kokainsüchtige ließen ihn dagegen geradezu die Wände hochgehen und er jagte sie zielsicher. Damals, als wir damit zu tun hatten, verstand ich es nicht, aber wenn ich heute zurückblicke, erklärt es sich von selbst.

Ich wünschte, ich könnte Ihnen erklären, was Hunde »abfahren« lässt und warum genau, aber ich habe noch keine Antwort darauf. Dazu brauche ich noch mehr Aufschluss aus Doppelblind-Studien und ich habe gerade erst begonnen, damit zu experimentieren. Allerdings habe ich bei Einsätzen und bei einfachem Kontakt mit Hunden, die Probleme mit solchen Menschen haben, genug gesehen, um zu einigen Schlussfolgerungen zu gelangen.

Hunde wissen, dass es einen Unterschied gibt, und dieser Unterschied ruft eine Aversion hervor. Ich glaube, dass sie den Unterschied wahrnehmen, der durch chemische Veränderungen im Gehirn der Person entsteht, wenn diese durch Drogen oder Psychosen erzeugt wurden. Etwas ist anders, aus der Geruchsperspektive betrachtet, und Hunde nehmen es offensichtlich wahr.

Ein aktuelles Beispiel betraf einen Obedience-Kunden mit einem erwachsenen Hund und einem Welpen. Uns wurde mitgeteilt, dass der Welpe einige Probleme mit einem Mitarbeiter namens David habe, der in einem anderen Bereich auf dem Grundstück lebte. Der Hund würde sich ducken, wegrennen oder den Mann allgemein meiden, wenn er in der Nähe war. Das Verhalten und die Körpersprache, die beschrieben wurden, klangen ähnlich wie die Situationen, die ich in der Vergangenheit gesehen hatte, weshalb ich unseren Kunden und David zu einer Beurteilung bat.

Zuerst ließ ich ihn den Welpen und David getrennt bringen. Insbesondere wollte ich, dass sie einzeln und in getrennten Autos ankamen und dass der Welpe zuerst kam. Der Welpe wurde erst kürzlich bei uns trainiert und liebte die Leute und den Ort. Er war in bestimmten Situationen eher sensibel und zeigte eine allgemein höhere Achtsamkeit in neuen Situationen, aber insgesamt war er ein niedlicher Hund, der menschliche Interaktion mochte. Als er ankam, war er fröhlich, begrüßte jeden und war auf Action aus. Nachdem er sich beruhigt hatte, brachten wir ihn in einen anderen Teil des Hofes und ließen den Arbeiter hereinfahren, parken und auf einer Bank an der Schutzmauer sitzen. Ich richtete es so ein, dass der Wind für den Welpen ungünstig war, bis er relativ nah bei David war.

Als für den Test alles fertig war, holten wir den Welpen, der sich aufgeregt darüber freute, wieder da zu sein. Als er die Stufen in Richtung unseres Parkplatzes ging und an der Stelle der Schutzmauer vorbeikam, änderte sich plötzlich seine ganze Körperhaltung. Er kroch, zog die Rute ein und machte sich flach. Er schaute zu David herüber und versuchte zu fliehen.

David und Wolfsspitz-Welpe Tucker. Beachten Sie Tuckers gesenkte Rute und seine zurückweichende Haltung.

Sein Besitzer merkte sofort, dass dies das Verhalten war, das er meinte.

Ich bat David, sich tief hinunter zu neigen, sanft zu rufen und zu versuchen, den Welpen mit Leckereien zu locken, aber der Welpe wollte nichts mit unserem Test zu tun haben. Er war tatsächlich voller Panik.

Man sagte mir, dass David immer mit anderen Hunden zu tun hatte und nie irgendwelche Probleme bemerkt wurden. David war freundlich und unbekümmert und hatte nie eine schlechte Erfahrung mit anderen Leuten oder Hunden im Haushalt gemacht. Mir wurde auch gesagt, dass bei David vor vielen Jahren Schizophrenie diagnostiziert wurde, die laufend mit Medikamenten behandelt würde. Er neigte aber nicht zur Gewalt und hatte generell einen guten Charakter, sodass durchschnittliche Menschen sein Problem nie bemerken würden.

Egal, was wir probierten – und wir probierten eine Menge – wir konnten nur erreichen, dass der Welpe David tolerierte, aber nie, dass er in seiner Nähe sein wollte. Wir konnten eine Reaktion konditionieren, aber die Möglichkeit einer »Freundschaft« zwischen David und dem Welpen war nicht gegeben. Trotzdem wollte ich Reaktionen mit anderen Hunden testen.

Als erstes holte ich Anvak, einen sehr speziellen Deutschen Schäferhund, den wir für eine Polizeidienststelle in Kalifornien trainierten. Er wurde als Trailer und Betäubungsmittelspürhund für eine Behörde ausgewählt, die eng mit einem Krankenhaus für Kriegsveteranen zusammenarbeitete. Wir brauchten einen Hund, der eine natürliche Empathie für Leute hatte und keine Angst zeigte oder schnell überreagierte. Anvak war als junger Welpe bei unseren Tests auf allen Ebenen hervorragend gewesen und hatte es in seiner Ausbildung weit gebracht. Er wurde ständig allen erdenklichen Personen und Situationen ausgesetzt.

Anvak hatte neue Leute in der Vergangenheit immer überschwänglich begrüßt. Mit Sicherheit würde er die Begrüßung initiieren und darum bitten, angefasst zu werden. Dies ist eine liebenswerte Eigenschaft, die ihn für die Zusammenarbeit mit einem Krankenhaus qualifiziert hatte. Ich hatte noch nie eine Situation erlebt, in der er Angst hatte. Ich holte Anvak ohne Leine und ließ ihn frei laufen. Er kam zu unserem Kunden und schließlich zu David, der immer noch an der Schutzmauer saß. Als Anvak den Kunden bemerkte, rannte er auf ihn zu und lief ihn beinahe über den Haufen, so freute er sich. Nach ein paar Sekunden sah er David und sprang in seine Richtung. Nach ein paar Schritten wurde er langsamer, senkte die Rute, die Ohren gingen herunter, aber

Anvak zeigte ebenfalls eine leicht nervöse Körpersprache, was absolut untypisch für ihn war.

sein Körper bewegte sich vorwärts. Es war offensichtlich, dass er etwas wahrnahm, und aufgrund seines Verhaltens war ich überzeugt, dass er auf Davids Geruchspool traf.

Anvak hielt nicht an, aber es gab eine gut zu erkennende Verzögerung. David reagierte normal und redete schmeichelnd auf Anvak ein, wobei er versuchte, sich klein zu machen. Bei der Arbeit mit dem Welpen hatte er gelernt, wie man sich bei einem Hund beliebt macht. Anvak wollte noch immer gerne angefasst werden, aber er war etwas vorsichtiger. Er beendete die Begrüßung und entfernte sich schnell. Die Zeit, die er bei David war, erschien mir kürzer als bei anderen in ähnlichen Situationen.

Ein Test ist kein echter Test, wenn man keine anderen Variablen und Testpersonen verwendet, um ein Muster nachzuweisen. Ich entschied mich deshalb, einen zweiten Hund zu holen – einen anderen Deutschen-Schäferhund-Welpen, der erst elf Wochen alt war. Wir hatten Yumi als Assistenzhund-Kandidaten für einen autistischen Jungen ausgesucht. Wir wählten Yumi aufgrund ihrer außergewöhnlich hohen Toleranz gegenüber allen Formen von Chaos und Ablenkung, vor allem aber wegen ihrer Zuneigung zu Menschen und ihrer natürlichen Empathie, die weit über dem Durchschnitt anderer Hunde lag. Ich holte Yumi unter denselben Voraussetzungen und war sprachlos, als ich beinahe das gleiche Verhalten beobachtete wie bei Anvak. Yumi lief unerschrocken hin und bat um Zuneigung, aber auch in diesem Fall war ihre Rute tiefer, die Ohren lagen zurück und ihre Vertrauensebene war offensichtlich niedrig. Wie Anvak verließ sie David früher, als ich es von anderen Personen kannte.

Ich inszenierte diese Tests bewusst mit Geruchswahrnehmung, daher wehte der Wind immer so, dass die Hunde David zuerst sahen, bevor sie ihn rochen. Erst als sie dann in seine Nähe kamen, nahmen sie den Geruch wahr.

Die einzige Variable, die ich nicht kontrollieren konnte, war Davids psychologische Reaktion bei den Tests. Er nahm offensichtlich an, dass wir die Reaktionen der Hunde an ihm testeten, und obwohl er keine sichtbaren Hinweise darauf zeigte, dass er sich unwohl fühlte, ist es denkbar, dass die Tests eine Veränderung in seinem normalen Verhalten bewirkten. Das verzerrte möglicherweise die Tests in Bezug auf die Reaktionen der Hunde, die wir beobachteten. Eigentlich hätte man also einen weiteren Test aufstellen müssen, bei dem David ahnungslos war. Leider war es uns zu dem Zeitpunkt, als ich dieses Kapitel schrieb, nicht möglich, einen weiteren Test auszuführen, aber ich hoffe, später noch einmal darauf zurückzukommen. Trotzdem: Auch wenn David aufgrund der Situation ein wenig aus dem Gleichgewicht war, glaube ich, dass die Tests schon aussagekräftig waren. Ich entschloss mich, ein weiteres Szenario hinzuzufügen.

Ich brachte alle Hunde und David weg vom Grundstück. Ich erklärte ihm, was Trailing ist und wie Hunde dem menschlichen Geruch folgen. Ich bat ihn dann, einen einfachen Trail auf weichem Untergrund zu legen und sich im nahen Wald zu verstecken. Nachdem David weg war, ließ ich den Trail ein wenig altern, ging zurück zu unserer Einrichtung und holte Anvak. Sein zukünftiger Job würden genau solche Situationen sein. Wenn ein behinderter Veteran das Krankenhaus verließ, in dem Anvak arbeitete, würde von ihm erwartet, diesen Veteranen zu finden. Ich brachte Anvak zum Ansatzpunkt und startete ihn, wie ich es in jeder anderen Situation auch tun würde. Nach der Präsentation des Geruchsartikels nahm Anvak Davids Trail auf und fand ihn, soweit ich sehen konnte, ohne Probleme.

Die einzige Änderung, die ich an seinem Verhalten bemerkte, war am Ende, als Anvak körperlichen Kontakt mit David bekam. Bisher hatte er die Zielpersonen immer beinahe umgeworfen, weil er so glücklich war, sie zu sehen. Anvak war ein überaus großer Deutscher Schäferhund und benahm sich wie ein Riesenbaby. Er wusste nicht, wie riesig er war und war der Meinung, er könne sich auf alle einfach draufwerfen. Zum Zeitpunkt des Tests war er erst ungefähr 18 Wochen alt. Es war offensichtlich, dass Anvak glücklich war, David gefunden zu haben und seine Belohnung (Futter) wollte, aber er rannte nicht mit der gleichen Unbekümmertheit zu David, die ich in der Vergangenheit bei anderen Trainingseinheiten gesehen hatte. Er kam freudig an, allerdings langsamer und sprang nicht auf Davids Schoß.

Unglücklicherweise war es mir nicht möglich, die Situation mit einem anderen Hund oder zu einer anderen Zeit zu testen. Trotzdem bestärkten diese Tests mich in meiner Meinung, dass Leute mit gewissen psychischen Erkrankungen, egal ob genetisch oder chemisch bedingt, Auswirkungen auf den Hund haben. Was das für Auswirkungen sind und auf welcher Ebene der Hund darauf reagiert, ist unmöglich zu bestimmen. Man kann nur so viel sagen, dass mehr Studien dazu durchgeführt werden müssten. Vielleicht könnten Hunde zukünftig genutzt werden, um solche Probleme zu entschlüsseln und uns mit einem relativ kostengünstigen, aber zuverlässigen Frühwarnsystem unterstützen. Die gute Nachricht für mich war, dass Anvak Leute mit diesen Erkrankungen suchte. Er mochte es nicht so sehr, aber ich war überzeugt, dass er mit wiederholtem Training schließlich eine Person mit Schizophrenie genauso finden würde wie jede andere.

Durch meine Pensionierung von der Polizei und mein jetziges Leben als Hundetrainer hatte ich begonnen, mit Kindern in unterschiedlichen Stadien von Autismus zu arbeiten. Genau wie bei Alzheimerpatienten bemerkte ich einen Unterschied bei Hunden, die autistische Kinder verfolgten. Ich kann nicht genau erklären, was es ist, aber die Hunde, die ich testete, verfolgten diese Kinder nicht sehr gut. Wenn ein Hund das erste Mal auf dem Trail eines autistischen Kindes arbeiten muss, springt er auf einen anderen Trail über.

Ich begann dies eigentlich schon vor einiger Zeit zu vermuten, aber ich bekam erst in den letzten Jahren die Gelegenheit, es wirklich zu testen. Da ich mit Assistenzhunden für Kinder mit Autismus arbeite, gibt es Zeiten, in denen sich Familien für das Trailen oder Fährten der Assistenzhunde interessieren, in der Hoffnung, sie als Helfer für den Fall einsetzen zu können, dass ihr Kind vermisst wird. Dies veranlasste mich, ein interessantes Trainingskonzept zu entwickeln, gab mir aber außerdem die Möglichkeit, Hunde zu testen, die absolut keinen Hang zu autistischen Kindern hatten.

Für einen Test bat ich eins unserer Kinder, Tyler, mir bei einem Trail für Bodie zu helfen, einen tollen, gelben Labrador, der von einer meiner ersten Schülerinnen und heutigen guten Freundin und Top-Ausbildern Pam Nyberg geführt wird. Zu diesem Zeitpunkt war Bodie noch einer unserer Schüler in der Ausbildung zum Trailhund. Tyler wurde gebeten, allein loszugehen und wurde letztendlich von seinem Vater am Ende eines entfernten, aber eingezäunten Fußballfeldes der Schule angehalten. Bodie hatte einen tollen Geruchsartikel – schmutzige Shorts, die frisch in einen großen, neuen Ziploc-Beutel gesteckt und nicht berührt worden waren.

Pam startete Bodie an diesem Geruchsartikel und er nahm einen Trail auf (jeder Beobachter konnte Trailverhalten erkennen). Nach ungefähr 15 Metern fing Bodie an zu zögern, hob den Kopf und verließ den Trail. Er wechselte nicht auf einen anderen Trail – er verließ ihn einfach. Pam erkannte dies an der Körpersprache und befahl Bodie zu arbeiten. Als guter Trailhund befolgte Bodie das Kommando und folgte Tylers Trail.

Interessanterweise verließ er den Trail, als er Tyler fand und zeigte keine Anzeige oder ein anderes Verhalten an der Person. Bodie war darauf trainiert, zu sitzen, ging jedoch hier einfach weg, als er fertig war.

Wir testeten an diesem Tag noch ein paar andere Hunde an Tyler und in einigen späteren Trainingseinheiten noch mit neuen Hunden und neuen Hundeführern, mit unterschiedlichem Erfolg. Unterm Strich waren alle Hunde geringfügig »unterschiedlich«, sie alle schienen sich einzulaufen, jedoch fehlte ihnen völlig ihr übliches Auftreten. Interessanterweise suchte Bear, Tylers Assistenzhund, wie verrückt und ohne zu zögern auf jedem Trail nach ihm. Vielleicht lag es an der Bindung, die Tyler mit Bear hat und der Tatsache, dass Bear den ungewöhnlichen Geruch sehr gut kannte. Der Geruch, der für die neuen Hunde seltsam war, war für Bear ganz normal. Deshalb empfehlen wir, mit einem Welpen als Assistenzhund zu beginnen, der mit dem Kind aufwächst, bevor wir mit ihm die Trailausbildung beginnen.

Georgia K.9 SVC Dog Foundation, Assistenzhund Bear II beim Trailtraining nach Tyler.

Georgia K.9 SVD Dog Foundation, Assistenzhund Bear II mit Tyler, außer Dienst. Die Bindung ist der Schlüssel für diese Arbeit.

Genau das ist es auch, was Hundeführer mit ihren eigenen Hunden tun sollten. Sie sollten Leute mit Problemen finden, wie sie bei Einsätzen vorkommen können, und ihre Hunde darauf trainieren. Wenn Hundeführer versäumen, dies zu tun, ist von vornherein klar, dass sie nicht so erfolgreich sein werden, wie sie eigentlich könnten.

Wenn ein Hundeführer denkt, dass er Leute mit Alzheimer, Schizophrenie oder anderen Arten von Erkrankungen mit Heimunterbringung suchen wird, empfehle ich, dass er Kontakt zu den entsprechenden Einrichtungen in seiner Gegend sucht. Er sollte sich und seine Behörde oder Rettungshundestaffel vorstellen und sich Zeit nehmen, zu erklären, was er macht, wie er es macht und welche Leidenschaft er für diesen Job hegt. Der Hundeführer muss den Leuten dabei helfen, zu verstehen, dass er die richtige Geruchsquelle braucht, um gut mit seinem Hund arbeiten und erfolgreich trainieren zu können. Wenn das Personal dieser Einrichtungen versteht, dass vielleicht eines Tages ein Hundeführer genau für diese Art von Suche zu ihrer Einrichtung in den Einsatz gerufen wird, werden sie ihm auch auf jede mögliche Weise behilflich sein.

Wenn dann der Hundeführer einmal die Erlaubnis bekommt, einige Tests zu machen, sollte er als Erstes ein paar Mal seinen Hund mitnehmen, damit dieser die Patienten kennenlernen kann. Er muss herausfinden, ob sein Hund Aversionen gegen die betreffenden Erkrankungen hegt oder andere Reaktionen zeigt. Hilfreich ist, dies zu filmen, damit der Hundeführer die Körpersprache seines Hundes besser zu analysieren lernt, denn beim ersten Mal wird er es nicht schaffen, alles mit eigenen Augen wahrzunehmen.

Wenn der Hundeführer dann einmal ein allgemeines Verständnis dafür entwickelt hat, wie sein Hund reagiert, sollte er eine Person mit einer Erkrankung einen einfachen Trail für den Hund legen lassen. Natürlich muss er Vorkehrungen treffen, um sowohl den Patienten zu sichern als auch eine gute Trainingssituation einzuhalten. Möglicherweise braucht er dazu die Unterstützung eines Pflegers. Ich habe eine Trainingsmethode für jede Art von Behinderung entwickelt, die es der Zielperson unmöglich macht, eine feste Richtung einzuhalten. Wie bei schwerem Autismus können Erwachsene, die sich im fortgeschrittenen Stadium von Demenz oder Alzheimer befinden, nichts anders mehr tun als einfach vorwärts zu gehen. Einer bestimmten Richtung zu folgen kann für sie unmöglich sein. In solchen Situationen kann der Patient zwar zuhören, aber zu

Georgia K.9 SVD Dog Foundation Assistenzhund Caleb und einer der Jungs, James, nach einer Trail-Trainingseinheit. James und auch sein Bruder Eric sind Autisten.

hören, was gesagt wurde und es befolgen sind zwei Paar Schuhe.

Ich mache es so: Ich erzähle dem Pfleger genau, was ich tue, und erkläre jeden Schritt des Trailingsprozesses, den ich für diese Übung entwickelt habe. Wenn diese Person dann eine genaue Vorstellung davon bekommen hat, begreift sie eher, wie mein Hund arbeitet und warum ich Dinge auf eine bestimmte Art tue. Ich suche mir eine Trainingsstelle, die relativ groß ist und wo, so weit wie möglich, Zäune oder Barrieren vorhanden sind, die nicht von Bäumen oder Sträuchern bedeckt sind. Ich mag Schulen, da dort gewöhnlich in der Mitte ein Gebäude steht, das von Zäunen, Schulhöfen und Spielplätzen umgeben ist. Wenn ich am Wochenende dorthin gehe, ist es recht ruhig, ohne viel Tumult.

Als Nächstes bringe ich die Person zu der Stelle, wo ich arbeiten möchte, platziere sie in die Richtung, in die sie gehen soll und lasse sie einfach laufen. Ich bitte den Pfleger, sich zwar in der Nähe, aber weit genug weg aufzuhalten, so dass sein Geruch sich nicht mit dem der Zielperson vermischt oder der Hund diesen Geruch noch vor dem der Zielperson wahrnehmen kann. Der Punkt ist, dem Hund die Möglichkeit zu geben, den Geruch der zu suchenden Person ohne Probleme zu isolieren und die Person rechtzeitig zu finden, bevor sie zu weit läuft. Meine Trails sind wirklich kurz, aber ich bekomme schnell ein Gefühl dafür, wie mein Hund diese Art des Geruchs arbeitet und bin nie überrascht, wenn ich Unterschiede zu seinem sonstigen Trailverhalten erkenne. Durch einfache Wiederholungen mit Belohnung lernt der Hund, dass es völlig okay ist, diesem Geruch zu folgen. Ganz wichtig ist, dass ich dem Pfleger nicht erlaube, zusammen mit der Zielperson zu gehen, weil das es mir unmöglich machen würde, festzustellen, welchen Geruch der Hund tatsächlich arbeitet.

Als ich noch Streifenpolizist war und zwischendrin genug Zeit für Training blieb, nutzte ich oft beliebige Zielpersonen von der Straße. Wenn ich bei jemandem ein interessantes Benehmen, eine bestimmte Rasse oder Behinderung sah, wollte ich dies für mein Training nutzen. Üblicherweise bot ich dem an der Ecke stehenden Typen, der gern vorbeifahrende Autos anschrie, ein oder zwei Dollar an und ließ ihn einen kurzen Trail laufen. Sicher gab es Zeiten, wo ich meinen Hund nicht nahe an den Typen ranließ, wenn er ihn fand, aber es war eine prima Übung.

Wahrscheinlich habe ich dieses Thema inzwischen totgeredet, aber, liebe Hundeführer, bitte nehmen Sie sich die Zeit und trainieren Sie mit unterschiedlichen Menschen. Hin und wieder eine Kleinigkeit springen zu lassen macht dieses Training übrigens wesentlich einfacher!

Legen von Übungstrails

Nicht nur, dass es für einen Hundeführer wichtig ist, neue Leute zu nutzen, wichtig ist auch, dass die Leute das tun, was man ihnen sagt. Ansonsten sollte sich der Hundeführer lieber auf etwas Chaos auf seinem Trail einstellen. Auch ist während des Trailens die beste Zeit für den Hundeführer, seinen Hund von Mal zu Mal wirklich besser lesen zu lernen. Der Hund hat die Fähigkeit, direkt auf Anhieb etwas zu erfassen, aber die Fähigkeit des Hundeführers, ihn zu lesen, ist sehr beeinträchtigt, weil er in einer anderen Welt von Reizen lebt. Während der Hund alles mit seiner Nase entdeckt, aufspürt und untersucht, macht ein Mensch dasselbe mit Augen und Ohren.

Die menschliche Welt ist so völlig anders und es kann langwierig und mühselig sein, den Hund lesen zu lernen. Der Durchschnittsmensch ist nicht sonderlich gut darin, auch nicht nach Training. Ein guter Hundeleser ist teils Empath wie der Gal bei Star Trek »Die nächste Generation« und teils Autist mit dem Savant-Syndrom wie in »Rainman«. Die schlechtesten Hundeleser sind die sehr linear denkenden, die alles genau erklärt haben müssen. Wenn das Hirn eines Hundeführers sehr analytisch veranlagt ist und die Verarbeitung von großen Datenmengen darin ein Mittel zum Zweck ist, wird er Schwierigkeiten haben, Hunde zu lesen. Das heißt nicht, dass es nicht funktioniert, aber der Prozess kann etwas länger dauern und wird etwas schwieriger sein.

Einige der besten Hundeleser, mit denen ich zusammengearbeitet habe, sind sehr erfolgreiche Jäger. Es sind Männer und Frauen, die im geschickt im Bemerken visueller Hinweise direkt vor ihrer Nase sind, wie etwa darin, ein umgedrehtes Blatt Laub in einem Meer ähnlicher Blätter zu erkennen, wenn der einzige deutliche Unterschied der ist, dass das Blatt seitlich etwas dunkler ist und damit verrät, dass es kürzlich umgedreht wurde. Diese Leute verbringen oft auch viel Zeit auf dem Feld und beobachten Tiere in ihrer natürlichen Umgebung. Solche Jäger beobachten normalerweise viele Tiere, die ihre Nase benutzen wie Hunde, und sie werden, ohne es zu wissen, Experten im Lesen der Körpersprache.

Hier ein gutes Beispiel: Der Jäger beobachtete einen Hirsch, der sich auf dem Trail einer Ricke bewegte, die Stunden zuvor dort entlang gelaufen war. Der Jäger wusste das, weil er die Ricke zuvor beobachten konnte. Aber auch ohne dieses Wissen konnte er die Körpersprache des Hirsches lesen, weil er dies viele Male zuvor gesehen hatte – Nase unten, Wedel (in der Jägersprache der Schwanz des Hirsches) aufgestellt, speichelndes Maul und Vorwärtsbewegung in halsbrecherischer Geschwindigkeit. Der Hirsch ist auf dem Trail einer Ricke und der Jäger weiß dies instinktiv.

Der Jäger hat diese Körpersprache durch einfaches Beobachten instinktiv gelernt. Teil dieses Prozesses ist auch, den Ort des Trails zu kennen, aber das wirkliche Wissen kommt vom genauen Verständnis, was der Hirsch verfolgt.

Übungstrails sind genau dasselbe, aus der Perspektive des Hundeführers betrachtet. Damit der Hundeführer wirklich versteht, wie der Hund worauf reagiert, muss er Kenntnisse vom Trail haben, bevor der Hund darauf angesetzt wird. Ein blinder Trail ist ein großartiges Werkzeug, aber schlecht, wenn es darum geht, die Körpersprache eines Tieres zu interpretieren, vor allen Dingen dann, wenn diese Körpersprache mit der Reaktion auf eine Fähigkeit assoziiert wird, die Menschen gar nicht besitzen. Menschen sind so weit davon entfernt zu wissen, was der Hund wahrnimmt, dass das Interpretieren seiner Reaktionen wirklich unmöglich ist, ohne genau zu sehen, worauf er reagiert.

Ein anderes Problem ist das Timing. Der Hundeführer sieht eine Reaktion, die erst einmal in seinem eigenen Hirn registriert werden muss. Das Gehirn muss dann über den Fall der Reaktion nachdenken. Zu diesem Zeitpunkt ist der Hund bereits bei der nächsten Reaktion angekommen, da die Verarbeitung von Gerüchen für den Hund wie ein schnell fließender Fluss ständig in Bewegung ist, und trotzdem muss er jedes Molekül verarbeiten. Wenn ein Hundeführer eine Reaktion des Hundes auf menschlichen Geruch liest, muss er einfach elementares Wissen darüber haben, was sie verursacht haben könnte. Etwas anderes zu tun würde bedeuten, dass der Hundeführer immer dann reagiert und verarbeitet, wenn sich der Strom, der seine Aufmerksamkeit erregt hat, schon an ihm vorbei bewegt hat. Wenn er all das in seiner Erinnerung zu einer flüssigen und schnell fließenden Erfahrung verarbeitet, überlässt er vieles dem Zufall. Wenn ein Hundeführer aber im Voraus über die Klippen und Untiefen im Geruchsstrom Bescheid weiß, bevor der Hund Geruch aufnimmt, könnte er nachträglich zu einem besseren Verständnis der Wirbel und Pools gelangen.

Der beste Weg, dies zu erkennen, besteht darin, Trainingstrails sehr gut zu markieren, damit sich der Hundeführer Verhaltensweisen aneignen kann, die darauf basieren, wie der Gesuchte gelaufen ist. Die Trails müssen so gut markiert sein, dass sich der Hundeführer auf den Hund konzentrieren kann, während dieser arbeitet, und nicht die Markierungen suchen muss. Die Markierungen werden so gut gesetzt, dass sie für den Hundeführer am Rand liegend unterschwellig wahrgenommen werden. Auf diese Art bekommt der Hundeführer die Möglichkeit, den Hund zu beobachten und zu lesen, weil er sich wenig Gedanken über Ursache und Wirkung machen muss. Wenn der Trail unbekannt ist und eine

Typisches Training auf einem markierten Trail.

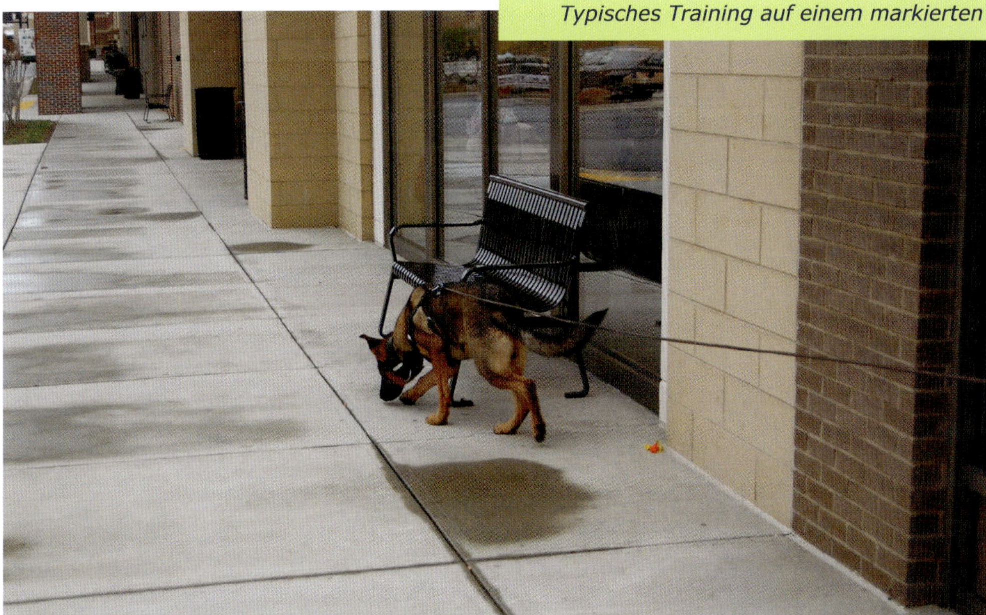

Dieser Hundeführer läuft nach den Markierungen, während er eigentlich hinter seinem Hund sein sollte. Achten Sie auf die in geknickter statt gerader Linie über der rechten Schulter des Hundes zum Hundeführer verlaufende Leine.

merkwürdige Änderung in der Körpersprache des Hundes geschieht, muss der Hundeführer die Reaktion verarbeiten und dann versuchen, auf frühere Erfahrungen zurückzugreifen, um die Reaktion des Hundes zu verstehen. Wenn es keine frühere Erinnerung gibt, dann wird die Körpersprache falsch gedeutet und möglicherweise überhaupt nicht registriert.

Das zweischneidige Schwert ist, dass die Markierungen selbst zu unterschwelligen Botschaften werden: Sie machen es dem Hundeführer schwer, sich von ihnen weg zu bewegen. Der Hundeführer führt seinen Hund schließlich dahin, wo er denkt, dass der Geruch ist, nicht dahin, wo der Geruch tatsächlich hin geweht wurde. Die Markierungen sind dazu da, um einfach Ursache und Wirkung zu lesen, und nicht als Führung für den Hundeführer, der zu wissen glaubt, wo sein Hund laufen sollte. Die Fahnen können auch zu Geruchsmarkierungen für die Hunde werden und sie können sie aus der Entfernung wahrnehmen. Man erkennt das leicht, weil man den Hund nach Fahnen suchen sieht. Ich benutze lieber Malkreide zur Markierung, weil ich denke, dass der Hund mogeln könnte, wenn man die Fähnchen benutzt, Kreide gibt es in den Farben Rot, Gelb, Blau, Weiß, Orange und Lila. Sie ist billig und kann gut zum Markieren von Abbiegungen benutzt werden.

Trails sollten so markiert sein, dass sie leicht aus einer Entfernung von mindestens 15 Metern gesehen werden. So muss der Hundeführer beim Laufen nicht explizit danach suchen. Wenn ein Trailleger den Trail markiert, bitte ich ihn, seine Markierungen so zu platzieren, dass er auf eine Linie aus Fahnen sehen kann, die zu seiner gegenwärtigen Position führt, wenn er auf seinen selbst gelegten Trail zurückblickt. Die Markierungen sollten im Abstand von sechs bis zehn Metern auf freiem Gelände gesetzt werden, mit möglichst wenigen Hindernissen dazwischen. Andererseits müssen die Fahnen näher aneinander gesetzt werden, wenn sich das Gebiet ändert und die Sicht auf den Boden wesentlich beeinträchtigt wird.

Abbiegungen sollten gleichermaßen markiert werden, so dass der Hundeführer genau weiß, wie der Gesuchte gegangen ist, ohne groß darüber nachzudenken. Wenn ein Trailleger den Beginn der Abbiegung markiert, sollte er die erste Fahne dort platzieren, wo die Abbiegung beginnt oder an der Stelle, wo er seinen Fuß dreht. Die nächste Markierung sollte da sein, wo der nächste Schritt gesetzt wird. Die Abbiegung ist aus der Entfernung klar erkennbar, wenn sie auf diese Weise markiert wurde. Das ist der Trick, wenn der Hundeführer versucht, die Körpersprache des Hundes bei einer Abbiegung zu entschlüsseln. Hier ist ein Beispiel dieser Sequenz aus der Perspektive des Hundeführers.

George Vaughan und Afra. George hat sich gut hinter Afra positioniert: Achten Sie auf die Leine direkt über Afras Rücken.

Split Trail von zwei Personen: orangefarbene Markierung (links) und gelbe Markierung (rechts) auf hartem Untergrund.

Der Hundeführer arbeitet den Hund auf einer geraden Strecke und wenn er sich vorwärts bewegt, sieht er eine gelbe Fahne, direkt neben der, an der er gerade vorbeikam. Wenige Schritte weiter rechts von der Fahne sieht er eine weitere. Aus der Entfernung und ohne groß darüber nachzudenken, weiß der Hundeführer, dass er auf eine Abbiegung treffen wird. Der Hund ist im vollen Lauf, und weil der Wind von hinten kommt, folgt er dem Geruch weiterhin und zeigt Trailverhalten an der Abbiegung vorbei. Drei Meter hinter der Markierung hebt der Hund den Kopf und seine Rute fällt nach unten, ein Indiz für den Verlust des Geruchs. Der Hund dreht sich in den Wind, trifft auf die Abbiegung des Trails und kreuzt diese. Weil der Hundeführer genau weiß, wie der Verlauf der Abbiegung gemacht wurde, hat er keine Probleme zu erkennen, wie der Hund den dahin gewehten Geruch arbeitet. Das zweischneidige Schwert dabei ist, dass der Hundeführer langsamer wird, wenn er die Abbiegung kommen sieht, und dadurch den Hund zur Abbiegung führt. Der Hundeführer muss beobachten, ohne zu beeinflussen.

Die Art der verwendeten Markierungen ist abhängig davon, wie leicht sie gesehen werden und von der möglichen Reaktion, die der Hund darauf zeigen könnte. Ein Gegenstand – sei es eine Fahne oder eine Wäscheklammer mit einem daran befestigten Stück Band – hat eine erhebliche Menge menschlichen Geruchs an sich, wenn er berührt wurde. Dies wird dann ebenso zu einem Geruchsmarker wie ein optisches Signal. Viele Hunde lernen das schnell und fangen an, auf Fähnchen zu achten. Anstatt den Trail zu riechen, will der Hund schnüffeln und die Fähnchen finden oder nach ihnen Ausschau halten. Hoch motivierte Hunde neigen dazu, nach ihnen zu schauen, wogegen nasenorientierte Hunde nach ihnen schnüffeln. So oder so kann dies den Hund davon ablenken, dem Geruch zu folgen, der auf dem Boden auftritt. Es wird irgendwann notwendig sein, dass die Markierung in etwas für den Hund weniger Sichtbares wie z. B. Kreide-Markierungen (siehe den Anfang dieses Kapitels) geändert werden muss.

Trailleger müssen zuverlässig und ehrlich sein, wenn der Hundeführer an einem bestimmten Problem mit markierten Trails arbeitet. Markierte Trails sind dazu da, dem Hundeführer zu vermitteln, wie er bestimmte Reaktionen des Hundes liest, und wenn ein Trailleger während einer Trainingseinheit absichtlich rumpfuscht, wird der Hund letztendlich korrigiert, wenn keine Korrektur nötig gewesen wäre. Dies kann für sensible Hunde sehr schädlich sein. Engagieren Sie immer vertrauenswürdige und verantwortungsbewusste Trailleger.

Typisches Training auf einem markierten Trail.

Fortschritt

Nur weil der Hund über den Rasen auf die andere Seite des Bürgersteigs und zurück trailen kann, heißt das noch lange nicht, dass er nun soweit ist, auf dem Parkplatz eines Fußballstadions zu arbeiten. Ein großes Problem, das ich bei Trainingsprogrammen sehe, ist der Mangel an stufenweisem Trainingsaufbau. Anders gesagt – Menschen schreiten tendenziell mit ihren Gedanken schneller voran als Hunde mit ihren Nasen. Das ist in der Regel ein Problem des Egos. Hunde sind meist eine Verlängerung von uns selbst und wir betrachten ihren Arbeitsablauf als unseren eigenen. Wenn der Hund ein wenig langsam oder nicht ganz auf demselben Level wie gleichrangige Hunde ist, nehmen wir das oft persönlich und schreiten zu schnell voran.

Auch das Alter des Trails sollte das Letzte sein, womit sich der Hundeführer befassen muss. Das Alter ist nicht das, was Hunde auf dem Trail scheitern lässt. Was den Verstand der Hunde zum Narren hält, sind andere Hunde, Tiere und menschliche Geruchskontaminationen. Sicher, Alter kann zu diesen Problemen beitragen, aber es ist nicht das Hauptproblem. Dieses Problem kann durch einfache Blindtests immer wieder nachgewiesen werden.

So wie das Alter des Trails ansteigt, so steigt auch die Ablenkungskomponente an. Und wenn der Hundeführer diese Probleme nicht umgehen kann, wird das Alter eines Trails nur noch mehr für Verwirrung sorgen. Weil der Hundeführer die Ablenkung von Anfang an nicht erkennen kann, kann sie zusammen mit der Unfähigkeit des Hundes, mit altem Geruch umzugehen, zu Verwirrung führen. Wenn die grundlegenden Elemente darin bestehen, sich mit menschlichen und tierischen Ablenkungen herumzuschlagen, erscheint es mir logisch, dass das erste Trainingsprogramm so konzipiert sein sollte, um diese Probleme zu beseitigen.

Unglücklicherweise definieren sich viele Rettungshundestaffeln über das Alter des Trails und sonst sehr wenig anderes, und auch die Prüfungsstandards weisen darauf hin. Wenn ich Bescheinigungen sehe, die 24, 36 und 48 Stunden alte und ältere Trails beinhalten, weiß ich, dass die meisten Hunde gezwungen wurden, diese Test als »Critter-Monster« zu bestehen und sie unbemerkt vom Hundeführer ganz leicht auf einen anderen Trail oder hin und her wechseln. Das Wort, das dieses Problem unterstreicht, ist »zwingen« oder »geführt«. In neun von zehn Fällen, bei denen ein Hund auf irgendein Alter des Trails getestet wurde (24, 36, 48 Stunden etc.), wurde der Hund tatsächlich zum Gesuchten geführt. Einige Leute, die das hier lesen, werden sich lauthals empören und der Welt verkünden »Wie kann er es wagen!« Es ist jedoch die Wahrheit, und wenn sich jeder Hundeführer selbst aufrichtig analysiert, werden die Beweise überwiegen und meine Aussage stützen. Ja, es wird einzelne Hunde geben, die das bestehen, aber wenn wir diesen einzelnen Hund in demselben Zeitfenster testen würden, wird auch er letztendlich durchfallen – vermutlich mehrfach.

Zertifikate sollten auf Wahrscheinlichkeiten basieren, nicht auf Möglichkeiten. Wenn wir das Unwahrscheinliche verlangen, fabrizieren wir Lügen. Ob sie gut gemeint sind oder nicht, es sind immer noch Unwahrscheinlichkeiten, und in der Welt von Arbeitshunden verursachen sie Ungerechtigkeit in der Gemeinschaft, der sie dienen. Zertifikate für den Hund müssen allein auf seinen Fähigkeiten basieren. Der einzige Weg, diese Fähigkeit herauszufinden, ist anhand eines doppelblinden Tests. Lassen Sie einen Trailleger zu einem bekannten Gebiet gehen und von diesem in eine unbekannte Richtung zu einem unbekannten Endpunkt. Niemand weiß, wo diese Person ist, außer der Person selbst. Die Distanz sollte mindestens 800 Meter, besser aber anderthalb Kilometer betragen. Jeder kann über eine Person stolpern und der Test sollte nicht dem Zufall überlassen sein. Der Hund wird später geholt und am Ansatzpunkt gestartet. Dieses Modell kann dazu benutzt werden, um das Alter der Trails auszutesten, solange der Hundeführer will. Der Durchschnittshund wird wahrscheinlich regelmäßig bei 12 Stunden alten Trails zu versagen beginnen, oder schon vorher.

Das Problem mit den meisten Tests und Zertifikaten ist, dass sie nicht doppelblind durchgeführt worden sind und jemand bei dem Hund üblicherweise weiß, wie der Trailverlauf geführt ist. Wie ich zuvor erwähnte, lesen Hund und Hundeführer leicht die Körpersprache der Anwesenden um sie herum. Sie können nicht lesen, was nicht da ist.

Darum beinhaltet mein Stufentraining keine alten Trails, bis der Hund wirklich funktional arbeitet und sich nicht von anderen Hunden, Menschen oder Änderungen bei der Bodenbeschaffenheit ablenken lässt. Es dauert lange, bis man diese Faktoren durchgearbeitet hat. Es ist nicht so, dass der durchschnittliche Hund fleißig und langsam durch jede Phase so viel wie der Hundeführer trainieren muss, sondern es ist der Hundeführer, der sich fleißig und langsam durch die einzelnen Elemente arbeiten muss, damit er Änderungen bei der Körpersprache effizient lesen kann. Die meisten Hundeführer können das nicht.

Die Hunde hingegen wissen, wie sie nach einer Sache suchen und dran bleiben müssen. Sie haben Tausende von Jahren der Evolution rund um dieses Thema durchgemacht. Das Problem ist der Hundeführer, der zu einer Ablenkung werden kann durch alles, was er tut. Selbst ein leichter Zug auf der Leine in die falsche Richtung kann einen Ablenkungsgeruch verstärken, den der Hund gerade vorfindet. Wir als Hundeführer machen die Probleme, weil wir nichts anderes als ein gigantischer Anker am hinteren Ende der Leine sind. Wenn wir intuitiv lernen, uns mit dem Hund zu bewegen und wirklich seine Körpersprache zu lesen, beginnt der Hund ein bisschen von der Belastung zu verlieren, die wir für ihn sind. Die Beziehung muss nahezu symbiotisch sein, nicht unbedingt für die Arbeitsweise, aber für überdurchschnittliche Ergebnisse. Wenn wir uns entscheiden, ein Trailhundeführer zu werden und die Absicht haben, Leben zu retten, tragen wir eine große Verantwortung mit uns herum, nichts anderes als nur das Beste zu tun.

Der erste Schritt der Steigerung ist weicher Boden, gefolgt von Abbiegungen und Distanz. Die nächste Phase wäre Ablenkung, egal ob es sich hierbei um Ablenkungen von Geruch in der Luft oder am Boden, visuell, akustisch oder direkt auf dem Weg handelt. Wenn man diese Situationen einmal durch hat, sollte man mit Wechsel der Untergründe weitermachen, mit dem ultimativen Ziel, auch auf Beton allein arbeiten zu können. Schlussendlich müssen wir lernen, ob der Hund wirklich in der Lage ist, Gerüche zu unterscheiden und es auch zuverlässig kann. Auch wenn Hunde die Fähigkeit haben, Gerüche zu unterscheiden, so sind doch viele Hunde – entgegen der allgemeinen Annahme – zu ungeduldig, es regelmäßig und zuverlässig zu tun. Ab diesem Punkt, und nur an diesem Punkt, sollte sich der Hundeführer wirklich über das Alter des Trails Gedanken machen. Ich werde diese Schritte im Detail etwas später erklären.

Kelli Collins bereitet Raijin auf einen Fire Trail vor. Man beachte, wie »unaufgeregt« er ist.

8

Meiner Meinung nach legen Fire Trails beim Trailen den Grundstein für alles. Sie sind Anfang, Ende und überall dazwischen. Fire Trails sind, wie der Name schon sagt, schnelle, angefeuerte, fetzige Trails. Fire Trails haben ihren Namen von der Art und Weise bekommen, wie die meisten Hunde, die dieses Spiel mögen, reagieren werden, und wenn ein Hund dieses Spiel nicht mag, wird er für den Job auch nicht sonderlich geeignet sein.

Ich habe keine Ahnung, wer es erfunden hat, aber es ist vermutlich über Generationen von Trailhundeführern von einem zum anderen übermittelt worden, seit es professionelles Trailen gibt, das heißt über mehrere hundert Jahre. Einer meiner ersten Mentoren, Glenn Rimbey, benannte es so bei einem der ersten Seminare, an denen ich teilnahm, aber es kann sein, dass es den Begriff auch schon länger gibt. Glenn erzählte mir, dass er die ersten Puppy-Trails »Fire Trails« nannte, weil Welpen, die dieses Spiel liebten, einfach Feuer und Flamme und super motiviert waren, Menschen nachzujagen. Deshalb sollte dieses Spiel mit Trailhunden ihr ganzes Leben lang immer wieder gespielt werden. Einen Fire Trail zu laufen ist einfach das Schönste für einen guten Trailhund. Es gibt nur wenig, das ihn stärker motiviert. Im Laufe der Jahre hat eine ganze Reihe von Trainern die Idee von Fire Trails durch neue, modernere Techniken, wie man einen Hund zur Arbeit motivieren könnte, ersetzt. Aber da möchte ich widersprechen. Ich glaube ehrlich, dass Fire Trails die Grundlage für die eigentliche, professionell durchgeführte Jagd und für alle Kaniden sind, die ihre Nase benutzen, um Beute zu machen.

Wenn Sie sich einmal wildlebende Wölfe oder Kojoten in einer Dokumentation anschauen, werden Sie sehen, wie die älteren Tiere im Rudel den Welpen beibringen, spielend zu jagen, und die Motivation ist das Futter. Das Spiel in diesem Fall ist, etwas zu jagen.

Die Jagd beginnt als spannende Sache, aber später wird daraus eine Notwendigkeit. Ohne den Jagdtrieb ist der Tod sicher. Die Veranlagung unserer Hunde für die Trailarbeit basiert auf dieser einfachen Voraussetzung – die Aufregung der Jagd wird durch das Bedürfnis nach Nahrung angeheizt. Sicher, viele Hunde sind sozial verändert und dazu gezüchtet, Bälle und Spielzeug zu bevorzugen, aber das war ursprünglich nicht der Fall. Unabhängig von der Belohnung ist die Basis für den Job in dem Bedürfnis verwurzelt, für den Lebenserhalt zu sorgen – mit Nahrung. Das Bedürfnis nach Nahrung erzeugt die Aufregung für das Spiel, das letztendlich zu einem Job wird.

Fire Trails für Welpen

Das Spiel beginnt für einen Trailer, sobald er aktiv jemanden jagen kann. Ich teste Welpen in einem Alter von sieben Wochen auf dieses Merkmal und schaue auf extreme Reaktionen bei meiner Auswahl. Dann nehme ich den Welpen mit nach Hause und wir beginnen mit der Arbeit; wir spielen dieses Spiel oder eine Abwandlung davon täglich. Zuerst ist der Welpe ohne Leine und er darf einfach fangen spielen, aber mit der Zeit füge ich die Ausrüstung hinzu: dabei benutze ich verschiedene Größen und Ausführungen von Geschirren und Leinen, wenn der Welpe vorankommt.

Der erste Fire Trail wird auf folgende Art gemacht: ich halte den Welpen und stelle ihn hin, halte Körper und Kopf nach vorn.

Ein Freund, Verwandter oder Mitarbeiter nimmt einen großen Geruchsartikel wie ein getragenes T-Shirt oder einen Hut und stellt sich mindesten drei Meter vor den Welpen.

Sobald der Welpe auf diese Person fokussiert ist, lasse ich die Person vor dem Welpen den Hut oder das T-Shirt auf und ab bewegen und ihn rufen.

Wenn ich sehe, dass der Kopf des Welpen ebenfalls mit dem Kleidungsstück hoch und runter geht, bitte ich die Person, den Gegenstand loszulassen, ungefähr acht bis zehn Meter zu laufen und sich hinter etwas zu verstecken.

Ein motivierter Trailleger.

Genau jetzt ist die Aufmerksamkeit sowohl beim herunterfallenden Kleidungsstück als auch bei der Person, die es fallengelassen hat. Vermutlich (hoffentlich!) quietscht der Welpe jetzt, was das Zeug hält, weil er beides gerade nicht haben kann. Wenn die Person gerade dabei ist, um die Ecke zu verschwinden, lasse ich den Welpen los.

Wenn der Welpe die Person findet, bekommt er viel Lob und Futter, ein Spielzeug oder was immer er toll findet.

Hocken Sie sich hinter den Welpen und positionieren ihn.

Die Person lässt den Geruchsartikel fallen und versteckt sich in der Nähe

Lass den Hund los!

Der wichtigste Aspekt bei Fire Trails ist, dass das Spiel Spaß machen muss und der Hund es mag. Die Belohnung am Ende muss unvergesslich sein. Wenn die Belohnung Futter ist, dann gibt man dieses Futter nur beim Trailen am Ende des Fundes. Wenn die Belohnung ein Ball ist, ist es ein bestimmter Ball nur fürs Trailen.

In neun von zehn Fällen wird der Welpe das Kleidungsstück untersuchen und vielleicht auf dem Weg zur Person in die Schnauze nehmen, und genau das war meine Absicht. Ich möchte, dass der Welpe an dem Kleidungsstück riecht und sogar schmeckt, bevor er die Person findet. Dieser kleine Baustein des vorherigen Bekanntmachens mit dem Geruchsartikel kann maßgeblich helfen, wenn ein Hundeführer mit der Geruchsunterscheidungstraining beginnt, und er garantiert eine leichte Überleitung für seinen Hund, den Geruchsartikel zu riechen, wenn er soweit ist, diesen allein zu präsentieren.

Viele Welpen tragen den Gegenstand sogar bis zu der Person, die sie finden sollen. Es gefällt mir, wie dies ihnen dabei hilft, die verschiedenen Geruchspunkte miteinander in Verbindung zu bringen. Anfangs ist es auch kein Problem und kann wirklich helfen. Manche Hunde nehmen dieses Verhalten auch auf spätere Trails mit und das ist auch in Ordnung so, aber irgendwann muss man es auch wieder loswerden. Am häufigsten sehe ich dieses Verhalten bei Hunden, die sehr oral veranlagt sind und die dazu gezüchtet wurden, zu zerren und hinter Spielzeug her zu hetzen – Deutsche Schäferhunde, Malinois etc. Trotzdem gibt es Möglichkeiten, dies zu lösen, wie meine »Scent Stump«-Methode, auf die ich später noch eingehen werde.

Der wichtigste Teil dieses Prozesses ist, dass die Verbindung zwischen Geruchsartikel und der Person für den Hund leicht zu verstehen ist –so lernen Hunde am besten. Wenn wir eine Situation unnötig kompliziert machen, indem wir das Hundeverhalten zu sehr mit menschlichem Verstand analysieren, kann dies den Hund sehr verwirren. Der Vorgang sollte so einfach wie möglich gehalten werden: mit dem Artikel wedeln, Person rennt weg – beides riecht gleich.

In fast allen Fällen der ersten Fire Trails wird der Welpe die Person einfach auf Sicht jagen, mit oder ohne Artikel in der Schnauze. Nur sehr wenige Hunde wechseln direkt auf die Nase, und das ist in Ordnung. Der Sinn dieser Übung ist, den Trieb des Hundes auf das Verfolgen des Menschen zu lenken, von dem der Geruchsartikel kommt.

Ich laufe diese acht bis zehn Meter langen geradlinigen Fire Trails mindestens zehn Mal, um sicherzustellen, dass der Welpe den Prozess spielend abspult. Wenn es dabei irgendeine Ablenkung gibt, sollte die Entfernung verkürzt werden und/oder die Person sollte wieder in Sichtweite des Welpen kommen. Wenn der Welpe bei seinem Job besser wird, füge ich Geschirr und lange Leine hinzu. Manchmal ist es gut, dem Welpen das Geschirr während des Spielens anzulegen oder einfach nur ums Haus zu gehen, bevor der Hundeführer mit diesem Teil der Ausbildung beginnt.

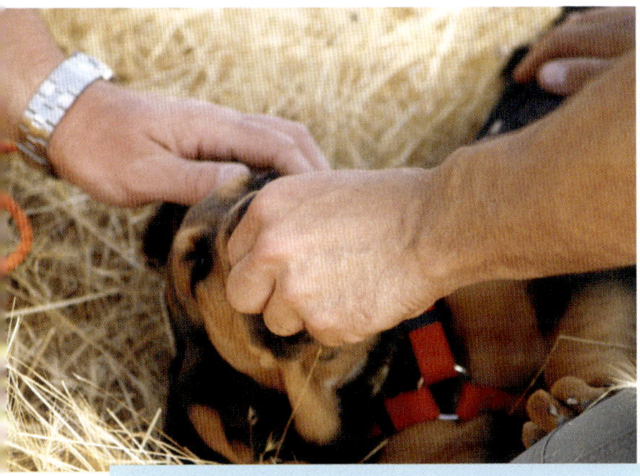

Jede Menge Lob und Belohnung am Ende des Trails.

Entscheidend ist, dass die Fire Trails unter guten Bedingungen durchgeführt werden. Die Idee dabei ist, dass das Spiel riesigen Spaß macht und die Motivation beibehalten wird, aber auch, dem Welpen den Übergang vom Verfolgen auf Sicht und Geräusch zu Trails mit Einsatz der Nase zu vereinfachen, um die Person zu finden.

Dies ist nicht einfach, wenn die Bedingungen schlecht sind. Die ganze Idee ist, dem Welpen eher früher als später zu vermitteln, dass er den Geruch orten muss. Der beste Weg ist, wenn der Welpe eine natürliche Veranlagung aufweist, menschlichen Geruch zu finden beziehungsweise wenn der Geruch so stark ist, dass es einfach ist, ihm zu folgen.

Sgt. John Kunkle und Hangtown Hank als Welpe beim Training.

Die beste Zeit für Fire Trails ist am kühlen Morgen mit ein wenig Tau auf dem Boden und ein wenig Wind. Kommt dazu noch etwas hohes Gras, ist es noch besser. Kühle, feuchte Bedingungen mit viel Vegetation und wenig Wind halten den Geruch länger und näher am eigentlichen Trail. Der Welpe kann nicht anders, als sich im Geruch zu befinden. Wenn ein Hundeführer hingegen einen Fire Trail auf Asphalt arbeitet, z. B. auf einem Parkplatz, ist dort wenig bis kein Geruch vorhanden und der Welpe wird weiter für eine lange Zeit auf Sicht und Geräusche angewiesen sein.

Es wird sehr offensichtlich, wenn der Welpe beginnt, seine Nase zu nutzen, und nicht seine Augen. Seine Nase wird auf den Boden gehen oder in den Wind und es wird eine deutliche

Änderung in der Körpersprache geben. Noch wichtiger: Der Welpe wird nicht mehr einfach rennen, sondern aktiv etwas verfolgen, was der Hundeführer nicht sehen kann. Zu diesem Zeitpunkt – und nur dieses Mal – kann das Szenario etwas verändert werden, um den Welpen ein bisschen zu fordern.

Wenn der Welpe zehn Mal in Folge zuverlässig seine Nase einsetzt, um jedes Mal von A nach B zu kommen, kann man mit Sicherheit Distanz und Abbiegungen hinzufügen. In der Regel verdoppele ich die Länge der Trails und füge eine einfache Rechtsabbiegung und eine weitere Länge eines geraden Trails von ungefähr drei Metern hinzu.

Die meisten Welpen lernen das schnell. Sie erreichen die Abbiegung und lernen, sich zu korrigieren, nicht zwangsläufig wegen des Geruchs auf dem Boden, sondern weil der Geruch an der Stelle, wo sie laufen, schwächer wird und sie verzweifelt den Kopf heben, um ihn wiederzufinden. Wenn dies geschieht, laufen Welpen in der Regel in den Wind und bekommen wieder Proximity-Geruch oder den Geruchspool der Person in unmittelbarer Nähe und werden über die frische Hochwitterung zu ihr laufen.

Der Grund, warum Welpen die Abbiegungen überlaufen, bezieht sich genaugenommen auf das gesamte Geruchsbild an der Abbiegung oder auf die Tatsache, dass der Welpe aus schierer Aufregung rennt. In den meisten Situationen hält sich der stärkste Geruch am Scheitelpunkt mehr als an anderer Stelle. Wenn die Person nach rechts oder links abbiegt, beginnt ihr Geruch leicht zu überlappen. Je nach Wind kann der Scheitelpunkt mehr zur Innenseite, Außenseite oder an der Abbiegung vorbei vorhanden sein. Diese Situation gilt auch für Gehwege oder wenn sich der Geruch bei heftigem Wind verteilt. Welpen überlaufen oft die Abbiegung aufgrund des überlappenden starken Geruchs, der an dem Punkt der Abbiegung vorbeigeht. Der Hundeführer kann das an der Körpersprache des Hundes erkennen. Wenn der Hund weiterarbeitet und Trailverhalten zeigt, wenn er an der Abbiegung vorbei läuft, hat er Geruch und ist nicht wirklich falsch. Wir müssen den Welpen einfach nur die subtilen Veränderungen auf der Geruchsspur in Bezug auf die Abbiegungen beibringen, damit sie die Person früher erreichen können. Wenn der Welpe das einmal verstanden hat, arbeitet er die Abbiegungen sehr schön ab.

Sgt. John Kunkle und Hangtown Hank finden einen Trailleger.

Geruch und Abbiegung
Zeichnung 1

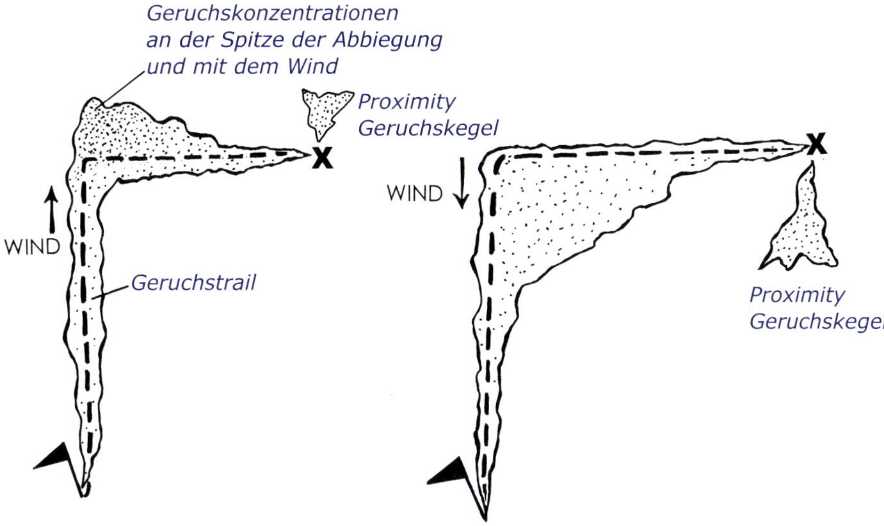

Geruch und Abbiegung
Zeichnung 2

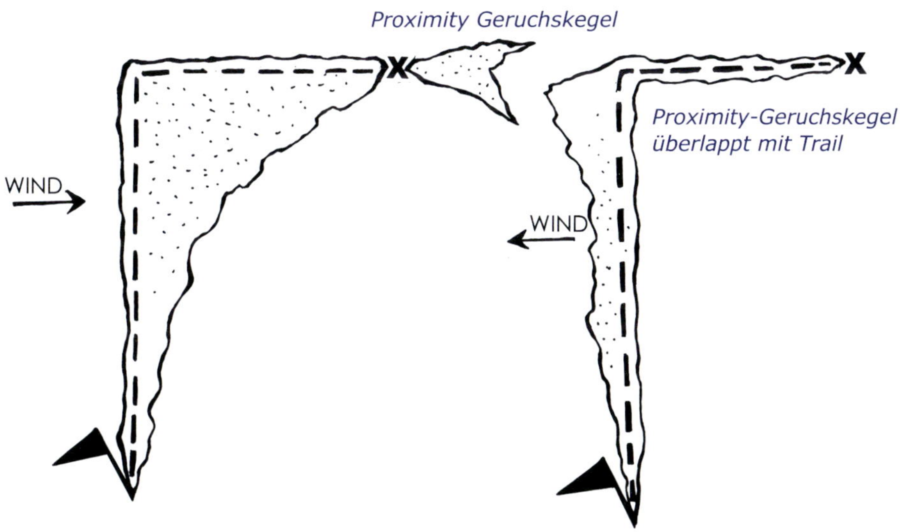

So kann sich der Geruch bei Abbiegungen in Abhängigkeit vom Wind verhalten.

Geruch und Abbiegung

Zeichnung 3

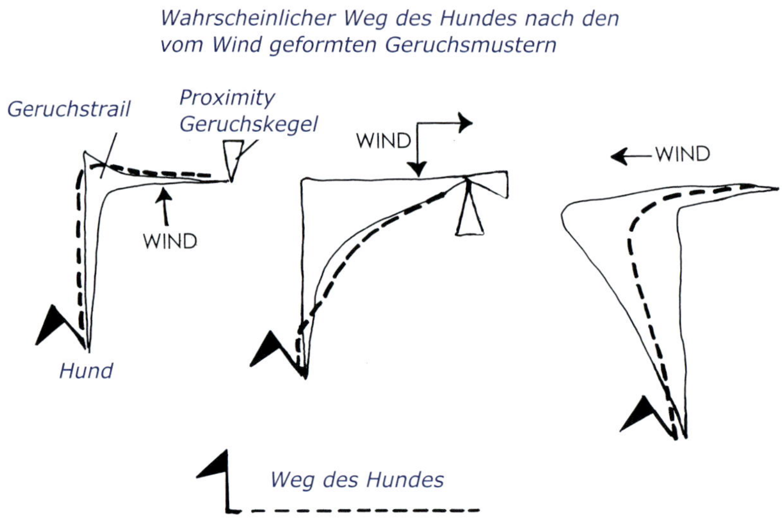

So könnte ein Hund die Abbiegung arbeiten.

Abbiegung arbeiten

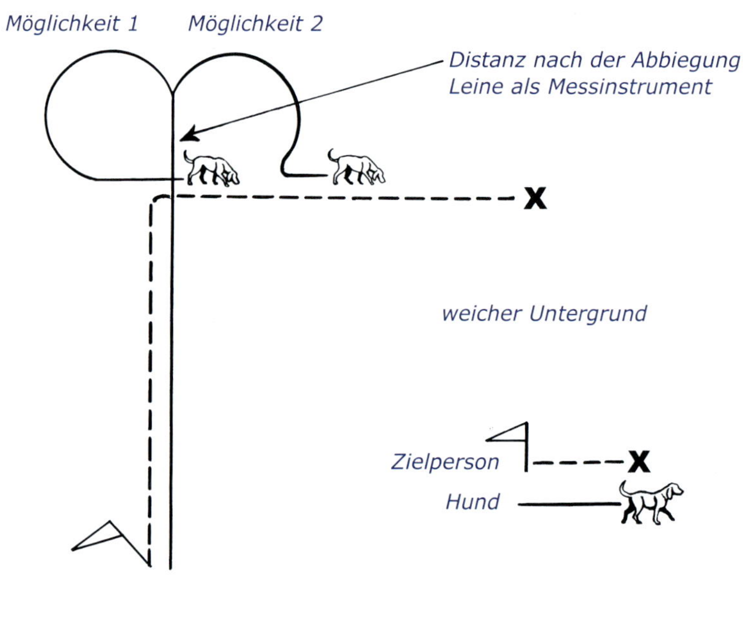

Wenn der Welpe Probleme hat, den Geruch nach der Abbiegung wieder aufnehmen zu können, ist es gut, den Geruch auf der Abbiegung durch Bodenzerstörung zu verstärken. Der Trailleger kann die Abbiegung entlang schlurfen oder ein T-Shirt nach der Abbiegung ablegen. Beides vergrößert das Geruchsbild auf der Abbiegung erheblich und hilft, nahe der Abbiegung zu bleiben und nicht darüber hinaus zu laufen. Man kann das später einfach weglassen, sobald der Welpe das einmal verstanden hat. Es ist lediglich anfangs eine Unterstützung.

Ich mache weiter mit Fire Trails mit bis zu zwei Abbiegungen und einer Länge von ungefähr 100 Metern. Ab diesem Zeitpunkt beginne ich den Welpen vom Anblick des weglaufenden Traillegers zu entwöhnen. Mittlerweile versteht der Welpe den Zusammenhang zwischen Geruchsartikel und Person und auch, dass er dem Geruch folgen muss. Jetzt beginne ich, daran zu arbeiten, dass die Person weg ist, bevor der Welpe startet. So wie bei jedem Training, sei es Gehorsam oder bei Arten der Geruchswahrnehmung, nehme ich nicht alle Hilfen direkt am Anfang weg. Ich bevorzuge es, den Welpen langsam zu entwöhnen, damit er wirklich begreift, was wir zu tun versuchen.

Der erste Schritt ist, den Trailleger sofort außer Sicht zu bringen, wenn der Welpe den Geruchsartikel fallen sieht. Der beste Weg ist, an einer Häuserwand zu starten. Sobald der Welpe den Geruchsartikel fallen sieht, rennt die Person um eine Ecke und ist außer Sicht. Die meisten Welpen flippen aus, wenn dies geschieht, und ziehen nach vorne. Das ist super – sollen sie sich ruhig winden und quietschen. In den meisten Situationen wird der Welpe, sobald er freigelassen wird, um die Ecke rennen und nach der Person schauen. Wenn er nichts sieht, wird er normalerweise sofort die Nase einsetzen, weil dies so aufgrund seiner vorherigen Ausbildung geformt wurde.

Wenn mein Welpe dieses Training schnell geschafft hat und dies in neun von zehn Fällen so macht, verändere ich die Situation so, dass der Geruchsartikel schon da liegt, die Person aber bereits weg ist. Zu diesem Zeitpunkt integriere ich bereits die Geruchsaufnahme in unseren Ablauf, um diese Muskel-Erinnerung zu formen und dem Welpen zu erlauben, beim Perimeter Ausgangstrails wahrzunehmen. Ich bevorzuge bei diesen ersten neuen Trails eine Länge von hundert Metern: So kann ich leicht den Trailleger rufen, damit er klatschen und den Welpen rufen kann, falls dieser Probleme haben sollte. Dies kann für jeden Zeitpunkt des Fire Trail-Trainings gelten. Falls der Welpe Probleme hat und das Geruchsbild nicht aufnehmen kann oder er einfach zu abgelenkt ist, sollte der Trailleger an einem Ort sein, wo er den Hundeführer gut hören oder noch besser sehen kann. Wenn ich sehe, dass ein Welpe Probleme hat, ist es wichtig, ihn sofort auf die Person zu fokussieren.

Es ist zwar ein Ammenmärchen, dass Hunde sofort vergessen würden, was sie gerade gemacht haben, aber ein kleines Körnchen Wahrheit beinhaltet diese Aussage doch: Hunde erinnern sich für eine extrem lange Zeit daran, was sie gerade gemacht haben, aber wenn ihre Aufmerksamkeit mittendrin auf eine andere Sache gelenkt wird, hat das, was sie gerade taten, keine Relevanz mehr, außer es ist irgendwie miteinander verbunden. Hier ein Beispiel aus Sicht des Welpen vom Gehorsamsstandpunkt und einmal aus der Trail-Perspektive betrachtet.

Ins Haus zu machen ist keine gute Sache und wir missbilligen das. Wenn ein Welpe ins Haus macht und dann weggeht, um seinen Ball zu holen, denkt er nicht länger darüber nach, was er gerade gemacht hat, weil er dabei ist, etwas anderes zu tun. Wenn wir ihn jetzt damit konfrontieren und ihn strafen, sind wir – nicht der Kothaufen – das Problem. Der entscheidende Faktor zur Korrektur ist, ihn auf frischer Tat zu ertappen oder kurz davor.

Handsignal »keine Ablenkung« für Ben.

Ablenkung beim Trailen oder Verwirrung kann ein ähnliches Problem sein. Wenn wir hinter unserem Welpen herlaufen, er plötzlich aus dem Augenwinkel eine Hummel entdeckt, sie fangen will und wir ihm dieses erlauben, können wir ihn nicht mehr korrigieren. Das geschieht, weil er die Korrektur aufgrund des schlechten Timings nicht versteht. Wenn wir den Fokus wieder auf die Arbeit lenken, ist es wie ein brandneuer Start und steht nicht mehr im Bezug zur ursprünglichen Situation mit dem Geruchsartikel. Wenn der Welpe dagegen anfängt, sich ablenken zu lassen, aber noch nicht ganz mit der Ablenkung beschäftigt ist, können wir unseren Trailleger klatschen und rufen lassen und bekommen den Welpen so schnell und effektiv wieder umgeleitet. Ich bevorzuge es, wenn meine Trailleger auf diese Eventualität vorbereitet sind, und bevor wir starten, erklären wir die soeben beschriebene Vorgehensweise. Wenn meine Zielperson sieht, dass ich den Arm hebe, muss sie klatschen und den Welpen rufen. Ich persönlich bevorzuge ein Handsignal statt Rufen, weil ich sonst eine weitere Ablenkung schaffe.

Nachdem wir nun mit Fire Trails gestartet sind, ist es an der Zeit, die Regeln bezüglich Ablenkungen aufzustellen. Wir machen unseren Hunden Ablenkungen durch andere Tiere möglich, weil wir ihnen bei jedem Spaziergang erlauben, den Geruch anderer Tiere zu erschnüffeln. Dies stellt den Hundeführer zu einem späteren Zeitpunkt vor ein großes Problem. Hunde fassen immer alles sehr einfach und direkt auf: Was an einem Tag und an einem Ort in Ordnung ist, ist auch an jedem anderen Tag oder Ort in Ordnung. Menschen überdenken die Dinge anders; was sie tun, ist abhängig von den Leuten und Orten, denen sie begegnen.

Lassen Sie mich ein Beispiel nennen. Ich trinke gerne Milch direkt aus der Packung im Kühlschrank und laufe damit bei mir zu Hause rum. Stellen Sie sich vor, ich käme das erste Mal zu Ihnen nach Hause – ich würde wohl kaum das Gleiche tun, denn es wäre unangemessen und sehr peinlich, dabei erwischt zu werden. Hunde denken nicht so. Wenn das Trinken aus der Milchpackung im Haus des Hundes okay ist, dann ist es überall okay. Der entscheidende Faktor zur Korrektur ist, dass das Verhalten überall als schlecht betrachtet werden muss und das Timing muss genau in dem Moment erfolgen.

Darum gehe ich anfangs mit einem Welpen nur an der Leine spazieren, wenn er 8–12 Wochen alt ist, und wann immer ich eine Kopfbewegung bei einer offensichtlichen Geruchsablenkung beobachte, ermahne ich ihn mit einem »lass es« und mache eine schnelle Korrektur am Halsband. Die einzige Zeit, in der ich dem Welpen erlaube, nach anderen Hunden oder Tieren zu schnüffeln, ist, wenn er nicht bei mir ist. Und ich würde ihn sogar dort noch korrigieren, wenn das möglich wäre. Dies macht es leicht, den Welpen später zu korrigieren, wenn er mit dem Trailen beginnt und auf eine Ablenkung durch andere Hunde trifft. Mit der oben genannten Methode brauchte ich bei einigen Welpen kein Ablenkungstraining mehr zu absolvieren, weil sie einfach wussten, dass sie nicht daran riechen dürfen – und zwar immer.

Tierablenkungen sind das größte Problem bei Trailhunden. Viele Hundeführer können ihre Hunde von diesen Ablenkungen nicht wegbekommen, egal wie sehr sie mit Ablenkungstraining dagegen arbeiten. Wenn ein Hundeführer mit einem Welpen beginnt, der nicht auf Ablenkungen geht, wird er später auch einen erwachsenen Hund haben, der nicht auf Ablenkungen geht. Es ist viel leichter, im frühen Alter zu trainieren und zu korrigieren, als später – Sie haben die Wahl.

Training von erwachsenen Anfängerhunden

Beim Training von erwachsenen Anfängerhunden nutze ich eine Variation des Welpentrainings. Der Unterschied ist, dass sie es einfach schneller verstehen. Sie nehmen es jedoch nicht unbedingt auf dieselbe Weise auf. Was ich meine, ist Folgendes: Hochtriebige Welpen, die es wirklich mögen, Menschen zu jagen und mit dem Training sehr früh beginnen, sind wie indoktrinierte Soldaten – sie werden Suchmaschinen. Weil sich ihre ersten Monate um das Suchen und Finden von Menschen drehten, wird das zu ihrer absoluten Lieblingstätigkeit. Erwachsene Hunde mit demselben Trieb übertreffen selten einen Welpen, weil sie eine Last mit sich rumtragen, die alles beeinflusst, was sie tun. Welpen sind im Alter von 8 bis 16 Wochen formbar. Alle Dinge, denen sie ausgesetzt wurden, werden in ihre kleinen Gehirne geprägt, und wenn wir ein Trailprogramm in ihnen aufbauen, kann das Ergebnis wirklich erstaunlich werden. Wenn ich die Möglichkeit habe, mit einem selbst ausgewählten, hochtriebigen Welpen statt einem erwachsenen, hochtriebigen Hund zu beginnen, würde ich immer den Welpen nehmen. Auch wenn ich mit dem erwachsenen Hund eher fertig wäre (der Welpe braucht ca. 8 Monate): der erwachsene Hund wird selten die Arbeitsethik oder instinktive Reaktion des Welpen zeigen.

Fire Trails für Veteranen

Ich laufe Fire Trails mit meinen Hunden, bis sie zu alt dafür sind. Warum? Weil sie es lieben. Fire Trails waren der Spaß am Anfang ihrer Karriere und sie lieben es tagtäglich, den ganzen Tag lang, wenn sie könnten. Ich mache Fire Trails zur Motivation, zum Aufmuntern, um Spaß zu haben. Ich sehe dieses typische Hundegrinsen meist nur bei Fire Trails.

Der große Fehler beim Traillegen

Sobald Hundeführer in ihren Fähigkeiten weitergekommen sind und die Trails länger und schwieriger werden – nicht nur in der Länge, sondern auch älter und komplexer – kann man leicht der Versuchung erliegen, sich die Arbeit zu erleichtern! Dies geschieht, wenn Hundeführer Trainingsgruppen bilden und sie nur begrenzte Zeit und Trailleger zur Verfügung haben.

Sie erliegen dann leicht der Versuchung, die Trails doppelt zu legen und für den nächsten Hundeführer mehr Distanz hinzuzufügen. Was ich hier beschreibe, ist die allgemein übliche Praxis und ich sehe das beinahe bei jedem Training in jedem Land, in dem ich trainiere. So geht es: Die Person läuft einen Trail und der erste Hund arbeitet diesen. Weil Zeit und Raum begrenzt sind (und manchmal auch aus Faulheit), ist der nächste Trail nichts weiter als eine Verlängerung des ersten Trails. Mit anderen Worten: Die Person startet einfach an der Stelle, wo der erste Trail endete und läuft zu einem anderen Ende. Der zweite Hund kommt und folgt dem ersten und dann dem zweiten Trail. Dieser Teufelskreis wiederholt sich manchmal für zehn Hunde oder sogar mehr! Wenn der letzte Hund diese Datenautobahn (und ich sage dies, weil es nichts weiter als ein riesiger Elefantentrail ist) dran ist, dann folgt dieser Unmengen von vorherigen Hundegerüchen bis zu der Stelle, wo er auf den frischen Trail der Person trifft. Was der Hund lernt, ist, dass er anderen Hundegerüchen folgen soll, wann immer diese vorhanden sind.

Hunde sind genau wie wir Menschen Betrüger. Sie haben keine Absicht, das vermeintlich »Richtige« zu tun. Allerdings gibt es einen großen Unterschied – sie haben keine Ehre oder keinen Kodex beim Trailen. Sie tun Dinge, um so schnell wie möglich zu bekommen, was sie wollen. Wenn das Verfolgen von fünf anderen Hundetrails einfacher ist, als einem menschlichen Geruch unter diesen fünf Hunden zu folgen, werden sie immer den Hunden folgen.

Ich habe über diese Form des Trainings Folgendes sagen gehört: Der Hund beweist, dass er den Geruch herausfiltern kann, wenn er durch die Trails all der anderen Hunde und Menschen watet und dann bei der letzten Verlängerung mit Leichtigkeit die Person findet. Da bin ich anderer Ansicht. Ich glaube, dass der Hund den massiven Hundegerüchen folgt, weil er aufgrund seines vorangegangenen Trainings darauf konditioniert wurde, dem Geruch von Hunden zu folgen, wenn er nach den Hundetrails auf den frischen Trail der Person trifft, wechselt er auf den frischen Menschengeruch und folgt diesem bis zum Endpunkt.

Ich kam auf diese Idee, weil ich es selbst so machte. Ich entdeckte das in Einsätzen mit meinen Trainingspartnern als Teil meines Suchteams. Mein Hund folgte zuerst dem anderen Trailhund, und das jedes Mal! Am Ende testete ich diese Theorie in doppelblinden Tests. Man höre und staune - wir hatten unseren Hunden beigebracht, anderen Hunden zu folgen!

Der einzige Weg für den Hundeführer, wirklich zu lernen, einen Hund auf dem Geruch einer Person zu lesen - für jeden neuen Hund, der eine bestimmte Sequenz an einem bestimmten Tag trainiert – besteht darin (1) ein neues Gebiet für das Training zu suchen und (2) nur die Person zu benutzen, die der Hund suchen soll. Es wird eine Zeit kommen, wo wir doppelt und mehr gelegte Trails trainieren müssen, aber jetzt ist noch nicht der Zeitpunkt dafür. Möglicherweise besteht auch eine Notwendigkeit zu lernen, was der Hund tut, wenn er den Geruch eines anderen Suchhundes wahrnimmt, aber ich kann sicherstellen, dass diese Hunde diesem nicht folgen sollten. Wenn sie es tun, müssen wir uns hart mit dem Trainingsprogramm auseinandersetzen.

Identifizierungen oder Anzeigen

Identifizierungen, auch kurz »ID« oder »Anzeigen« genannt, geschehen in dem Moment, in dem der Hund die Person findet. Eine ID ist das, was dem Hundeführer sagt, was der Hund macht, wenn er den Gesuchten gefunden hat. Diese ID sollte eine natürliche Ausarbeitung von etwas sein, das der Hund natürlicherweise und leicht tun kann. Der Hundeführer sollte keine vorgefasste Vorstellung davon haben, wie die ID aussehen sollte. Vielmehr sollte er warten und schauen, was sein Hund gern tut. Viele Hunde sind nicht zu bändigen und mögen es, verhätschelt zu werden oder eine Belohnung zu erhalten, sobald sie die Person auf den ersten Trails finden. Wenn sie auf die Belohnung warten, haben sie eine natürliche Tendenz, mit gespannter Aufmerksamkeit vor der jeweiligen Zielperson zu sitzen. Das ist eine natürliche ID und kann leicht verstärkt werden. Ich mag keine invasiven IDs, wo der Hund einen anspringt. Diese Situation kann eine Aversion für den Hund oder eine böse Reaktion seitens des Gesuchten hervorrufen. Die meisten Menschen mögen es nicht, angesprungen zu werden, und wenn es ein Kind oder ein älterer Mensch ist, könnten sie verletzt werden.

Eine ID ist sehr wichtig, aber sie muss dem jeweiligen Hund entsprechen. Auch gibt es Zeiten, in denen die ID relativ passiv sein sollte und weder der Gesuchte noch andere eine Ahnung davon bekommen, was der Hund da macht. Diese ID sollte eher verdeckt und nur für den Hundeführer oder einen wissenden Backup lesbar sein. Diese Art der ID ist notwendig, wenn der Gesuchte gefährlich ist oder es aufgrund der Art der Ermittlung wichtig ist, niemandem einen Anhaltspunkt auf die Arbeit mit dem Hund zu geben.

Ronin identifiziert mich. Seine ID war, sich vor die Person hinzusetzen und sie mit der Pfote zu berühren.

9 Distanz, Abbiegung

Wenn der Welpe oder Anfängerhund versteht, dass er den Geruch des Gesuchten finden und diesem bis zum Ende folgen muss, und noch wichtiger, der Hundeführer den Hund zuverlässig dabei lesen kann, ist es an der Zeit, weitere Herausforderungen zu meistern. Ich glaube zwar nicht, dass der Hund dieses kurze, leichte Spiel jemals satt wird, aber wir müssen jetzt dazu übergehen, echte Trails zu arbeiten. In diversen Foren und auf Seminaren wurde schon viel darüber diskutiert, wie man Trailhunde auslastet wie sie sich langweilen, wenn sie immer wieder am gleichen Problem arbeiten müssen. Die Aussage über die Langeweile ist eine typisch menschliche Reaktion. Hunde scheinen kurze, einfache Trails mit einem guten Ende wirklich zu genießen. So wie der Labrador, der immer den Ball apportiert und ihn dem Hundeführer vor die Füße legt, bis dieser des Spiel überdrüssig wird. Der Labrador würde bis zum Umfallen weiterspielen, aber der Hundeführer nicht. Das Apportieren des Balles wird zu einer konditionierten Reaktion, die nun tief in dem Labrador verwurzelt sehr und selbstbelohnend ist. Trailen – selbst kurze Fire Trails beim Training – können schnell genauso werden. Langeweile ist ein rein menschlicher Gemütszustand, und doch neigen wir dazu, unsere eigenen Gefühle und Reaktionen auf den Hund zu projizieren und auf seine Aktionen zu übertragen. Wenn wir das Verhalten des Hundes verinnerlichen, erschaffen wir künstliche Umstände, die die Resultate verdrehen – zum Beispiel wirklich das zu finden, wonach wir eigentlich suchen. Am besten ist es, einen Hund einen Hund sein zu lassen, während wir sein Verhalten deuten oder lesen.

Distanz und Geschwindigkeit

Bei der Entfernung geht es im Grunde darum, wie der Hund mit ihr umgehen kann und ob der Hundeführer mit ihm Schritt halten kann. Das Problem der meisten Hundeführer in Bezug auf Distanz ist ihre Unfähigkeit, ein zügiges Tempo beizubehalten und ihre Hunde nicht zu sehr abzulenken. Sobald wir ermüden, beginnen unsere Beweglichkeit und Geschwindigkeit zu leiden. Beweglichkeit und Geschwindigkeit sind aber notwendig, wenn wir unsere Hunde nicht mit unserem Gewicht und mit Leinenrucken belasten wollen. Leinenrucke passieren, wenn wir die Leine zu stark anziehen und so beim Hund eine Änderung des Verhaltens auslösen. Dieses Verhalten kann Geschwindigkeit, Nasenposition, Richtung etc. sein. Wenn wir ohne Grund an der Leine rucken, ändern wir das Verhalten des Hundes beim Trailen, und das kann bei ihm eine Ablenkung oder den Verlust des Trails zu einem kritischen Zeitpunkt auslösen. Viele Hundeführer kompensieren dies durch absichtliches Verlangsamen ihrer Hunde, damit der Hundeführer durchhalten kann. Ich spreche mich gegen diese Methode aus, weil eine zu große Verlangsamung des Hundes die Chance vermindert, die Person zu finden. Ein Trailteam sollte immer bestrebt sein, sich schneller zu bewegen als seine Beute. Aber auch zu rasches Gehen mit dem Hund reduziert dessen Motivation und erhöht die Führung des Hundeführers. Manche Hunde gehen langsam, wenn sie trailen, aber meistens sind

und Hindernis

das die am wenigsten motivierten Hunde. Einen Sprint empfehle ich allerdings auch nicht. Es muss eine Balance zwischen Geschwindigkeit und Qualität der Arbeit geben. Das beste Tempo ist ein leichter Trab, der für mindestens drei Kilometer beibehalten werden kann. Wenn ein Hundeführer keine drei Kilometer durchhalten kann, dann ist Trailen nicht das Richtige für ihn - ganz einfach.

Zu dieser Schlussfolgerung kam ich vor Jahren, als ich triebige Trailhunde ohne Leine arbeitete und sie aus der Luft beobachten konnte. Nachdem sie einmal Geruch aufgenommen hatten, waren diese Hunde auf dem Trail und verließen ihn nicht. Es war angenehm für mich, sie auf eigene Faust laufen zu lassen. (Diese Art des Trailens wird übrigens von allen Jagdhundeführern praktiziert, die ihre Hunde ohne Leine Tiere jagen lassen; diese Hunde laufen mit ihrer eigenen Geschwindigkeit, was auch immer diese sein mag). Wenn es den Hunden erlaubt war, den Gesuchten in ihrem eigenen Tempo zu finden, ohne die Belastung des Hundeführers im Schlepptau, war die Geschwindigkeit meistens ein halsbrecherisches Tempo. Es war großartig, die Hunde beim Trailen mit ca. 20 bis 25 km/h zu beobachten. Weder wichen die Hunde vom Trail des Gesuchten auf eine Ablenkung durch andere Tiere ab noch stoppten sie für eine Pinkelpause. Wofür die Hunde mit dem Hundeführer zwanzig Minuten brauchten, brauchten sie jetzt nur fünf Minuten.

Wenn wir Menschen zu den Hundeteams hinzugefügt hätten, hätten wir statt eines Rennens bestenfalls einen stolpernden und unkoordinierten Trab gehabt. Sofort bekämen die Hunde einen Leinenruck und würden auf Ablenkungen wechseln. Außerdem würden die Hunde dazu tendieren, zu markieren oder sich zu lösen. Jetzt, wo der Hundeführer hintendran hängt, werden Trails, die für den Hund zuvor einfach waren, eine lästige Pflicht und manchmal unmöglich zu beenden.

Im echten Leben – im Einsatz – ist Trailen nur für Menschen geeignet, die eine hohe körperliche Fitness aufweisen, um dieser Disziplin nachgehen zu können. Es ist mit Abstand die anspruchsvollste Arbeit für den Hund, aus der körperlichen und geistigen Perspektive gesehen, und wahrscheinlich doppelt so schwer für den Hundeführer, weil Menschen mit der Geschwindigkeit des Hundes nicht mithalten können. Wenn die Philosophie lautet, den am besten geeigneten Hund für die Trailarbeit auszuwählen, sollte dies ebenfalls für den Hundeführer gelten. Dies klingt für manche sicher grausam, aber unterm Strich ist es so, dass wir eine Verantwortung haben, Leben zu retten. Wir sind verantwortlich, das beste Werkzeug vorzulegen. Wenn der Hundeführer aus körperlicher Sicht das schwache Glied in der Kette ist, ist Trailen vielleicht nicht der richtige Job für diese Person. Das Kernstück eines Trailteams setzt sich aus zwei Gliedern zusammen, und es sind die Bemühungen sowohl des Hundes als auch des Hundeführers, die den Unterschied im Einsatz ausmachen. Wenn ein Hundeführer die körperliche Bürde einer langen, anstrengenden Suche nicht tragen kann, dann sind Hundeführer und Hund wirklich nicht auf langer Strecke geeignet.

BY ASSOCIATED PRESS

Rugged Search for Fugitive

A handler led his bloodhound into the woods near Nantahala, N.C., yesterday as authorities continued their search for Eric Rudolph, charged in the January 29 fatal bombing at an Alabama abortion clinic and wanted for questioning in the blast at the 1996 Atlanta Olympics. Rudolph's run from the law has become the stuff of legend in the area, where government grudges date back to days when hamlets were flooded to build dams. Townspeople have grown increasingly cool to the government agents and reporters.

Ronin und der Autor auf der Suche nach Eric Rudolph. Wir hatten an diesem Tag einige Kilometer durch unglaublich schwieriges Gebiet gearbeitet.

Solange diese Arbeit nur Sport ist, ist es kein Problem. Wenn wir aber die Verantwortung eines Manhunters annehmen und Leben von unseren Bemuhungen abhängt, sind wir verpflichtet, den besten Service bereitzustellen, den wir haben. Dabei ist es egal, ob wir als Profis bezahlt werden oder Freiwillige einer Rettungshundestaffel sind.

Der vermutlich beste Grund, warum nur körperlich fitte Individuen bei diesem Spiel mitspielen sollten, ist die Gefahr von Verletzungen. Wenn der Hundeführer einen hochtriebigen Trailhund am anderen Ende der Leine hat, wird er sich eines Tages verletzen. Es ist keine Frage des Ob, sondern eher des Wann. Ich habe so viele bohrende Schmerzen vom Durchgeschütteltwerden aufgrund langer, harter Trails hinter Bloodhounds, dass ich gar nicht erst damit beginne, die Schmerzen und Beschwerden aufzuzählen. Weil ich aber immer noch hinter ihnen her renne, mache ich Extra-Übungen, um in Form zu bleiben und nicht dabei zu scheitern. Ich habe aufgrund einer Chemotherapie einen Teil meiner rechten Lungenfunktion verloren und mein linkes Knie wurde zweimal erneuert, aber ich laufe drei- bis fünfmal in der Woche auf weichem Boden. Wenn ich das nicht täte, könnte ich den Hunden genauso gut auf einem Roller folgen.

Das alte Bloodhound-T-Shirt mit dem Spruch »Wenn Du nicht mit den großen Hunden mithalten kannst, bleib besser zuhause« ist sehr passend. So wie das alte Sprichwort »Der Krieger wird durch das Schwert sterben« sagt, so wird auch der Hundeführer durch die lange Leine kaltgestellt werden. Eines Tages wird es dazu kommen.

Wenn ein Hundeführer plant, mit Trailhunden zu laufen, muss er körperlich fit werden, um dazu in der Lage zu sein. Wenn der Hund ganz am Anfang des Welpentrainings steht, dann ist das die perfekte Zeit, um auch selbst in Form zu kommen. Nehmen Sie den zusätzlichen Aufwand auf sich, um darauf vorbereitet zu sein, einer Rennmaschine folgen zu können, die mit schwierigem Gelände besser zurechtkommt, als Sie es sich je vorstellen können. Während der Welpenzeit haben Sie Zeit, sich darauf vorzubereiten.

Entfernung und Abbiegungen

Wenn ein Hundeführer körperlich darauf vorbereitet ist, mit einem Hund durch unterschiedliches Terrain zu laufen, wird es Zeit, dem Trainingsplan etwas mehr Distanz und Abbiegungen hinzuzufügen. Der Hund muss ebenfalls seine Ausdauer trainieren. Ein Hund kann normalerweise lange Distanzen zurücklegen, aber seine olfaktorischen Fähigkeiten können mit der Entfernung durch Ermüdung und Überanstrengung in Frage gestellt werden. Der Hund muss ebenfalls lernen, seine

Kräfte einzuteilen, und das kommt nur mit der Zeit und der Verlängerung der Distanz. Ob Sie es glauben oder nicht: Wenn ein Hund körperlich ermüdet, ist seine Fähigkeit gefährdet, menschlichen Geruch zu arbeiten und richtige Entscheidungen zu treffen. Seine Aussichten, den Trail zu verlieren, abgelenkt zu werden, oder an Abbiegungen vorbeizulaufen werden zu einem echten Problem.

Ideal ist es, wenn der Hund aus dem Fire Trail-Stadium heraus ist und 400 Meter mit wenig bis gar keinen Problemen laufen kann. Ich bevorzuge ein Gebiet mit weichem Boden, das groß genug für zwei Abbiegungen ist. Ich beginne mit jeweils 40–70 Metern. Wenn ich bei 400 Metern mit zwei Abbiegungen angekommen bin, beginne ich die Distanz stufenweise um 200 bis 400 Meter zu steigern. Gleichzeitig füge ich eine Abbiegung mit jeder Stufe hinzu. Ich will erreichen, dass mein Hund 1,6 Kilometer mit 4 bis 6 soliden Abbiegungen laufen kann.

Während dieses Prozesses lasse ich die Trails allmählich unterschiedlich altern. Zum Beispiel braucht der durchschnittliche Trailleger für 400 Meter ungefähr sieben bis zehn Minuten. Wenn der Hundeführer 1,6 Kilometer erreicht, ist der Trail durchschnittlich 28 bis 40 Minuten alt. Relatives Alter und Distanz sind zur gleichen Zeit ausgebildet worden. Trotzdem habe ich jetzt noch nicht das Alter im Blickpunkt, es ist sowieso nur ein Beiprodukt. In diesem Stadium tue ich nichts weiter, als zu lernen, meinen Hund zu lesen, bei allen neuen Variationen, die ich ihm vermittle. Das Alter kommt erst dann, wenn ich gut darin bin, meinen Hund bei allem zu lesen, und Distanz ist nur ein Teil dieser Gleichung.

Wenn beim Trailen Distanz dazukommt, werden ebenfalls verschiedene Arten des Terrains, ausgenommen Pflaster, dazu genommen (z. B. Schotter, Erde, Lehm, dichte Vegetation, schroffes Terrain, schmale Bäche, breite Bäche, 80 cm – 1,60 m, festgetretene Erde und Schotterwege). Ich betrachte alle diese Oberflächen als »weich«, aber sie fangen alle den Geruch anders ein; darum hat der Hundeführer die große Chance, den Hund nach einem vorgefertigten Muster lesen zu lernen und logisch die Änderungen in der Körpersprache des Hundes zu katalogisieren, während er fortschreitet.

Folgendes wäre meine Schritt-für-Schritt-Methode für das Oberflächentraining, wenn ich Fortschritte bei der Distanz mache:

1. Nasses Gras, 25 cm oder höher
2. Kurzes, nasses Gras
3. Trockenes Gras, 25 cm oder höher
4. Kurzes, trockenes Gras
5. Gebiet mit Laub und Lehmboden, nass
6. Gebiet mit Laub und Lehmboden, trocken
7. Lose, feuchte Erde und/oder Schotter
8. Lose, trockene Erde und/oder Schotter
9. Unterschiedliche, umliegende Laubdichte
10. Feuchter, dann trockener Sand
11. Allmählich ansteigende Bergkämme und Täler
12. Steile Bergkämme und Täler
13. Eine Mischung aus all den o. g. Kombinationen

Wenn der Hundeführer sicher in seinen Fähigkeiten ist, den Hund unter diesen Bedingungen lesen zu können, ist es relativ einfach, neue Änderungen hinzuzufügen. Zu Beginn sollte der Hundeführer die Art und Form seiner Abbiegungen ändern; herkömmliche Rechts- oder Links-Abbiegungen, 45-Grad-Abbiegungen werden leicht zu lesen. Er könnte einen 90-Grad-Winkel und Rückwärtstrail probieren, um dann in die entgegengesetzte Richtung weiterzugehen.

Mein Freund und Mentor Glenn benutzte sein »Alphabet-Modell«, an das ich mich gut erinnere und das ich oft praktizierte. Er nutzte verschiedene Buchstaben des Alphabets um festzustellen, wie der Trailleger einen

Trail legt. A, B, C, D, E, F etc. können alle als Muster für den gegangenen Weg verwendet werden. Natürlich sollte der Hundeführer mit leichten Buchstaben anfangen und sich zu schweren hocharbeiten. Ein C oder ein L sind zum Beispiel wirklich einfach für den Hund und der Hundeführer sollte fähig sein, die Körpersprache recht schnell lesen zu können. Ein R ist vielleicht nicht ganz so einfach, weil der Trailleger zweimal zurück auf seinen eigenen Trail läuft und dann parallel geht, während er gleichzeitig in einem rechten Winkel weitergeht. Das Wichtige bei diesen Buchstaben ist nicht, dass der Hund exakt dem Weg folgen muss, sondern wichtig ist zu sehen, was er bei den Möglichkeiten von Rückwärtsspuren oder gekreuzten Spuren (siehe hierzu die nächste Seite mit Beispielen für Alphabet-Trails) tut.

Hindernisse

Ein Hindernis ist etwas, was einen Hund auf dem Trail stoppen oder ihn langsamer werden lässt, um das Problem zu umgehen. Als Warnung ist hier zu sagen: Wenn der Hund von dem Problem so von den Socken ist, könnte es zu diesem Zeitpunkt ein wenig zu viel für ihn sein, und der Hundeführer muss einen Schritt zurückgehen.

Physische Hindernisse sind zum Beispiel Wände, Zäune, Straßenkreuzungen, Türen und Gebäude. Geruchsbarrieren sind Geruchspools, verstreuter Geruch durch Wind, Geruch, der von Fahrzeugen ausströmt, gekreuzte Trails und Rückwärtstrails. Der Hund arbeitet jedes Hindernis anders, und ein guter Hundeführer muss die Körpersprache erkennen und es unter der Kategorie »Hindernisse« ablegen, wenn er darauf trifft.

Physische Hindernisse, die vom Gesuchten überwunden werden müssen (z. B. durch Klettern), hinterlassen eine Art von Geruch, der sich von dem Geruch unterscheidet, der vom Körper fällt, wenn jemand geht. Ich nenne diesen Geruch »Kontaktgeruch« oder »drüsenartigen« Geruch. Es ist wirklich der stärkste Geruch für den Hund und bestimmte Stellen des Körpers riechen am besten. Hundeführer können diesen Geruch bei echten zukünftigen Hindernissen in Realeinsätzen zu ihrem Vorteil nutzen. Jetzt sollte ein Hundeführer den Hund auf weichem Untergrund trainieren, wo alles etwas einfacher ist; dies wird ihm beim Wechsel auf harten Untergrund Einiges erleichtern.

Das Problem mit physischen Barrieren ist, dass der Hund trotz vorhandenen starken Geruchs möglicherweise nicht versteht, dass jemand über, durch oder um das Hindernis herumgegangen ist. Für ihn kann es so aussehen, dass der Trail endet. Die häufigste Reaktion des Hundes ist, an der Überquerung eines Hindernisses vorbeizugehen und den Trail auf der falschen Seite zu suchen. Wenn der Hundeführer den Hund das lang genug tun lässt, wird der Hund vermutlich aufhören zu arbeiten oder einen anderen Trail aufnehmen. Sobald die Hundeführer diese Reaktion das erste Mal entdecken, erlauben die meisten dem Hund bei dem Versuch, eine Lösung zu finden, einfach, in Kreisen zu laufen. Wenn die Lösung falsch ist (z. B. der falsche Trail), verstärken die Hundeführer das schlechte Verhalten und es braucht einige Trails, um Abhilfe zu schaffen und das Problem zu korrigieren. Am besten sorgt man dafür, dass es von vornherein nicht dazu kommt.

Ich habe eine Methode entwickelt, die es dem Hund verständlich macht, dass der Mensch Barrieren zur anderen Seite überwindet. Das Beispiel, das ich dafür benutze, kann auf jedes Hindernis angewendet werden.

Ein Trailleger geht über ein eingezäuntes Feld zum Tor und stoppt an der Stelle, die er überwinden will. Die beste Stelle ist der Torriegel. Er sollte durch Scharren der Füße auf dem Boden noch etwas Bodenverletzung zufügen und dann das Tor von unten bis zum Riegel berühren. Dann fingert er lange am Riegel herum, bevor er das Tor öffnet. Nachdem alles erledigt ist, öffnet der Trailleger das Tor und setzt seinen Weg auf der anderen Seite fort. Was hier im Wesentlichen geschah, ist, dass das Tor und der Riegel zu einem großen Geruchsbild wurden und der Hund das leicht erkennen kann. Wenn der Hund wirklich bis dahin getrailt hat, wird er zwangsläufig eine Verhaltensänderung oder Reaktion der Körpersprache anbieten. Üblich ist meistens eine Kopfänderung an der Bodenverletzung und dort, wo die Berührung durch die Hand stattfand.

Einfache Alphabet-Trails

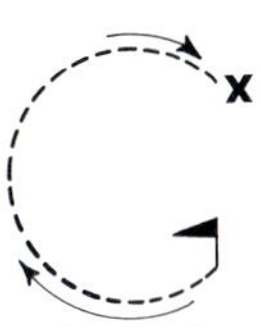

Buchstabe C

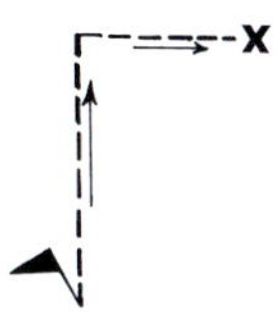

Umgedrehtes L

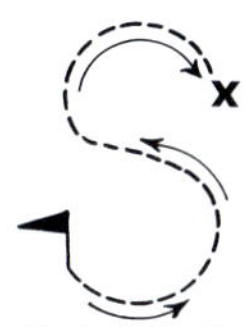

Buchstabe S

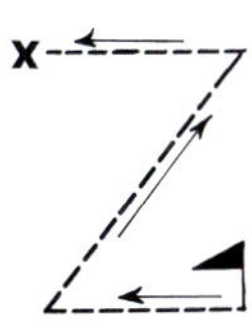

Buchstabe Z

Buchstabe V

Mittelschwere Alphabet-Trails

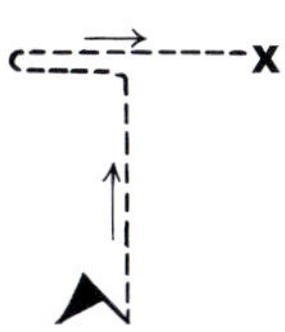

Buchstabe T Erste Rückwärtsspur

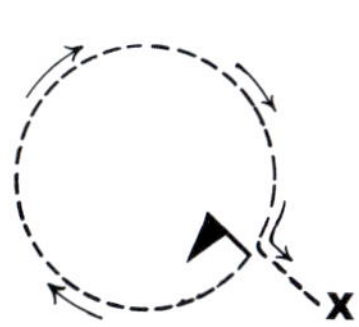

Buchstabe Q mit dem Ausgangspunkt aus dem Kreis heraus

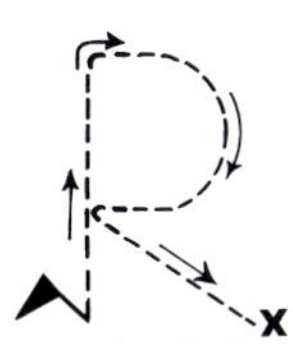

Buchstabe R

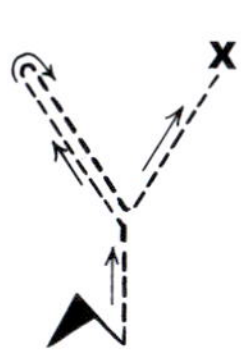

Buchstabe Y

Schwierige Alphabet-Trails

Buchstabe A

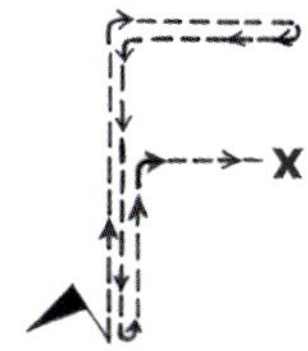

Buchstabe F

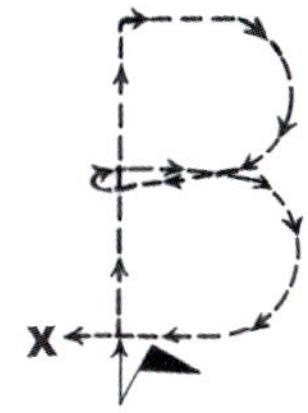

Buchstabe B

Physisches Hinderstraining Weicher Untergrund

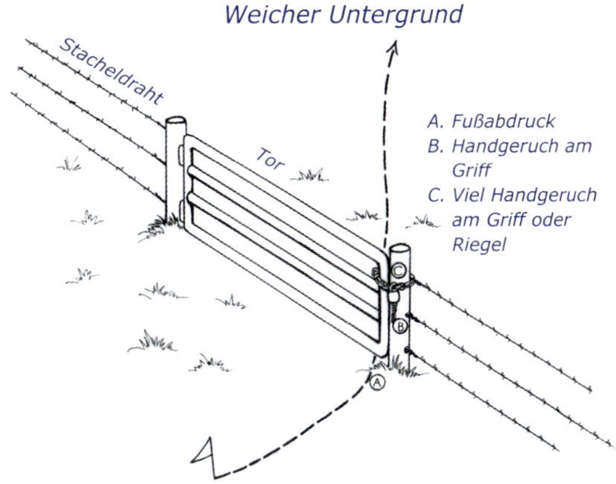

Trail der Zielperson

> ***Das Geruchsbild an einem Hindernis wie einem Tor sollte anfangs stark genug sein, um die Aufmerksamkeit des Hundes zu erregen.***

Der Hundeführer muss nun den Hund ermutigen, sobald er die Änderung in der Körpersprache erkennt. Das Timing ist absolut entscheidend. Wenn der Trail gut markiert ist und der Trailleger alles richtig gemacht hat, dann ist sicher, dass sich die Reaktion des Hundes auf die Zielperson bezog und so der Hundeführer den Hund ermutigen kann. Das kann einfach ein aufgeregtes »Was ist das«? oder »Guter Hund!« sein. Der Punkt ist: Der Hund muss wissen, dass er durch Wahrnehmen des Geruchs am Hindernis etwas gut gemacht hat. Wenn er den Geruch wahrgenommen hat und darauf reagiert und – noch wichtiger – weiß, dass der Hundeführer darüber glücklich ist, wird er im Allgemeinen den Geruch ganz untersuchen und eine frühere Reaktion zeigen. Seine erste Reaktion wird sein, zuerst am untersten Teil des Tores zu schnüffeln und sich dann bis zur Kette oder zum Riegel vorzuarbeiten. Seine nächste Reaktion könnte sein, das Tor anzuspringen, zu bellen oder vielleicht davorzusitzen (ich bevorzuge das). Nochmals, der Hundeführer muss mit dem richtigen Timing das neue Verhalten mit einer positiven Reaktion bestätigen und sein Hund wird es das nächste Mal wieder tun. Der Hundeführer hat nun zwei Ziele erreicht: 1. einen Weg durch, über oder um ein Hindernis lokalisiert, und 2. die positive Identifizierung des Geruchs durch die Berührung der Person an der Stelle der Überquerung. Wenn ein Hundeführer später Einsätze läuft und einen Hund hat, der den Kontaktpunkt findet und diesen identifiziert, wird sich das als nützlich erweisen.

Beachten Sie in dieser Fotoserie, wie der Hund an dem von einem Menschen berührten Objekt vorbeigeht, zurückkehrt und dann hochspringt, um den Geruch zu lokalisieren. Die Anfangsgeschwindigkeit des ersten Vorbeigehens führte dazu, dass der Hund den direkten Kontakt des menschlichen Geruchs nicht mitbekam, bis er vorbei war und der Wind ihm den Geruch zuwehte.

Stellen Sie sich einen Hundeführer vor, der zu einer drei Meter dicken Mauer mit einer Länge von 800 Metern kommt. Der Hund kreist in diesem Gebiet für einige Minuten, zeigt aber keine eindeutige Reaktion, außer, in dem Gebiet zu kreisen, das fast 100 Meter lang ist. Eventuell kommt der Hundeführer auf die Idee, dass die Person vielleicht über die Mauer gesprungen ist, hat aber keine Idee, wo genau. Er muss nun den Hund um oder über die Mauer bekommen, ohne eine genaue Stelle zu haben, an der er den Hund auf der anderen Seite starten kann. Ja, vielleicht findet er diese Stelle durch Kreisen, aber wenn er die genaue Stelle weiß, an der er wieder ansetzen kann, hat er eine größere Chance der Wiederaufnahme des Trails. Es war einmal bei einem Einsatz, als mich ein missglückter Trail dazu veranlasste, über das Identifizieren der genauen Stelle, wo jemand über ein Hindernis klettert oder durchgeht, nachzudenken. Ich war nach diesem Training weitaus erfolgreicher als vorher, weil Zäune, Türen, Tore und Gebäude eine tägliche Geschichte im Innenstadtgebiet waren, in dem ich meinen Hund arbeitete.

Zugegeben, im Einsatzfall wird die Zielperson nicht unbedingt eine schöne Bodenverletzung für den Hund und den Hundeführer hinterlassen oder den Boden bis zum Riegel des Tors berühren. Dieser Teil des Hindernistrainings ist nur die Anfangsphase, um den Hund zum Nachdenken zu bringen, wie er durch, über oder um ein Hindernis herum kommt, wenn sich der Trail in Wohlgefallen auflöst. Ein Hund kann eine Geruchsanomalie oder einen Übergang wahrnehmen, wo die Zielperson über, durch oder um ein Hindernis herumging, vor einer Überquerung sowieso. Dies hilft einfach, seinen Fokus in die richtige Richtung zu bestärken. Wenn der Hund hierbei immer besser wird, kann der Hundeführer damit beginnen, Teile des großen Geruchsbilds nach und nach zu reduzieren, bis einfach nur jemand zu einem Tor geht, es öffnet, durchgeht und weitergeht. Im Null Komma Nichts ist der Hund in der Lage, diese Hindernisse mit erstaunlicher Präzision zu identifizieren. Diese einfache Methode der Überwindung von Hindernissen kann auf alle Hindernisse angewandt werden, die einem Hundeführer einfallen - Türen in Hochhauskomplexen, an Fahrzeugen, Wänden etc.

Dieses Hindernistraining in kleinen Schritten und ohne große Komplikationen ist anfangs exzellent, wenn der Hund jung ist und noch überwiegend auf weichem Boden arbeitet. Seine Fähigkeiten werden später auf weitaus schwierigeren, harten Untergründen mit Unmengen von menschlicher Kontamination umgesetzt. Wenn ein Hundeführer jetzt eine starke Grundlage aufbaut, wird das Letztere viel einfacher, wenn er diesen Punkt erreicht.

Geruchspools, gekreuzte Trails und Rückwärtstrails

Ich nenne diese Situationen Hindernisse, da sie Hundeteams oftmals aus der Bahn werfen und Hundeführer nie wissen, womit sie es zu tun haben. Das kommt daher, dass die Trails im Training nicht markiert sind und man deshalb anhand der Körpersprache des Hundes nicht leicht erkennen kann, was passiert ist.

Geruchspools sind Pools menschlichen Geruchs, manchmal Ablenkungsgeruch, auf den der Hund trifft, der ihn stoppen und ein wenig kreisen lässt. Ein Hundeführer kann auch diese Reaktion damit verwechseln, dass der Hund den gesamten Geruch verloren hat, aber wenn der komplette Geruch weg ist, gibt es kein Trailverhalten. Im Falle eines Geruchspools hat der Hund definitiv Geruch, aber er arbeitet nicht weiter mit dem konstanten Vorwärtsdrang, den er zuvor gezeigt hat. Der Hund kreist und geht zurück zum Trailanfang, wo er den Geruchspool umkreist. Manche Hunde sind dann so frustriert, dass sie aufgeben oder auf etwas anderes wechseln. Wie lange der Hund den Trieb beibehält, einem bestimmten Geruch zu folgen, hängt von seinem Jagdtrieb ab.

Die Größe und Form eines Geruchspools hängt von den Umweltbedingungen wie Wind und Umgebung ab, aber auch von der Aufenthaltsdauer der gesuchten Person. Stellen Sie sich ein Glas Limonade auf einer weißen Tischplatte vor. Das Glas wird bis zum Überlaufen gefüllt und je nachdem, wie eben die Tischplatte ist, läuft die Limonade über das Glas und breitet sich auf einer Seite des Tisches aus. Je länger das Glas überläuft, desto tiefer und breiter wird die Limonadenpfütze auf dem Tisch. Kommt jetzt noch ein Luftzug hinzu, breitet sich die Pfütze mit der Richtung des Luftzuges aus. Kommt noch ein Hindernis hinzu und es entsteht an der Stelle eine Verdickung am Boden des Hindernisses, wird sich die Limopfütze um die Ecken des Hindernisses ausbreiten, je nachdem, wie schräg der Tisch steht. Geruch scheint sich auf ähnliche Weise zu verhalten. Je länger sich die Person in dem Gebiet aufhält, desto größer wird ihr Pool sein und jede Situation, welcher dieser Pool ausgesetzt ist, wird dies ändern.

Es gibt keine Faustformel, wie groß ein Pool sein kann, aber an der Stelle, wo jemand wohnt oder sich für längere Zeit aufhält, kann der Pool Hunderte von Meter breit sein. Wenn es nur einen Trail rein und raus gibt, kann dieser Pool ein Hindernis sein. Der Hund ist einfach nicht in der Lage, sich durchzuarbeiten. Und hier kommt wieder die Wichtigkeit der Körpersprache ins Spiel. Es gibt keine zwei Hunde, die den Geruchspool exakt gleich bewältigen, daher gibt es kein festgelegtes Muster bei der Körpersprache, auf das man verweisen könnte. Darum muss der Hundeführer seinen eigenen Geruchspool mit unterschiedlichen Altersstufen planen, um die Reaktion seines eigenen Hundes festzustellen. Ein Pool sollte so markiert sein, das der Hundeführer weiß, dass er da ist, bevor er hineinläuft. Gute Markierungen, die man aus der Entfernung erkennen kann, geben dem Hundeführer Bescheid, bevor der Hund zu beschäftigt mit dem Pool ist. Dies ist der einzige Weg, um wirklich die Körpersprache zu erhaschen und zu katalogisieren.

Empfehlen kann ich auch, ein Video von der Arbeit aus der Perspektive des Hundeführers zu machen. Die Nutzung von Videobrillen oder einer Kamera auf dem Kopf oder am

Geruchs-Pool mit anwesender Person.

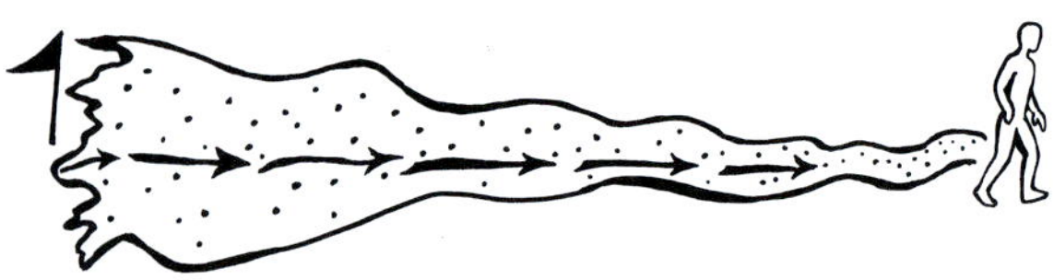

- *Geruchspartikeltrail*
- *Von jedem Partikel geht Geruch aus*
- *Verändert sich mit dem Alter*
- *Bewegt sich mit den Umweltbedingungen*

Älterer Geruchspool mit Ausgangstrail, kein Proximity-Geruch

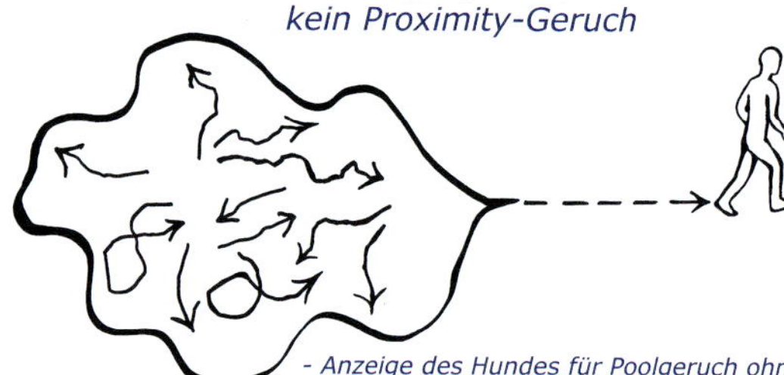

- *Anzeige des Hundes für Poolgeruch ohne Zielperson ist anders als mit Zielperson*
- *Geruchspool ist vorhanden, aber weniger definiert*
- *Geruch ist schlechter organisiert und hat keine klare Richtung, Ausgangstrail ausgenommen*

Geruchs-Pool mit einem Ausgangstrail.

Geschirr ist prima, um beide – Hundeführer und Hund – später auszuwerten. Wenn der Hundeführer im Training weiter fortgeschritten ist und die Schwierigkeiten auf dem Trail zunehmen, ist es unerlässlich, dass er seine Arbeit auf Video aufnimmt. Die meisten Hundeführer haben es schwer genug, sich an die Körpersprache ihres Hundes zu erinnern, aber wenn sie gefragt werden, was sie mit dem Leinenhandling oder in Bewegung gemacht haben, haben sie nicht die leiseste Ahnung. Das kommt daher, dass der durchschnittliche Hundeführer so auf das Handling und seine Aufmerksamkeit fokussiert ist, dass eine Selbstreflektion unmöglich ist. Dies hat nichts mit Reife oder Fähigkeit zu tun – nur mit der niederen menschlichen Natur. Es ist einfacher, jemanden hinter beiden, Hund und Hundeführer, laufen zu lassen – und nicht der Hundeführer selbst –, um den Hundeführer zu lesen.

Ich empfehle, den Geruchspool in Abständen von 15 Minuten altern zu lassen, bis es zu schwer oder unmöglich wird, ihn zu arbeiten; zu diesem Zeitpunkt ergreifen wir Gegenmaßnahmen. Wenn der Hund einmal an den Punkt kommt, wo er den Ausgangstrail in einem Geruchspool nicht mehr findet, wird es notwendig, konzentrische Kreise um den wahrgenommenen Geruchspool zu arbeiten.

Der beste Weg, damit zu beginnen, ist genau dann, wenn der Hundeführer denkt, dass sein Hund anfängt, Probleme zu bekommen. Das kann nach ein paar Minuten sein oder wenn er Verwirrung oder abnehmende Aufmerksamkeit erkennt. Es ist wichtig, nicht zu lange zu warten und nicht im Pool stecken zu bleiben. Der Hund kann vergessen, wonach er gesucht hat.

Wenn der Hundeführer eine Zehn-Meter-Leine hat, sollte er seinem Hund diese zehn Meter geben und ihn um den letzten Punkt, an dem sich der Hund befand, kreisen lassen. Wenn der Hundeführer keinerlei Reaktion erkennt, sollte der Hund weitere zehn Meter

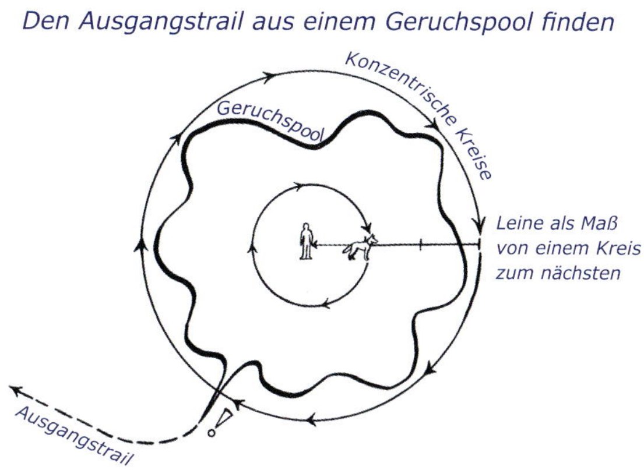

Arbeiten von konzentrischen Kreisen mit der Leine als Maß.

kreisen. Dieser Vorgang sollte beibehalten werden, bis der Hund davon müde wird und aufhört oder wenn der Hundeführer denkt, dass der Hund genug hat. Allerdings kann der Hundeführer nicht sofort zwanzig konzentrische Kreise um einen Geruchspool arbeiten und davon ausgehen, dass sein Hund sofort versteht, was er da tut. Es ist notwendig, mit einem Kreis zu beginnen und dem Hund zu ermöglichen, den Ausgangstrail zu finden, und wenn das gut klappt, kann ein weiterer hinzugefügt werden. Diese Übung geht so lange weiter, bis der Hund nicht mehr weiter kann.

Die Reaktion, auf die ich warte, wenn ich nach dem Ausgangstrail aus einem Geruchspool suche, ist eine Kopfbewegung des Hundes in die Laufrichtung der Zielperson. Im Allgemeinen passiert das nicht, wenn der Hund aus dem Geruchspool raus ist – daher die konzentrischen Kreise, bis der Hundeführer den Rand des Pools erreicht.

Gekreuzte Trails sind nichts anderes als Trails, die den ursprünglichen Trail kreuzen. Sie sollten von derselben Person oder von einer Ablenkung stammen. Ein Ablenkungstrail ist irgendetwas Lebendes, das den Hund vom Verfolgen des Gesuchten ablenkt. Wir bearbeiten das im nächsten Kapitel »Ablenkungstrails und menschliche Split-Trails«, aber jetzt möchte ich ein paar Punkte durchgehen, die später im Detail genauer erklärt werden.

Eine gekreuzte Spur der Zielperson kann den Hund wirklich verwirren. Sie kann ihn vom Trail auf eine ältere Spur holen. Außerdem veranlasst sie ihn zum Kreisen. Um zu wissen, wie ein Hund diese Trails arbeitet, sollte der Hundeführer die zuvor erwähnten Alphabet-Trails und Diagramm-Trails arbeiten. Er wird anhand der unterschiedlichen Schwierigkeitsgrade schnell sehen, was er kann oder nicht. Ebenfalls eine gute Idee ist es, einen frischen Trail senkrecht zu einem älteren Trail zu legen, der mindestens 15 Minuten zuvor gelegt wurde und der in Abständen von 15 Minuten altert, bis der Hund den gekreuzten Trail ignoriert.

Unabhängig vom Ursprung des gekreuzten Trails wird der Hund ihn generell aus der Distanz wahrnehmen. Dabei gibt es drei Phasen der Wahrnehmung:

- Der Moment, in dem der Hund den gekreuzten Trail aus der Distanz wahrnimmt. Diese Entfernung ist von den Umweltbedingungen abhängig und ändert sich mit dem Wind. Ich nenne dies die Ankündigungsphase oder die Zeit, wenn der Hund weiß, dass etwas kommt, aber nicht sicher ist, was es ist. Ich habe Hunde gesehen, die diese Geruchsanomalie aus unglaublichen Entfernungen wahrgenommen haben. Wenn der Wind richtig steht, können es 100 Meter oder mehr sein. Die Veränderung in der Körpersprache, die ich sah, war in den meisten Fällen eine leichte Erhöhung des Kopfes, ein Blick in die Richtung des gekreuzten Trails, eine Änderung der Rutenhaltung und eine Änderung beim Gehen. Dies könnte auch als Proximity-Anzeige zum gekreuzten Trail bezeichnet werden.

- Die Entdeckungsphase ist der Moment, in dem der Hund den tatsächlichen Geruchspool erfasst oder den Quertrail (= cross Trail) der Ablenkung oder des Gesuchten wahrnimmt und die Laufrichtung bestimmt.

- Die Festlegungsphase ist die letzte Phase des gekreuzten Quertrails. Es ist der Moment, in dem sich der Hund fürs Gute oder fürs Böse entscheidet, richtig oder falsch. Es ist auch zu spät für eine effektive Korrektur, wenn es der falsche Trail ist, da sich der Hund bereits entschieden hat, sich damit zu befassen. Die beste Zeit, um den Hund zu korrigieren, ist, wenn er über den Geruch nachdenkt, jedoch noch nicht drauf reagiert. Dies wird in der Vorbereitungsphase oder Entdeckungsphase sein. Im Fall eines Quertrails der Person auf ihrem eigenen Trail gibt es keine Korrektur; darum ist es wichtig, das Verhalten, wenn möglich, lesen zu können.

Rückwärtstrails können von allen am schwierigsten sein, vor allen Dingen, wenn sie über einen anderen Trail gelegt wurden, und dies immer wieder wie im Fall am Haus einer Person. Ich habe Hunde gesehen, die zwanzig Minuten lang oder länger immer wieder über das gleiche Fleckchen Erde vor und zurück liefen. Diese Art des Problems wird schließlich dazu führen, dass der Hund zu frustriert oder zu müde wird, um den Trail weiter zu verfolgen, oder aber er könnte sich selbst belohnen und einen falschen Trail aufnehmen und verfolgen. Unter dem Strich ist es so, dass es gefährlich werden kann, wenn der Hund das nicht schnell ausarbeiten kann. Nochmals, mit dieser und all meinen anderen Methoden sind Minischritte der Schlüssel zur Lösung.

Der beste Weg, das Training zu beginnen, ist, einen einzelnen Trail runter zur Originalrichtung zu legen und dann einen Trail zur Seite weg, der senkrecht zu beiden, dem

Einfache gekreuzte Ablenkungsspur.

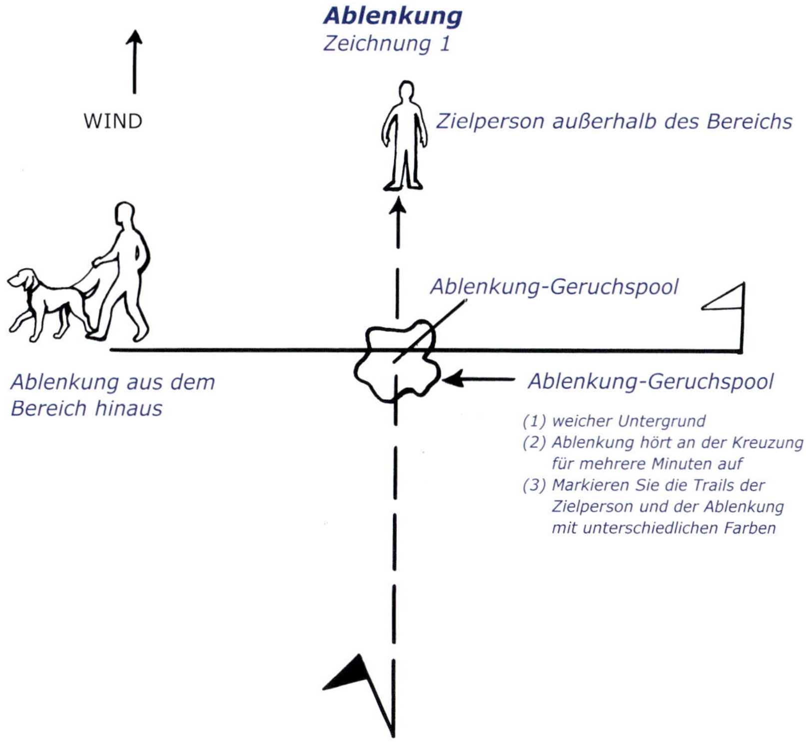

Vorwärts- und dem Rückwärtstrail, liegt. Die meisten Hunde verstehen das beim ersten Mal und verzichten auf die Verlängerung des Originaltrails und die Spitze des Rückwärtstrails, der sich teilt. Sie machen einfach die Abbiegung. Das heißt nicht, dass sie den verlängerten Originaltrail nicht bemerken – tatsächlich bemerken sie ihn – aber der frischere Trail ist einfach verlockender und das ist genau das, was wir wollen!

Wenn sich der Hund weiter verbessert, wird es Zeit, die Länge und das Alter in unterschiedliche Abschnitte des Rückwärtstrails hinzuzufügen. Je länger der Rückwärtstrail ist, desto schwieriger ist es für den Hund, sich durchzuarbeiten. Es gibt kein festgelegtes Zeichen bei der Körpersprache, aber das Üblichste ist ein schlurfender Schritt oder ein Zögern an der Stelle, wo der Rückwärtstrail beginnt. Manchmal läuft der Hund weiter, manchmal nicht. Manche Hunde wollen ihre Schritte zurückverfolgen, weil sie unsicher sind. Was wir sehen wollen, ist, dass etwas passiert ist, das Zögern beim Hund, aber letztendlich wollen wir, dass der Hund einfach den Trail weiterarbeitet, als ob der Rückwärtstrail nicht existieren würde.

Pausieren auf dem Trail

Mit Zeit und Entfernung kommt auch die Notwendigkeit einer Pause für beide – Hund und Hundeführer. Eine halsbrecherische Geschwindigkeit über viele Kilometer reduziert die Leistungsfähigkeit des Hundes, entmutigt den Hundeführer und lässt alle Back Ups im Staub zurück. Der Hund muss lernen, dass es in Ordnung ist, anzuhalten und zu trinken, zu pausieren und neu zu starten, ohne Verlust der Arbeitsmoral. Das kommt nicht so ohne Weiteres und viele Hundeführer haben Angst anzuhalten und neu zu starten, weil sie unsicher sind, ob der Hund den Trail wieder aufnimmt. Viele Hundeführer nutzen einen Moment zur Pause, wenn sie unsicher sind über die Laufrichtung des Hundes oder während ihrer eigenen Momente des Zweifelns und Verzagens.

Der schlimmste Zeitpunkt zum Stoppen und Pausieren, ist dann, wenn man unsicher über etwas ist. Wenn der Hundeführer unsicher über seinen Hund ist, wird er bereits unter Erschöpfung leiden. Noch wichtiger ist, dass sein Hund vermutlich die Angst des Hundeführers wahrnehmen wird, was ihm das Arbeiten noch schwerer macht. Der beste Zeitpunkt für den Hundeführer, seinen Hund zu stoppen, ist, wenn er auf dem Höhepunkt ist – wenn er weiß, dass der Hund es gut macht und der Hundeführer nicht erschöpft ist. Der Grund für diesen Ratschlag ist, dass der Hund weitaus motivierter ist, zurück zur Arbeit zu kommen, wenn er zu einem Zeitpunkt gestoppt wird, an dem er freudig und selbstsicher ist. Wenn der Hund frustriert und erschöpft ist oder er spürt, dass der Hundeführer verärgert und nervös ist, stehen die Chancen, den Trail wieder aufzunehmen, relativ schlecht. Diese Trainingsphilosophie wendet man bei allem

George und Afra bei einer Pause.

rund um das Thema »Hund« an. Ich benutze sie beim Gehorsam und jeder anderen Art des Trainings. Ich stoppe immer, wenn ich denke, dass der Hund sein Bestes getan hat, weil ich weiß, wenn wir neu starten, wird er noch hervorragender sein.

Denken Sie einmal darüber nach: Wenn der Hund merkt, dass das, was er macht, unglaublich aufregend und motivierend ist und Spaß macht – noch wichtiger – wenn er merkt, dass eine dicke Belohnung auf ihn wartet, wird er verrückt darauf werden, danach zurück auf den Trail zu kommen, sobald ihn der Hundeführer neu startet. Wenn der Hundeführer jedoch stocksauer und unsicher über die Laufrichtung ist oder sein Hund müde ist, steigen die Chancen, dass der Hund eher einem Fuchstrail folgen wird als dem Trail des Gesuchten.

Der Dreh, wieder zu starten, besteht darin, das Verhalten des Hundes zu beurteilen. Der Hundeführer sollte nicht zu lange herumsitzen, so dass sein Hund anfängt zu schlafen (oder der Hundeführer). Hund und Hundeführer sollten zu Atem kommen, etwas Wasser trinken und dann wieder loslegen – wie etwa eine Boxerpause zwischen zwei Runden (vielleicht ein oder zwei Minuten). Das ist zumindest der beste Zeitpunkt zu starten. Es gibt Situationen, wo ein Hundeführer mehr Zeit braucht oder wenn andere Umstände es erfordern, dass er und sein Hund warten müssen, wie z. B. wenn sie auf Anweisungen von der Einsatzzentrale warten.

Wie auch immer, wenn wir den Trainingsprozess des Neustarts beginnen, werden wir es machen, während der Hund noch leistungsfähig ist, damit er nicht seine Motivation oder Geruchserinnerung verliert. Jeder Hund ist anders, daher kann ich kein exaktes Trainingsprogramm zur Hand haben. Am besten ist es aber, ein paar Minuten zu stoppen und dann zu versuchen, sich auf mindestens 30 Minuten hochzuarbeiten. Einer meiner früheren Mentoren behauptete, dass sein Hund einen Trail nach einer Nacht wieder aufnehmen konnte. Ich habe es nie gesehen, aber ich weiß, dass er auf einer aktuellen Suche war, die seit Tagen andauerte und er präsentierte dem Hund den Geruchsartikel nur am Start. Davon abgesehen fasste er den Täter.

Ein Hundeführer sollte den Hund auf dem Trail stoppen, wenn der Hund stark beschäftigt ist, und ihn dann beobachten. Wenn er ein sehr triebiger Hund ist, wird er vermutlich heulen, quietschen, auf dem Boden scharren und versuchen, der Leine zu entkommen. Dies ist der beste Zeitpunkt, zu stoppen und die Körpersprache des Hundes zu beurteilen. Wenn die Körpersprache nach zwei Minuten noch immer dieselbe ist, sollte der Hundeführer den Hund loslassen! Aber er muss darauf vorbereitet sein, zu rennen! Die Energie und der Trieb des Hundes könnten die Stiefel des Hundeführers auf der Stelle zurücklassen, wo er zuletzt stand.

Dieses Trainingsprogramm erreicht folgende Ziele:

1. Es baut bei beiden Ausdauer auf – bei Hund und Hundeführer.
2. Es steigert den Beute- und Jagdtrieb des Hundes auf dem Trail.
3. Es baut das Geruchserinnerungsgedächtnis des Hundes auf.

Der Hundeführer steigert langsam, aber sicher die Pausenzeiten bis an den Punkt, wo er sieht, dass die Aufmerksamkeit seines Hundes nachzulassen beginnt, und dann startet er neu. Das Zeitfenster der Pause wird schrittweise vergrößert bis zu dem Punkt, an dem das Team eine gute Pause mit der Möglichkeit zum Trinken bekommt, ohne dass irgendetwas vom Trieb des Hundes verloren geht. Wie schon zuvor angemerkt, bevorzuge ich mindestens 30 Minuten als Ziel für die Pause. Wenn ein Hundeführer das oft genug praktiziert, kann sein Hund in weniger als einem Monat Training dahin kommen.

So – wie starten wir neu? Das ist der einfachste Teil des Ganzen. Wenn der Hund noch immer nach dem Trail lechzt, gibt der Hundeführer ihm Leine und sagt einfach »Geh zurück an die Arbeit«. So einfach ist das. Der Hundeführer muss ihm nur Leine geben und sie festhalten.

Das Schlimmste, was er tun kann, ist, das Suchkommando nochmals zu geben. Das Kommando sollte nur einmal gegeben werden, und das deshalb, weil er Geruchsunterscheidungsfähigkeit aufbauen will. Ein Hund beginnt das Kommando wie z. B. »Such« mit der Absicht zu assoziieren, einen Trail zu finden – noch wichtiger – mit der Geruchsaufnahme von dem, was der Hundeführer ihm präsentiert. Wenn der Hundeführer das Kommando zur gleichen Zeit gibt, wenn der Hund gerade die Spur eines Kojoten oder einen anderen Menschen riecht, kann es sein, das er auf der falschen Spur losrennt. Aus der Perspektive des Hundes ist das erste Kommando, das er erhält, wenn er den Trail beginnt, das Kommando zur Geruchsaufnahme, und das heißt nicht notwendigerweise zu trailen. Wir müssen es aus Sicht des Hundes betrachten, weil der Hund denkt und seine Denkprozesse auf lineare Weise verlaufen. Das Kommando, Geruch vom Geruchsartikel aufzunehmen und mit der Arbeit zu beginnen, ist wirklich direkt auf die Aufnahme des Geruchs bezogen. Trailing direkt danach ist relativ, jedoch steht für den Hund die Aufnahme des Geruchs mit dem Kommando im Vordergrund seiner Denkweise. Manchmal gibt es keinen Trail zu dem Geruchsartikel, weil die Person einfach nicht da war.

Wiederaufnahme des Geruchs nach einer Pause oder jederzeit

Eines der schlimmsten Trainingsprogramme, die ich je sah, war die erneute Präsentation des Geruchsartikels auf dem Trail. Bevor ich das Ergebnis des erneuten Präsentierens des Geruchsartikels diskutiere, lassen Sie mich erklären, warum ich begann, über diesen Prozess nachzudenken. Nachdem ich Hunderte von Menschen gesehen habe, die das taten, glaube ich, dass der Grund in der eigenen Unsicherheit des Hundeführers liegt. Er denkt, der Hund werde sicherer, wenn er ihm erneut den Geruchsartikel präsentiert, und in neun von zehn Fällen ist der Hundeführer besorgt, dass er vom Trail abkommt. Als Nächstes holt er die kleine Tüte mit dem Gazepad heraus.

Wenn meine Theorie über die Durchlässigkeit der Tüte richtig ist (und ich weiß, dass sie es ist), dann zieht das Pad den Geruch von allem an, was sich in dem Moment in der Tasche des Hundeführers befindet, in dem dieser die Tüte in die Tasche steckt, und das passiert sehr schnell. Stellen Sie sich vor, dass der Hundeführer gerade dann dem Hund den Geruchsartikel auf einem kontaminierten Gazepad aus der Tüte in seiner Tasche präsentiert, der nicht nur den Geruch des Gesuchten trägt, sondern auch den kontaminieren Geruch eines anderen Suchers, und der Geruch des Gesuchten ist nicht da, wo das erneute Präsentieren des Geruchsartikels stattfand.

Wie könnte der andere Geruch des Suchers auf den Tupfer kommen? Das ist ganz einfach – der Hundeführer könnte Kontakt mit anderen des Suchtrupps gehabt haben und die Wahrscheinlichkeit ist groß, dass die Gerüche dieser Leute in dieser Tasche sind. Aus der Geruchsperspektive gesehen geht alles, was der Hundeführer berührt, in die Tasche, wenn der Hundeführer seine Hand in die Tasche steckt.

Wenn der Hundeführer dem Hund den kontaminierten Geruch zu einer Zeit des Zweifels und Verzagens präsentieren würde und der Geruch des Gesuchten nirgendwo in der Nähe wäre, was glauben Sie, würde der Hund verfolgen? Das Nächste, was passiert, ist, dass Hund und Hundeführer wieder einen völlig falschen Trail laufen.

Wenn der Hundeführer zu denken beginnt, dass er vom Trail herunter ist, weil er an der Körpersprache des Hundes zweifelt, dann gibt es eine sehr realistische Möglichkeit, dass er das auch ist. Kein Geruchsartikel, auch kein unkontaminierter, wird den Trail noch retten. Das Einzige, was passieren könnte, ist, dass der Hund etwas anderes findet, dem er folgen wird. Das Einzige, was der Hundeführer tun kann, ist den Trail wiederzufinden, indem er sich daran erinnert, wann der Hund zuletzt Trailverhalten zeigte.

10 Der Erzfeind:

Ursachen von Ablenkungen

Ablenkungen sind mein Hauptärgernis und der häufigste Grund, warum beinahe alle Trailhunde scheitern. Ablenkungen sind aus vielen Gründen problematisch, aber sie hängen normalerweise ab von:

1. der angeborenen Reaktion des Hundes oder mit anderen Worten von seiner genetischen Disposition;
2. der Verstärkung der Ablenkung oder Förderung durch den Hundeführer.
3. Der Hundeführer sorgt für zu viel Ablenkung.
4. Hunden, die von Anfang an nicht trailen.
5. Mangel an richtigem Jagd- oder Beutetrieb.
6. Der Hundeführer ist nicht der »Alpha«.

Genetische Disposition

Genetische Disposition spielt auf jeden Fall eine Rolle bei Problemen mit Trailhunden. Hunde, die eng in einem generationsübergreifenden Zusammenhang mit Linien von bestimmten Jagdhunderassen stehen, haben eine starke Prädisposition, Tiere zu jagen. Es ist mir egal, wie wir es aufdröseln, wenn der Trailhund Eltern oder andere enge Linien hat, die überwiegend zur Jagd auf Tiere genutzt wurden, mag der Trailer vermutlich Tiere, und einige stehen höher auf der Liste als andere. Wenn der Hund ein Bluetick oder Walker Coonhound ist, dann sind Bären, Rehe und jeder andere Räuber wie Kojote, Luchs, Puma ein Problem. Da Kojoten eng mit Canis Familiaris verwandt sind, könnten die Nachbarhunde ebenfalls ein Problem sein. Und nicht nur Kleintiere sind ein Ablenkungsproblem. Ich trainiere zahlreiche Labradore fürs Trailen und die meisten hörten für einen Sprung in den See oder Fluss auf zu trailen, wenn die Gelegenheit gegeben war.

Ablenkungsverstärkung durch den Hundeführer

Das kann passieren und der Hundeführer weiß es noch nicht einmal. Wenn er dem Hund erlaubt, jederzeit Gerüche anderer Hunde zu erschnüffeln, wenn der Hund angeleint ist, dann macht der Hund dasselbe auch beim Trailen. Sicher, der Beute- und Jagdtrieb kommt noch dazu, aber wenn es darauf ankommt und der Geruch eines Hundes präsent ist, wird ein hundeschnüffelnder Hund zu Hause auch ein hundeschnüffelnder Hund auf dem Trail sein. Einem Trailer sollte niemals erlaubt werden, anderen Hundegerüchen zu folgen, wenn er angeleint ist.

Wenn der Hund mit sich alleine und nicht bei mir ist, ist es mir egal – und ich könnte nicht kontrollieren – was er riecht und verfolgt. Wenn er aber am anderen Ende meiner Leine ist und ich eine Kopfdrehung in Richtung eines von einem anderen Hund markierten Feuerhydranten sehe, kann und werde ich dies korrigieren. Wenn ich einem Welpen nicht erlaube, anderen Hundegerüchen zu folgen, solange er an der Leine ist, so habe ich herausgefunden, wird er es auch später am Ende der Trailleine weniger tun.

Nochmals, die Ablenkung muss nicht unbedingt ein anderes Tier sein, es kann auch etwas sein, was der Hundeführer kreiert, wie z. B. ein Stock. Wie kann ein Stock eine Ablenkung sein? Wenn ein Hund eine Veranlagung zu Spielzeug hat (Deutscher Schäferhund, Malinois etc.) und der Hundeführer ständig in den Wald geht, um mit seinem Hund Stöckchen zu spielen, können Stöcke zu einer Ablenkung auf dem Trail werden. Ich habe das bei unzähligen Deutschen Schäferhunden gesehen. Legen Sie ohne vorheriges Training als Gegenmaßnahme einen Kong oder Ball mitten auf den Trail, und beinahe jeder spielfreudige Hund geht auf die Ablenkung des Kongs oder Balls ein.

Hundeführer Jeff Elias und Bono.

Ablenkung durch den Hundeführer

Die Ablenkung durch den Hundeführer ist enorm. Ich sprach schon im letzten Kapitel davon, möchte es aber hier noch genauer erklären. Wenn ein Hundeführer nicht mit seinem Hund mithalten kann und die meiste Zeit am anderen Ende der Leine hin und her hüpft wie ein Ping-Pong-Ball, dann wird er oft seinen Hund rucken. Wenn er oft an dem Hund ruckt, wird er zur Ablenkung. Ich sprach bereits davon, wie wichtig es ist, die Zehn-Meter-Leine zu beherrschen, und ich möchte das jetzt noch einmal betonen. Wenn ein Hundeführer gut mit der Zehn-Meter-Leine umgehen kann und hart daran arbeitet, wird er kein Ping-Pong-Ball sein – oder zumindest nicht so sehr.

Hunde trailen von Anfang an nicht

Dies ist ein anderes großes Problem. Viele Hunde können »arbeiten«, indem sie jedem Geruch folgen, außer dem des Gesuchten, und der Hundeführer folgt dem Hund einfach nur. Dies trägt zur Ablenkung bei. Wenn der Hundeführer das erlaubt, ist es so. Es ist ganz einfach. Hunde nutzen jeden Vorteil bei jeder sich ihnen bietenden Gelegenheit.

Mangel an richtigem Jagd- oder Beutetrieb

Wenn der Hund keinen richtigen Jagdtrieb hat, ist er vielleicht einfach von Natur aus »ein kleines Monster«. Die meisten dieser Hunde sind sehr unabhängig und haben wenig Interesse, ihrem Hundeführer zu gefallen, oder sie mögen es einfach nicht, ihre Nase zum Suchen von Menschen einzusetzen. Nicht alle Hunde mögen diesen Job. Stimmt, alle Hunde sind zum Trailen in der Lage, aber nicht alle wollen es auch. Probieren Sie nur einmal, einen viereckigen Dübel in ein rundes Loch zu zwängen; das führt zu einem zerbrochenen Dübel oder einem Dübel, der nicht mehr funktioniert. Das gleiche Prinzip kann man bei Hunden anwenden, die es nicht mögen, zu trailen.

Es ist eine enorme Verschwendung von Zeit und Ressourcen, mit solchen Hunden zu arbeiten. Wenn ein Hundeführer das Trailen als Sport macht – prima, dann kann er Pflaster treten, bis die Sonne untergeht. Wenn der Grund für den Trailhund aber ist, Menschen zu finden, dann ist so eine Einstellung unverantwortlich. In diesem Fall spricht nur das Ego aus dem Hundeführer anstatt Mitgefühl und Sorge für diejenigen, die er mit seinem Hund finden soll.

Der Hundeführer ist nicht der »Alpha«

Dies ist ein ungewöhnliches Vorkommen, aber ich habe es geschehen sehen. Es passiert, wenn ein hochdominanter und triebiger Hund, der permanent herausfordert, einem Hundeführer gehört, der die ganze Zeit klein beigibt und erlaubt, mit dem Herausfordern weiterzumachen. Wenn der Hund nicht ungestraft davonkommt, wird er damit definitiv nicht an einer Zehn-Meter-Leine aufhören. Der Schlüssel, um dies zu reparieren, besteht darin, das Dominanzverhalten zu Gunsten des Hundeführers umzudrehen. Nichts ist umsonst und der Hund hat für alles, was er haben möchte, für seinen Hundeführer zu arbeiten.

Hundeführerin Pam Nyberg und Bodie. Pam rutschte aus und fiel hin, wobei sie Bodie ungewollt einen Leinenruck verpasste. Man sieht, wie Bodies Körper durch den Ruck mit der Leine zur Seite geht.

Hundeführer John Kunkle rutscht bei der Flussdurchquerung aus.

Training für die Ablenkungen

Habe ich einen Welpen, der nicht unter eine der vorgenannten Kategorien fällt, vor allen Dingen nicht unter »Verstärkung durch den Hundeführer auf Tiere oder andere Ablenkungen«, ist das nachfolgende Training nicht notwendig. Wenn ich meinem Hund niemals erlaube, auf eine Ablenkung zu gehen, wird er das auch nicht beim Trailen tun. Und wenn er es tut oder wenn er unter irgendeines der vorherigen Szenarien fällt, integriere ich es in das folgende Training, und zwar gewissenhaft und so lange, bis das »Wechseln« aufhört.

Die folgenden Phasen bilden das Fundament des Trainings. Wenn der Hundeführer klug und fachmännisch vorgeht, wird er lernen, seinen Hund bei unzähligen Ablenkungen zu lesen und möglicherweise seine Körpersprache dabei zu identifizieren.

Phase 1

Wir beginnen fast wieder mit Schritt eins und den Fire Trails – schöne, einfache und gerade Trails mit einer Länge von nur 50 bis 75 Metern. Der Trail muss sehr gut vom Anfang bis zum Ende markiert sein, damit er für jeden aus der Entfernung – vor allen Dingen für den Hundeführer – leicht zu erkennen ist, wie etwa gelb oder weiß. Der Trailleger startet am Punkt A, geht zu Punkt B und hinterlässt während des Gehens gut erkennbare Markierungen.

Als Nächstes wird die Ablenkung durch andere Hunde gebracht. Ich bevorzuge anfangs Hunde, die der Trailhund gut kennt und mit denen er gern spielt oder andersherum einen Hund, den er gar nicht mag. Beides erzeugt Interesse. Eine zweite Person bringt diesen Ablenkungshund zu einem Punkt, etwa fünfzig Meter weit in den Trail hinein, aber er läuft exakt parallel dazu. Während die Person mit dem Hund da entlanggeht, markiert sie den Trail mit einer anderen Farbe. An dem Punkt, wo sich die Trails treffen, sollte eine Extra-Markierung von der Ablenkungsperson hinzugefügt werden, sodass der Hundeführer den Trail wirklich aus der Entfernung sehen kann.

An diesem Knotenpunkt sollte der andere Ablenkungshundeführer den Hund Platz machen lassen oder versuchen, Haare auf die Stelle zu legen. Wenn der Hund an der Stelle uriniert – noch besser. Nachdem der Hund für ein oder zwei Minuten an der Stelle war, geht die Person mit dem Hund einfach weiter und versteckt sich nicht sichtbar. Das Versteck sollte außerdem nicht im Wind liegen. Wir wollen nicht, dass der Hund den Ablenkungshund über Hochwitterung wahrnimmt.

Der Hundeführer sollte beiden Trails ein bisschen Zeit zum Setzen geben und den Hund zum Trailen bereit machen. Er sollte die Geruchsaufnahme durchführen, wie in dem Kapitel über die drei Geruchsthemen beschrieben, jedoch den Ablenkungstrail bei dieser Aufnahme auslassen. Wir wollen, dass es eine Überraschung wird; wenn das bedeutet, dass die Aufnahme mehr in Richtung des falschen Trails verlagert wird, ist das genau richtig.

Nachdem der Hund gestartet ist, muss sich der Hundeführer wirklich darauf vorbereiten, die Körpersprache zu lesen und schnell zu reagieren. Der Hund wird vermutlich drei deutliche Reaktionen auf die Ablenkung zeigen, wenn der Hundeführer dieses zulassen würde. Phase eins, Erkennung der Ablenkung, ist die Vorbereitungsphase, wenn der Hund eine Geruchsanomalie wahrnimmt oder den Proximity-Geruch des gekreuzten Trails. Diese Wahrnehmung wird von der Größe des Geruchspools, dem Wind, dem Alter des Geruchs und anderen Umweltbedingungen bestimmt. Im Allgemeinen reagieren die Hunde mit einer leichten Veränderung. Der Kopf hebt sich ein wenig, die Ohren gehen nach vorn, die Rute geht runter oder biegt sich steif – das Verhalten variiert. Der Hund nimmt eine Veränderung wahr und ahnt diese voraus, aber er weiß noch nicht genau, was es ist oder wo es beginnt.

Die nächste Phase ist die Entdeckung, in der der Hund tatsächlich die Stelle entdeckt, wo der Hund lag oder urinierte etc. Viele Hunde werden langsamer oder halten an dieser Stelle an und zeigen eine Kopfdrehung in die Laufrichtung des anderen Hundes. Abhängig von der Größe des Geruchspools und der Anzahl anderer Geruchsfaktoren des ablenkenden Hundes wird der Trailhund in den Geruch vertieft sein. Das Schnüffeln klingt wie ein verstopfter knatternder Staubsauger. Der Trailhund wird außerdem seine Nase in eine bestimmte Stelle graben.

Ablenkung
Zeichnung 1

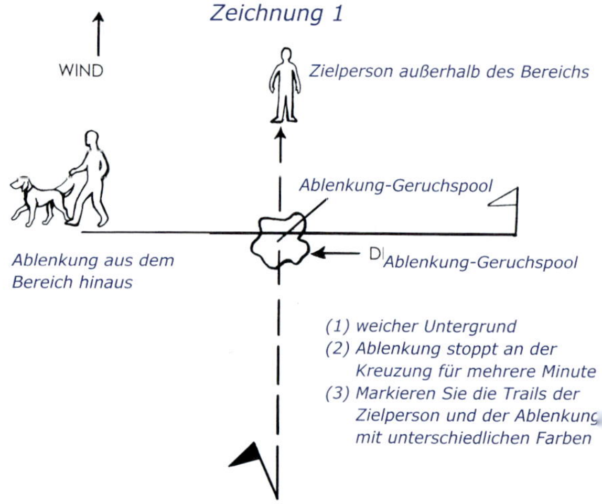

Einfache Hundeablenkungstrails

Ablenkung
Zeichnung 2 Drei Phasen

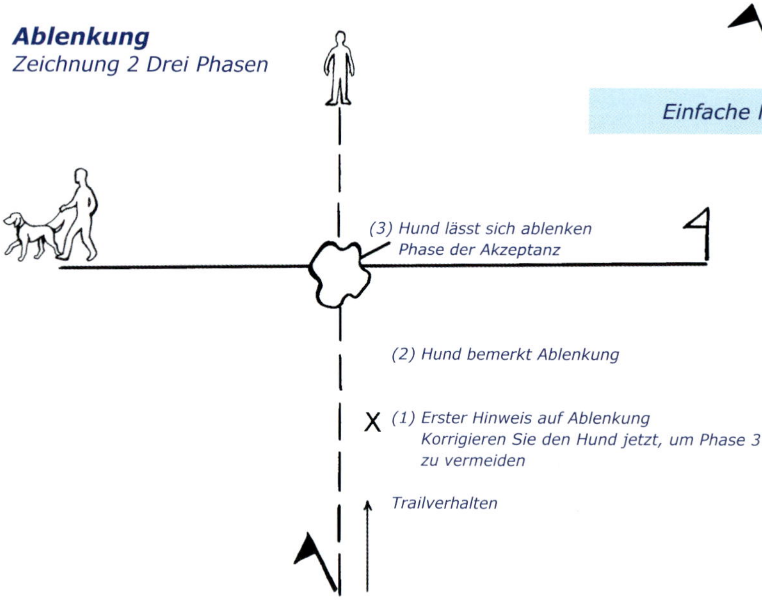

Die letzte Phase ist die schlimmste und ich nenne sie die Phase der Akzeptanz. Das geschieht, wenn der Hund sich für die Ablenkung entscheidet und vom eigentlichen Trail geht. Dies ist die schlimmste Phase, weil die meisten Hundeführer an dieser Stelle endlich die Ablenkung erkannt haben, und obwohl sie den Hund korrigieren, bleibt dieser weiter auf der Ablenkung oder – noch schlimmer – der trailende Hund vergisst, was er ursprünglich verfolgte. Diese Phase kann auch als Verstärkungsstadium angesehen werden, denn wenn der Hundeführer zu lange mit der Korrektur wartet, wird der Hund tatsächlich dazu ermutigt, der Ablenkung zu folgen - einfach nur aufgrund der Erlaubnis durch den Hundeführer.

Die beste Zeit für die Korrektur ist in der Vorbereitungsphase, wenn der Hundeführer die erste Änderung in der Körpersprache beobachtet. Wenn der Hundeführer an dieser Stelle korrigieren kann, zeigt der Hund lediglich eine kleine Kopfbewegung an dem gekreuzten Trail und arbeitet weiter ohne viel Trara. Das Problem ist, dass es die meisten Hundeführer, auch wenn sie eben über dieses Problem gelesen haben, nicht rechtzeitig mitbekommen und dadurch letztendlich bei der Akzeptanzphase ankommen. Dies ist auf die Muskelerinnerung zurückzuführen – das Praxistraining des Hundeführers ist so eingefleischt, dass er die Dinge immer wieder auf dieselbe gewohnte Art und Weise macht. Wenn der Hundeführer in der Vergangenheit immer nur die Akzeptanzphase korrigiert hat, weil sie so leicht erkennbar war, wird er es weiter tun, auch wenn ihm gesagt wird, dass er es nicht tun soll und warum nicht.

Wenn der Hundeführer es nicht schafft, den Hund zu korrigieren, bevor der Hund die Akzeptanzphase erreicht, ist jede Korrektur, vom zeitlichen Blickwinkel betrachtet, bedeutungslos und der Hund kann leicht vergessen, wonach er gesucht hat.

Es dauert einige Trails, die Denkweise des Hundeführers auf die neuen Informationen zu konditionieren, die er zuvor immer verpasst hatte. Der Hundeführer hat niemals auf die Vorbereitungsphase geachtet, weil er es vielleicht auch nicht wusste. Jetzt, wo die Trails gut markiert sind – von der Person und auch von der Verleitung – hat jedes Verhalten des Hundes einen erkennbaren Grund für jeden, der es sehen kann.

Was passiert, wenn der Hund zur Akzeptanzphase kommt und nicht von der Verleitung weg will? Ich habe viele unterschiedliche Methoden der Korrektur gesehen, aber die meisten Korrekturen schienen zu kommen, nachdem der Hund die Verleitung bereits völlig angenommen hatte. Nicht nur, dass es zu spät ist – die Korrektur könnte auch zu hart sein. Je mehr ein Hundeführer machen muss, desto länger bleibt der Hund auf der Verleitung und umso mehr wird die Verleitung verstärkt. Gleichzeitig kann der Hundeführer den Hund nicht physisch von der Verleitung runterziehen, weil der mutmaßliche Trail, dem der Hund folgen soll, ebenfalls da ist.

Die beste Reaktion, eine Verleitung zu korrigieren, ist aus der Entfernung und ohne zum Hund zu gehen. Der Hundeführer kann damit beginnen, mit harter Stimme ein »Lass es!« zu sagen. Wenn das nicht hilft, sollte er es eindringlicher mit lauterer Stimme sagen »LASS ES!!«. Wenn das nicht hilft, »schnippe eine Falte an seinen Hintern«, wie mein großer Mentor Glenn Rimbey immer zu sagen pflegte. Eine Falte kann man ganz gut auf den faltigen Hintern eines Bloodhounds schnippen, aber es funktioniert auch bei jeder anderen Rasse. Wenn der Hundeführer richtig mit der Leine umgehen kann, sollte er acht bis zehn Meter hinter seinem Hund sein und die Leine sollte genau entlang des Rückens verlaufen, auf einer Linie zwischen seinem Hintern und Kopf direkt zum Hundeführer. Die Leine sollte gespannt sein, aber nicht zu straff. Um sicher zu gehen, dass es richtig ist, kann sich der Hundeführer mit der Leine leicht nach vorn beugen oder einen halben Schritt vorwärts gehen. Dies wird einen guten Bogen hervorrufen, der in der Leine zu sehen ist. Jetzt hebt der Hundeführer die Hand über die ursprüngliche Position hinaus und lässt sie nach vorne schnellen wie eine Peitsche. Der kleine Bogen der Leine, den er zuvor machte, läuft nun schnell über die gesamte Länge und »schnippt eine Falte auf seinen Hintern«. Je häufiger der Hundeführer das trainiert, desto besser das Schnippen.

Wenn der Hund bereits so lange auf der Verleitung ist, dass der Hundeführer ihm nicht mehr befehlen kann, aufzuhören, sollte eine körperliche Korrektur erfolgen.

Ich bin nicht für positive Verstärkungstechniken oder Umlenkungstrainingsmethoden für hochtriebige Hunde oder Hunde im Allgemeinen, da diese Methoden in der Regel auf menschlichen Beweggründen basieren und nicht auf der Denkweise des Hundes beruhen. Sie mögen großartig fürs Fernsehen und kurzzeitige Resultate gut sein und prima für wandelnde Mägen (Futterablenkung), aber sie sind furchtbar für hochtriebige Arbeitshunde, die nicht auf diese Weise ticken.

Ein kleiner Schnipp mit der Leine tut nicht weh, aber man bekommt dafür schnell wieder die Aufmerksamkeit des Hundes zurück. Besser jetzt, als dass der Hundeführer nach vorn gehen und auf den Hund körperlich einwirken muss, um ihn wegzubewegen. Wir wollen,

K.9 Kaos, abgelenkt von einem großen Ball auf der Wiese. Beachten Sie Leine zwischen seinen Beinen, die möglicherweise zu der Ablenkung führte.

Ein Hundeführer übt beim Training »schnippe eine Falte auf meinen Hintern« bei einem Seminar in Plymouth, Kalifornien.

dass der Hund zurück auf den Trail geht, ohne ihn wegziehen zu müssen, weil die körperliche Beeinflussung das Führen verstärkt.

So wie bei jeder Korrektur oder Belohnung muss das Timing präzise sein. Ist der Hundeführer zu langsam, wenn der Hund bereits einige Sekunden auf der Verleitung ist, dann ist der Trail der Person nicht mehr länger wichtig. Das Schnippen könnte den Hund von der Verleitung holen, aber er vergisst den Trail. Gutes Timing ist entscheidend. Noch besser ist, wenn der Hundeführer die Ablenkung in der Vorbereitungsphase abfängt; dann kann er auf das Schnippen verzichten. Die Steigerung der Korrektur sollte von »Lass es!« über LASS ES!« zu »LAASSS ESS!!!« sein. Mit einem guten Schnippen kann die Korrektur innerhalb einiger Sekunden erfolgen oder mit der Häufigkeit eines Maschinengewehrs. Es hängt vom Hund ab und wie schnell der Hundeführer die Verleitung erkennt – hoffentlich bevor der Hund auf die Verleitung geht. Der Hundeführer muss mit dem Timing schnell werden.

Ich empfehle, dass Hundeführer die Praxis der »Schnippen einer Falte«-Methode einige Mal über dem Rücken eines guten Freundes oder eines Torpfostens probieren, um darin geübt zu werden. Ansonsten wird sein erster Versuch nichts weiter als ein Auf-und-ab-Bewegen der Leine. Wenn ein Hundeführer gut mit der Peitsche umgehen kann, ist es einfacher.

Der Punkt ist, den Hund in der Vorbereitungsphase der Ablenkung abzufangen. Wenn ein Hundeführer seinen Hund erwischt, dass er die Geruchsanomalie aus der Entfernung wahrnimmt, wird er lange brauchen, ihn von vornherein davon abzubringen. Wenn der Hund einmal verstanden hat, was er wahrnimmt, und erkennt, dass das Abchecken dieses Ablenkungsgeruchs falsch ist, wird er sich meist selbst korrigieren, ohne viel Einfluss durch den Hundeführer. Nur weil ein Hundeführer seinen Hund an dieser Verleitung

Die Leine nach vorne schnappen lassen wie bei einem Peitschenschlag.

vorbei bekommen hat, heißt das allerdings noch nicht, dass er das bei anderen Arten von Verleitungen auch schafft. Diese Art des Trainings ist gestaffelt und muss aufgebaut werden.

Der ganze Zweck des extrem gut markierten Personen- und Ablenkungstrails dient dazu, den Hund wirklich lesen zu lernen. Wenn ein Hundeführer genau weiß, wo und wie Dinge passieren, ohne viel darüber nachzudenken, hat er den Kopf frei, um wirklich den Hund zu beobachten, ohne ihn zu führen.

Phase 2

Phase zwei des Ablenkungstrainings beinhaltet eine Änderung der Geruchsdynamik beim Aufbau. Der erste Trail war so gelegt, dass der Hund zuvor keine Hochwitterung von der Ablenkung bekommen konnte – und dann nur vom Verleitungstrail und nicht vom Geruchspool oder Hochwind aus dem Versteck. Wenn möglich, sollte der Hundeführer das nächste Szenario so planen, sobald der Hund den Trail über den Verleitungspunkt kreuzt, ohne abgelenkt worden zu sein und gut den richtigen Trail arbeitet, dass er über

Hochwitterung das Versteck der Ablenkung wittert. Weil dieser starke, frische Geruch darauf hinweist, dass die Ablenkung nah ist, ist das eine besonders starke Ablenkung und der Hund wird den eigentlichen Trail verlassen. Die gute Nachricht ist, dass der Hundeführer die Verhaltensänderung sehen sollte, weil die Trails der Zielperson und der Verleitung so gut markiert sind, dass keine Unsicherheit darüber besteht, was die Verhaltensänderung bewirkt. So wie bei der letzten Ablenkung sollte der Hundeführer die Phasen der Korrektur angemessen anwenden, um den Hund zurück auf den Trail zu bekommen.

Phase 3

Bei Phase drei des Ablenkungstrails fügen wir die Sicht hinzu. Der Hund hat bisher den Geruch der Verleitung wahrgenommen und hat sie durchgearbeitet. Der Hund hat über Hochwind den Trail wahrgenommen und ist auf dem Trail geblieben. Nun wollen wir die Dinge richtig durcheinander bringen. Der Hundeführer arbeitet mit seinem Hund wie in Phase eins und zwei, aber wie der Hund in der Vergangenheit entweder die Verleitspur kreuzte, Hochwind bekam oder beides, so läuft der Ablenkungshundeführer nun mit seinem Hund einfach ins Sichtfeld. Der Trailhundeführer gibt dem Ablenkungshundeführer ein Signal, sich zu bewegen, indem er einfach seinen Arm hebt. Der Trailhundeführer wird vermutlich eine Reaktion des Hundes bemerken und wie bei den anderen Ablenkungen sollte diese korrigiert werden. Längst beginnt der Hund zu verstehen, dass er nicht vom Trail weg darf. Auch wenn einige der Hunde auf die visuelle Ablenkung aufmerksam werden, sollte es ziemlich leicht zu korrigieren sein.

Phase 4

Der nächste Schritt ist eine sich bewegende Ablenkung (vor allen Dingen eine interessante Bewegung wie ein anderer Hund) und wird dem Hund in der Regel mehr entlocken als nur einen Blick, und das ist genau das, was wir provozieren wollen. Nachdem sich der Hund durch kreuzende Trails, Hochwind und visuelle Verleitung arbeitete, wird sich die Verleitung nun auf den Trailhund zu bewegen. Die

Ablenkungstraining in Schritten

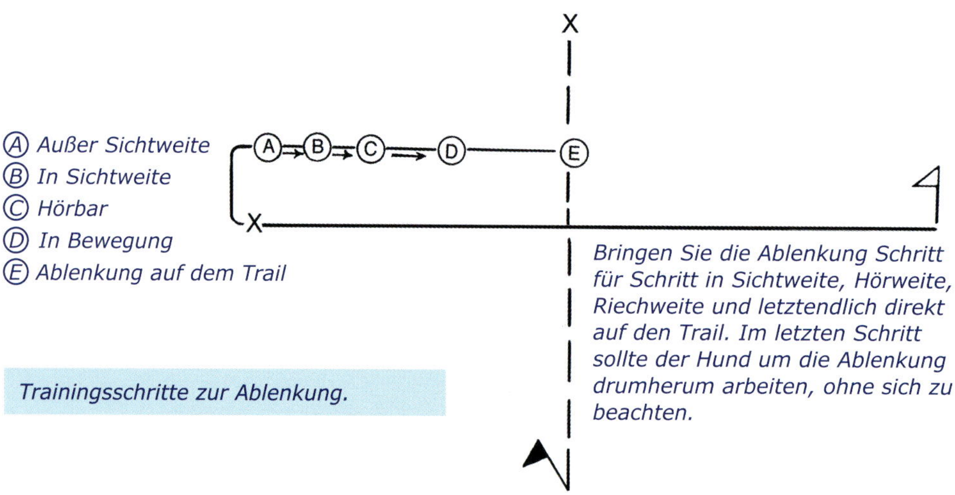

Trainingsschritte zur Ablenkung.

Korrektur kann nach Bedarf angewendet werden. Wenn der sich bewegende Verleithund den Trailhund veranlasst zu reagieren, sollte der Hundeführer ein anderes Signal anwenden und den Hundeführer des Verleithundes stoppen.

Dies kann die schwierigste zu überwindende Phase für sehr visuell veranlagte Hunde sein, aber mit Ausdauer sollte sich der Trailhund irgendwann durcharbeiten. Nochmals, passend zur Verstärkung des richtigen Trailens in den gesamten letzten Phasen weiß der Hund, dass er fokussiert auf dem Trail bleiben soll. Die gesamte Arbeit zuvor sollte bei dieser Phase helfen.

Phase 5

Man nehme eine sich bewegende Ablenkung und füge noch zusätzlich ablenkende Geräusche hinzu. Wenn ein Hund die Ablenkung ist, lassen Sie den Hund heftig bellen, wenn der Trailhund vorbeiläuft. Lassen Sie den verleitenden Hundeführer den Trailhund anschreien. Jede Art von Geräusch, das möglicherweise für den Trailer zu viel des Guten sein könnte, sollte durchgearbeitet werden, bis es keine Verleitung mehr ist.

Phase 6

In die letzte Phase des Ablenkungstrainings sollte nun das Alter des Trails integriert werden. Der Trail des Gesuchten sollte unterschiedlich altern, während die Verleitspur frischer wird. Es ist wichtig, die Grenze zu entdecken, wo die Ablenkung den Geruch des Gesuchten überwältigt. Es gibt absolut keinen Grund oder Anlass zu sagen, wie alt zu alt ist – jeder Hund ist anders. Ein Hundeführer muss seinen eigenen Hund testen, um herauszufinden, wie dieses Zeitfenster aussehen könnte. Es ist interessant, dass dieser Zeitrahmen auch die tatsächliche Altersgrenze für den Hund im Einsatz sein könnte. Es ist ein Indikator für das Alter, bei dem es für einen Hund weniger wahrscheinlich wird, den Geruch des Gesuchten zu finden und eher der Ablenkung zu folgen. Dieser Zeitrahmen kann eine Stunde sein oder 24 Stunden. Dieses Problem kann man arbeiten und mit Reife und Praxis wird die Altersgrenze steigen.

Ablenkungen bis an die Grenzen ausreizen

Der Kernpunkt dieser Art des Trainings ist, dass sich die Ablenkung genau auf dem Trail der Zielperson bewegt, und die einzige Reaktion des Trailhundes muss sein, dass er einfach um die Ablenkung herum läuft. Ja, das kann gehen. Wenn Sie sich die oben beschriebenen Phasen genau vornehmen, ist es wirklich einfach, um eine Ablenkung herum zu arbeiten und sollte erwartet werden können.

Diese Art des Trainings kann auf jede Ablenkung angewandt werden, von der ein Hundeführer denkt, dass sie eine Reaktion beim Hund auslösen wird. Jeder Hund hat einen Erzfeind unter den Ablenkungen. Der Erzfeind meines Hundes waren Katzen. Wenn er während eines Einsatzes auf irgendeinen Katzentrail traf, wollte er den Einsatztrail verlassen. Gott bewahre, wenn die Katze vor ihm über den Trail lief. Dann war alles gelaufen. Genau wegen dieses Problems begann ich mit meiner Methode der Korrektur von Ablenkungen.

Ich glaube, dass jeder Hundeführer bis an die Grenzen der Ablenkung gehen sollte. Alles, was für den Trailhund eine geruchliche Ablenkung sein könnte, sollte ins Training aufgenommen werden.

Wenn Rehe das Problem sind, kann ein Hundeführer nicht aufgeben, nur weil er kein zahmes Reh findet, das den Trail kreuzt. Ein Hundeführer mit Erfahrung beim Fährtensuchen von wilden Tieren kann vielleicht einen frischen Wildwechsel entdecken, der regelmäßig begangen wird. Solche Trails sind für einen Hund nur schwer zu ignorieren, vor allem, wenn sie mit Tierkot und Haaren vermischt sind. Es dürfte eine Weile dauern, bis man durch Beobachtung den Zeitpunkt herausgefunden hat, zu dem das Reh den Wechsel nimmt. Wenn das geschehen ist, sollte man rasch einen menschlichen Quertrail zur Rehfährte laufen.

Es kann auch effektiv sein, mit den lokalen Forstbehörden über die im eigenen Land geltenden Vorschriften und Gesetze in Bezug auf Wildtiere zu sprechen. Die Forstbeamten können dem Hundeführer andere Möglichkeiten des Trainings mit Rehen aufzeigen und werden sie dem Hundeführer vielleicht sogar von sich aus anbieten, wenn sie von dessen Aufrichtigkeit überzeugt sind. Die Forstbeamten können den Hundeführer auch direkt zu den ihnen bekannten, regelmäßig begangenen Fährten von Rehen führen. Diese Trails sind oft fest auf Waldwegen verwurzelt und leicht aus der Entfernung zu sehen. Um diesen Reh-Trail sichtbar zu machen, genügen ein paar Markierungen, bevor man einen menschlichen Trail quer dazu läuft.

Wie ich zuvor erwähnte, waren Katzen früher mein großes Problem und sie sind auch jetzt ein großes Problem für Hunde. Nur sehr wenige Hunde können einem frischen Katzentrail ohne Training widerstehen. So kam ich auf die Idee, Katzen zu benutzen und sie ganz genau das tun zu lassen, was ich möchte.

Was ich nun erklären werde, ist nicht unbedingt etwas für zart Besaitete und kann durch die örtlichen Gesetze geregelt sein. Diese Trainingstechniken sind lediglich ein Tipp und keine Lizenz, meine Richtlinien zu befolgen. Leser, Vorsicht! Und falls Sie sich entscheiden, es trotzdem zu tun, passen Sie auf, dass Sie niemand dabei beobachtet!

Ich kaufte eine Lebendfalle, die mit Ködern verwendet wird. Diese Falle ist üblicherweise etwas Kastenförmiges mit einer Druckplatte an einem Ende und einer Falltür auf der Eingangsseite. Ich stelle die Falle in eine Gegend, in der viele verwilderte Katzen sind und wenn die Katze in die Falle reingeht, um nach den zarten Leckerchen zu schauen, die am anderen Ende auf der Druckplatte liegen – voilà! Die Miezekatze ist gefangen! Das ging wirklich gut, auch wenn die Mieze nicht sehr erfreut darüber zu sein schien. Ich musste vorsichtig sein, wenn ich mich dem Käfig näherte, und entschied mich später, dass es besser ist, am anderen Ende des Käfigs eine Leine zu befestigen, damit meine Finger nicht zerkratzt und zerbissen wurden. Ich nahm dann die Leine und zog den Käfig samt der Miezekatze für ca. 50 Meter zu einem Versteck und markierte den Trail beim Gehen. Nun hatte ich einen schönen Katzentrail. Es gibt nichts Besseres, aus der geruchlichen Perspektive gesehen, und mein Hund liebte es. Ich schaffte es, das Katzenablenkungstraining zu durchlaufen, ohne von Nachbarn gescholten worden zu sein oder ohne dass meine Lebenspartnerin mir gesagt hätte, dass ich damit aufhören solle und ohne einen Strafbefehl des lokalen Tierschutzbeamten, und ich stellte dann ebenfalls fest, dass ich den Käfig besser nicht zurückbringen sollte – man konnte ihn auch für andere Kleintiere wie Waschbären, Stinktiere, Opossums, Eichhörnchen und Kaninchen verwenden. Der Käfig, samt entsprechendem Köder, kam für die nächsten Versuche zum Einsatz.

Ich entdeckte Folgendes: Waschbären sind gemein, wenn sie gefangen werden und sie können sich sehr schnell durch eine schöne Lederleine beißen. Ich befestigte das nächste Mal eine Stahlschnur an den Käfig, die ich normalerweise zum Hechtfischen benutze.

Um genau zu sein, erwies sich die Stahlschnur bei allen scharfzahnigen Tieren als eine gute Idee. Ich entdeckte außerdem, dass ein Stinktier eine Person ansprühen kann, wenn sie eine versteckte Bewegung macht und wenn sie sich dem Käfig nähert. Wenn ich ungefähr zehn Meter Abstand hielt, machte das Stinktier in der Regel so gut wie nichts. Ich befestigte meine Lederleine ans Ende der Stahlschnur. Das Stinktier aus dem Käfig zu bekommen, war dann weitaus dramatischer, aber ich will die Leser nicht mit weiteren Details hierzu langweilen.

Ich fand heraus, dass ich Kleintiere in einer Lebendfalle für viele Szenarien nutzen konnte, und es wurde zu einem großartigen Trainingswerkzeug. Jedoch, das war meine Methode und ich verfechte nicht, dass sonst jemand es ausprobiert. Dem Gesetz nach muss ich allen Lesern sagen, dies auf keinen Fall zu tun.

Hunde und Cracksüchtige

Hunde und Cracksüchtige sind ähnliche Gewohnheitstiere. Ich stellte das fest, als ich auf den Straßen als Polizist Cracksüchtige verhaftete und mit Polizeihunden in Gebieten mit großer Ablenkung arbeitete, z. B. in Gebieten von Miezekatzen.

Cracksüchtige werden nicht immer einfach wegen der reinen chemischen Abhängigkeit wieder rückfällig. Ich lernte schnell, dass Cracksüchtige oftmals nach einer erfolgreichen Rehabilitation anfingen, wieder zu rauchen, und zwar nicht wegen der Droge selbst, sondern in erster Linie wegen der Leute, Plätze und Dinge, die sie an das Rauchen der Droge erinnerten. Einfach um den »Block« gehen und mit Kumpels rumzuhängen, veranlasst sie, sich wieder eine anzustecken. Ich setze es mit den Zigarettenrauchern gleich, die der starke Drang überkommt, wenn sie in die Nähe einer Bierflasche kommen, egal wie stark sie versuchen, aufzuhören. In einer Kneipe ein Bier zu trinken, ist der beste Platz, um zu rauchen und hat die stärkste Verbindung zur Zigarette.

Trail- und sogar Haushunde können wie Cracksüchtige sein, mit schlimmen Angewohnheiten. Wenn der Hund zu Leuten, an Plätze oder zu Dingen kommt, die ihn an wilde Miezekatzentage erinnern, wird die Kraft, von einer Verfolgung abzusehen, auf eine harte Probe gestellt. Nur weil das Katzenproblem möglicherweise zu Hause gelöst ist, heißt das noch lange nicht, dass das Katzenproblem an dem Ort gelöst ist, wo das Problem begann. Für mich war der Platz der Hof des Alameda Corps, direkt rechts von Fortman Way und Grand Street. Der Hof des Corps war der Platz, wo alle Stadtfahrzeuge standen und gewartet wurden, und das ist direkt neben dem Tierheim. Mr. Kitty war der König des Corp-Hofes, da alle Arbeiter und einige Leute vom Tierheim Futter für ihn hinlegten. Das Problem war nicht nur Mr. Kitty, sondern auch seine Kumpels. In der Nacht mit einer Taschenlampe in der Hand über den Hof zu laufen, war wie inmitten eines Stephen-King-Buches zu sein. Katzen säumten den Weg wie beim Spießrutenlauf von katzenartigen Gladiatoren und es war wirklich gruselig.

Ich holte meinen ersten Hund, Ronin, in den Hof und seine Augen und die Nase waren wie die Paddeln beim Flipper-Automaten. Er wurde verrückt und alles, was ich tun konnte, war ihn zurückzuhalten. Da wusste ich, dass wir das Ablenkungstraining auch in dem Gebiet machen mussten, in dem ich arbeitete. Das Problem in dem Hof wurde nie wirklich vollständig gelöst, es war einfach sensorisch überladen und weil ich versehentlich die Katzenablenkung verstärkt hatte, indem ich ihm erlaubte, seiner Nase zu folgen, wenn Ronin in der Vergangenheit nicht arbeitete, war er nun wie ein Cracksüchtiger beim Spießrutenlauf zwischen anderen Cracksüchtigen, die mit den Ruten nach ihm schlugen. Ich bekam Ronin schließlich zum größten Teil dazu, von Katzen abzulassen, aber ich wusste, wenn er auf seinem eigenen Weg war, würde Pelz fliegen.

Die Lehre aus dieser Geschichte ist: »Lasst eure Hunde nicht als Cracksüchtige aufwachsen«, und wenn ihr die Ablenkung niemals erlaubt, wird die Ablenkung kein so großes Problem.

Ablenkungen durch Lärm und Gegenstände

Lärm und Gegenstände können Hunde verängstigen oder anlocken und müssen eigenständig berücksichtigt werden. Wenn etwas geschieht, was auch immer es ist, dazu führt, dass sich ein Trailhund vom Geruch der Zielperson löst, ist das eine Ablenkung. Ich habe oft Hundeführer sagen hören, dass ihre Hunde einen bestimmten Reiz oder eine Angstreaktion bei einem bestimmten »Ding« zeigen und sie halten es für selbstverständlich, dass es ein Problem ist. Statt es zu ändern, versuchen sie, das Problem zu vermeiden oder klappen das Problem mit dem Hund zu. Das ist eine schlechte Angewohnheit und macht nichts weiter, als die Reaktion des Hundes zu verstärken. Wenn der Hund merkt, dass der Hundeführer bei einem Reiz klein beigibt oder aufgibt, wenn der Hund auf etwas trifft, was ihn nervös macht, wird die Ablenkung jedes Mal stärker. Es kommt ein Punkt, an dem der Hundeführer nicht mehr in der Lage ist, es zu korrigieren. So wie bei der Katze, sollte bei einem Reiz oder einer phobischen Reaktion sofort gehandelt und niemals durch Erlauben verstärkt werden.

Hier ein anderes Beispiel mit meinem Hund. Aus unerfindlichen Gründen flippte mein Hund aus, wenn die Müllabfuhr eine Ladung Müll aus dem Müllcontainer auf die Ladefläche auflud. Ich hatte keine Ahnung, warum, und ich erinnere mich nicht an einen bestimmten Vorfall, der dies das erste Mal auslöste, aber ich bin jetzt überzeugt, dass etwas zuvor passiert war und dass ich diese Angst verstärkt habe. Ich weiß das jetzt, nachdem ich Hunderte von anderen Hunden trainiert habe. Ronin war mein erster Hund und er war wundervoll für mich, weil er die Grundlage für alles lieferte, was ich tat und was ich jetzt tue. Ich bin äußerst wachsam bei jeglicher Körpersprache des Hundes, zu jeder Zeit, wenn ich bei ihm bin. Wenn es ein Hund für die Arbeit ist, bin ich doppelt wachsam. Der einzige Weg, etwas über den Reiz für Hunde oder phobische Reaktionen auf ein Tier oder Objekt zu lernen, ist durch seine Körpersprache. Es gibt keinen

Der Autor arbeitet mit Anvak an dessen Angst vor Traktor-/ und Anhängergeräuschen.

anderen Weg, weil der Hund nicht mit mir sprechen kann. Es ist meine Pflicht, mir bewusst zu sein, was den Hund beeinflusst. Mein Job ist der eines Interpreten, Motivators und Führers.

Als ich schließlich das Problem in Bezug auf die Müllabfuhr erkannte, musste ich Gegenmaßnahmen ergreifen, es zu lösen. Als Erstes musste ich meinem Hund zeigen, dass ich keine Angst hatte. Ich bin der eigentliche Führer und wenn der Hund denkt, dass ich Angst aufgrund eines Geruchs oder der körperlichen Reaktion habe, wird seine Reaktion genauso sein wie meine oder schlimmer. Durch mein Verhalten beeinflusse ich, worauf und wie mein Hund in Situationen reagiert. Wenn ich der Fels in der Brandung bin, wird mein Hund leichter damit umgehen. Ich zeigte Ronin, dass ich keine Angst hatte; ich näherte mich dem LKW selbstsicher und ohne zu zögern. Als Zweites motivierte und belohnte ich ihn (mit Futter), um ihn zu überreden, näher zu kommen. Das brauchte Zeit, aber ich brachte Ronin zu dem Punkt, dass er direkt hinter einem Müllwagen trailte, ohne diesen eines weiteren Blickes zu würdigen. Die Belohnung kann alles sein, was der Hund mag, wie ein Ball, ein Zerrspiel oder Lob. Ronin war verfressen und Futter war der beste Weg überhaupt.

Das Schlimmste, was man machen kann, ist verhätscheln! Ein Hundeführer sollte seinen Hund nicht verhätscheln, wenn er verängstigt ist. Was ich mit Verhätscheln meine, ist, wenn der Hundeführer im Falle einer Angstreaktion des Hundes sich nach unten beugt und ihn streichelt und betüddelt und ihm Nettigkeiten ins Ohr flüstert. Dieses Verhalten bestärkt die Angst, weil dem Hund in Wirklichkeit das Streicheln und Betüddeln sagt, dass es richtig ist, Angst zu haben vor dem, was ihn stoppen lässt. Hunde sind keine Kinder und sie rationalisieren die Dinge nicht, wie wir es tun; Streicheln und Belohnen von Angstverhalten sagt dem Hund, dass seine Angst begründet ist. Der beste Weg für den Hundeführer, um seinen Hund zu korrigieren, ist ein festes »Nein«, selbstsicher zu dem »Ding« zu gehen und es ohne Angst zu untersuchen und dann seinen Hund zu motivieren hinzukommen. Wenn es sechs Monate dauert, um diese Situation zu bewältigen, dann ist das eben so.

Bild oben und nachfolgendes Foto: Training eines Polizei-Diensthundewelpen zur Schussfestigkeit.

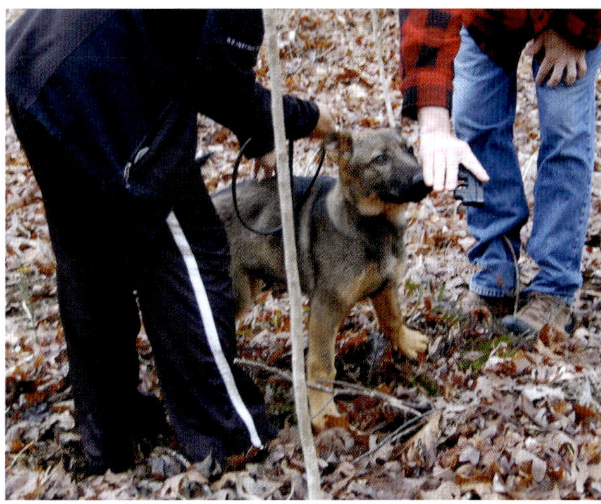

11 Gerüche

Obwohl Trailhunde in der Lage sind, Gerüche zu unterscheiden, tun sie dies bei menschlichem Geruch nicht von Natur aus alleine, nur weil ihnen ein Geruchsartikel gezeigt wurde. Der Hund neigt dazu: (1) dem Trail zu folgen, den er vorfindet, oder (2) dem Trail zu folgen, den er am meisten mag.

Wie in Kapitel 4 erörtert, findet und verfolgt der Hund den ersten Trail, den er bekommt, natürlich um so schnell wie möglich Futter zu finden. Hunde tendieren dazu, so schnell wie möglich an ihre Belohnung kommen zu wollen, und dem ersten Trail zu folgen, ist einfach ein Mittel zum Zweck. Den interessantesten Trail zu finden und zu verfolgen basiert auf ähnlicher Motivation. Hunde verfolgen aber auch Geruch, der mit Emotionen wie Angst oder durch Verletzung aufgeladen ist. Auch das Alter der Person und der Trail selbst können Faktoren sein, warum Hunde bestimmte Trails faszinierender finden als andere. Hunde wollen Trails mit dem größten emotionalen Ballast finden, genauso wie frische Trails, weil sie leichte Beute versprechen. Ältere Trails und dominante Gerüche können zu einem Mangel an Belohnung/Futter führen und möglicherweise zu Verletzungen oder zur Verschwendung von Zeit und Energie.

Hunde haben sich zu hocheffizienten Jägern entwickelt und sie trailen, um ihr Ziel so schnell wie möglich mit dem geringsten Aufwand an Energie und Gefahr zu erreichen. Das Modell Geruchsunterscheidung/menschliche Arbeit ist nicht naturgegeben und nur, weil der Hundeführer das so will, heißt es nicht, dass es so ist. Unglücklicherweise verlassen sich viele Menschen aus der Trailing-Szene allzu sehr auf eine Fähigkeit, die ziemlich fragwürdig sein kann. Ich sage nicht, dass Trailhunde keine Gerüche unterscheiden können und nicht eine Person unter vielen finden können; ich sage nur, nur dass es nicht ihre erste Wahl ist und sie es nicht zuverlässig tun, es sei denn, die Gründe zu trailen sind wie zu Beginn genannt – der Trail ist frisch, es ist der einzig vorhandene, es ist der interessanteste etc. Zuverlässig ist das Schlüsselwort. Wenn ein Trailer nicht zuverlässig ist, ist er kein gutes Werkzeug. Alle Hunde, Hundeführer, Trainings und Tests müssen mit Zuverlässigkeit im Hinterkopf ausgewählt werden. Ich habe das in anderen Kapiteln schon erörtert, aber es ist wichtig, es hier nochmals zu erwähnen: wenn Sie ehrlicherweise angebliche zuverlässige Trailhunde doppelblind testen, tendieren alle dazu, Fehler bei der Geruchsunterscheidung zu machen, erst recht bei alten Trails. Ein doppelblinder Test beinhaltet folgende Kriterien:

1. Der Trailleger ist die einzige Person, die weiß, wo der Trail liegt.
2. Hundeführer und Prüfer dürfen keine Kenntnis des Trails oder des Trailendes haben.
3. Der Trail muss ausreichend Distanz haben, damit der Hund nicht zufällig über die Person stolpern kann – mindestens 800 Meter.
4. Es muss ein verhältnismäßiges Zeitlimit für Trailtests geben. Auch wenn der Trail ziemlich lang ist, kann ein Hund die Person zufällig finden, wenn er lang genug in dem Gebiet sucht. Es ist möglich, über die Zielperson zu stolpern. Es verzerrt das Testergebnis. Ich empfehle ein Zeitlimit

von 30 Minuten bei 800 Metern bei Trails auf weichem Boden.

5. Um ehrlich die Fähigkeit des Hundes zu testen, den richtigen Trail zu finden, müssen ca. vier Ablenkungstrails in der Nähe des Abgangspunktes der Person liegen.
6. Um meine Theorie zu testen, dass der frischere Trail verlockender ist und der durchschnittliche Hund diesem zuerst folgen möchte, sollten die vier Ablenkungstrails alle mindestens 30 Minuten frischer sein als der des Gesuchten.

Der durchschnittliche Hund wird diesen Test nicht beim ersten Mal schaffen, auch wenn er auf weichem Boden in ländlicher Umgebung gelegt wurde.

Wenn das der Fall ist, fragen Sie sich vielleicht, warum ich überhaupt dieses Kapitel schreibe. Ganz einfach deshalb, weil es nicht zwingend so sein muss. Der wahre Grund, warum Hunde in diesen Situationen nicht zuverlässig sind, ist nicht der Hund, sondern das Trainingsprogramm des Hundeführers und dessen Glaubenssystem. Das Mantra in der Trailerwelt heißt: Wenn Du einen guten Geruchsartikel hast, wird der Hund den richtigen Trail finden. Dieser Glaube entstammt dem Ego – der Hund ist eine Verlängerung des Hundeführers. Sobald das Glaubenssystem einmal ein erwartetes Ergebnis oder einen Praxisstandard hervorgerufen hat, weicht man in der Praxis nur noch selten davon ab und echte Tests kommen nie vor. Der Glaube verstärkt das Training und in den meisten Fällen beinhaltet das Training selten wahre und stichhaltige Tests. Ich weiß das, weil ich es genau wie alle meine Kollegen auch einmal falsch gemacht habe. Meine jetzige Philosophie hat mir erlaubt, Tests zu entwickeln, die eine richtige Ausbildung validieren und generieren, anstatt auf glaubensbasierte Trainingsmodelle zurückzugreifen. Es gibt keinen Raum für den »Glauben« allein, wenn Menschenleben auf dem Spiel stehen.

Die Quintessenz ist: Wenn ein Hundeführer geneigt ist, meine Theorie – dass der durchschnittliche Trailhund einen Fehler bei der Geruchsunterscheidung macht oder nicht dem frischesten Trail folgt, selbst wenn dieser Trail vorhanden ist – verspottet, dann sollte er verantwortlich genug sein, diese Theorie doppelblind zu testen, bevor er spottet.

Ich glaube, dass echte Geruchsunterscheidung möglich ist und dass sie unter den richtigen Bedingungen funktioniert. Die Zuverlässigkeit des Hundes lässt nach, wenn die Bedingungen für den Hund ungünstiger werden oder der Hund außerhalb seiner Arbeitsleistung ist – z. B. Alter des Trails, Ablenkungsprobleme, harter versus weicher Untergrund etc. Jedoch sind es nicht nur Bedingungen, die das Ergebnis bestimmen. Die Neigung des Hundes zu bestimmten Eigenschaften und Reaktionen auf Geruchsreize ist ebenfalls ein Faktor. Manche Hunde können unabhängig vom Training nicht den frischesten Trail oder ersten Trail überwinden, den sie finden. Sie können ihre Instinkte nicht überwinden. Und das ist der Punkt zur Geruchsunterscheidung. Der Hundeführer muss die instinktiven Reaktionen seines Trailhundes für den Job ändern, und wenn sie nicht geändert werden können, sollte der Hund sehr begrenzt eingesetzt werden.

Ich habe das Buch nicht mit dem Kapitel Geruchsunterscheidung begonnen, sondern mit dem Aufbau eines starken Triebes des Trailhundes für seinen Job, unter einer Vielfalt von Bedingungen und der Feststellung, dass Ablenkungen verboten sind, und habe bestätigt, dass Geruchsartikel eine wichtige Komponente sind. Wenn der Hund keine starke Grundlage für diese Bestandteile hat, wird er kein zuverlässiger Geruchsunterscheider. Darum beginnt mein Trainingsprogramm mit Hunden erst mit ernsthaften Prüfungen und dem Training der Geruchsunterscheidung, wenn sie eine allgemeine solide Trailgrundlage haben. Geruchsunterscheidung geschieht während des Trainings der vorgenannten Grundlagen, ist aber nicht der Schwerpunkt, bis der Hund Zuverlässigkeit zeigt. Diese Philosophie ist auch auf allgemeines Hundetraining anwendbar. Das Training muss stufenweise aufgebaut sein und Fortschritte können erst gemacht werden, wenn der Hund bei den vorangegangenen Stufen an Zuverlässigkeit gewinnt.

Split Trails

Die ersten Geruchsunterscheidungstrails sind als »Split Trails« bekannt. Diese Trails und deren Variationen gibt es, seit man mit Hunden nach einer Person unter anderen Personen sucht. Die Methode, die ich verwende, ist nichts anderes als eine Erweiterung dessen, was man in der Vergangenheit genutzt hat, allerdings mit leichten Veränderungen. Das erste Mal habe ich diese Methode 1998 angewendet, wenn auch noch weniger präzise. Das Modell und die Methode, die ich jetzt nutze, sind höchst zuverlässig beim Geruchsunterscheidungstraining von Hunden, von denen verlangt wird, diesen Job zu machen. Kein Trainingsaufwand kann es kompensieren, wenn Hunde zu ungeduldig sind, Gerüche zu differenzieren oder es einfach nicht tun wollen.

Wenn der Hund einmal stark in seinem Job und relativ ablenkungsresistent ist und aktiv den Geruchsartikel nutzt, um den Trail zu beginnen, ist es an der Zeit, ihn zu fordern und zu testen. Die Anforderungen und Tests in Bezug auf die Fähigkeit des Hundes müssen allerdings angemessen sein. Deshalb legen Hundeführer in diesem Stadium besonderen Wert auf den Aufbau der Zuverlässigkeit ihrer Hunde. Wie mit allem, was mein Trail-Trainingsprogramm betrifft, dränge ich den Hund niemals in ein Stadium, das er nicht gut machen wird. Wenn er zum Beispiel noch Schwierigkeiten hat, eine Person unter dreien zu finden, warum sollte ich dann fünf Personen hinzufügen?

Die erste Phase der Split Trails

Der erste Split Trail wird nur zwei Personen beinhalten und so gelegt, dass der Hund erfolgreich sein wird. Künftiger Erfolg mit Hunden ist abhängig von der Freude an dem, was sie tun und ihrem gesamten Trieb für das Spiel – je mehr Erfolg, desto höher der Trieb.

Wichtig ist, das Training niemals in den Hund einzuhämmern und man sollte es immer in sehr positiver Stimmung beenden. Wenn der Hund bis zur Erschöpfung oder Unterwerfung arbeitet, wird sein Trieb beim nächsten Mal gefährdet sein.

Der erste Split-Trail sollte ausschließlich auf weichem Boden gearbeitet werden. Nasses Gras ist gut. Das Gebiet sollte mindestens 100 x 100 m groß sein und über einige Stellen oder Objekte verfügen, hinter denen der Trailleger

Dempsey arbeitet ein Geruchsunterscheidungsproblem mit einer unbekannten Person vor einem Restaurant. Zu dieser Zeit waren einige Gäste auf dem Parkplatz.

sich verstecken kann. Das können Bäume, Gebäude, Erdspalten oder Ähnliches sein. Der Wind sollte nicht zugunsten des Hundes stehen; mit anderen Worten - er sollte mit der Richtung des Traillegers wehen. Gegenwind zum Hund am Ansatz könnte ein Auslöser beim Hund sein, den ersten Geruch zu nehmen, den er wahrnimmt, dadurch ist er nicht mehr auf den Geruchsartikel angewiesen.

Schritt 1

Der Trailleger geht zum Ansatz, läuft von dort bis zu einem Versteck wie z. B. einem Baum und versteckt sich dahinter, sodass er außer Sicht ist. Es ist gut, wenn er die ersten Schritte über den Boden schlurft; später nehmen wir diese Hilfe wieder heraus. Der Trail sollte in gerader Linie verlaufen und gut mit Fähnchen, Band oder Kreide mit einer Farbe markiert sein.

Der Ablenkungstrailleger sollte in einem Winkel zum Ansatz gehen und mit seinem Trail ca. 1,5 bis 3 Meter vom ersten Trailleger entfernt sein. Der Ablenkungstrailleger sollte nicht auf dem gleichen Weg zum Ansatz gehen wie der Gesuchte: Wir wollen ihre Startpositionen nahe beieinander legen, aber sich nicht vermischen lassen. Dies ermöglicht dem Hundeführer, klar die Körpersprache des Hundes in Bezug auf den Gesuchten und die Verleitung zu erkennen, wenn er den Trail arbeitet. Es ist Vorsicht geboten, damit am Ansatz weder ein Geruchspool des Gesuchten noch des Ablenkungstraillegers vorhanden ist. Wenn ein Geruchspool vorhanden ist, hat der Hund keine klare und eindeutige Körpersprache für beide Personen, wenn er arbeitet. Die Ablenkung sollte in einem Winkel vom Ansatzpunkt zu einem guten Versteck gehen, wo sie komplett außer Sicht ist. Von oben betrachtet sehen die beiden Trails wie ein V aus. Die Trails sollten mindestens zehn Minuten liegen.

Schritt 2

Der Hundeführer besorgt sich nun einen Geruchsartikel in einem Glas, der frei von Kontamination ist. Der Geruchsartikel darf keinerlei Geruch von der Ablenkung an sich haben. Wenn der Artikel vor dem Legen des Trails

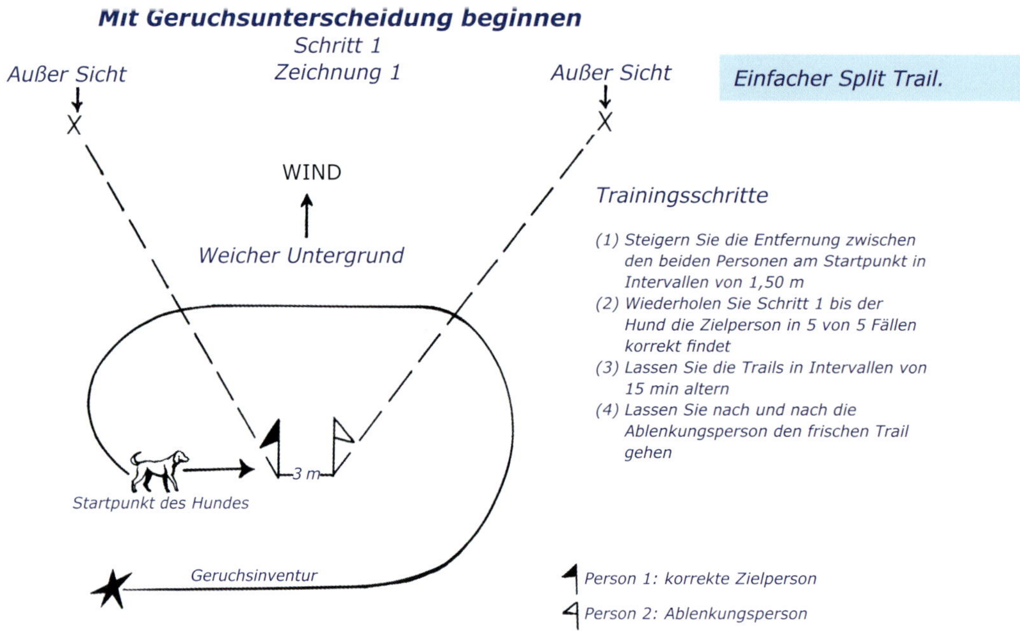

produziert wird, muss der Hundeführer sicherstellen, dass der Gesuchte und die Verleitung nicht nahe beieinander stehen, während er den Geruchsartikel vorbereitet. Der Geruchsartikel wird am besten von starkem drüsenartigem menschlichem Geruch gewonnen. Die besten Gerüche kommen von Kopf und Gesicht, vor allen Dingen von den Achselhöhlen und hinter den Ohren. Der Geruchsartikel kann ein paar Meter entfernt, jedoch rechtwinklig zum Trail des Gesuchten platziert werden und sollte gegenüber dem Startpunkt der Verleitung liegen. Es ist eine großartige Idee, den Deckel des Glases teilweise aufzuschrauben, aber der Deckel sollte drauf liegenbleiben, so dass der Hundeführer den Deckel hochheben muss, um den Hund den Geruchsartikel riechen zu lassen. Wenn das Glas fest verschlossen ist und der Hundeführer versucht, den Hund den Geruchsartikel riechen zu lassen, ist er gezwungen, beide Hände zu benutzen, um das Glas zu öffnen und ruiniert den Moment, den Hund mit dem Geruch zu überraschen.

Schritt 3

Wenn alles an seinem Platz ist, leitet der Hundeführer mit seinem Hund die Geruchsinventur ein. Die Geruchsinventur muss sowohl den Trail des Gesuchten als auch den Startpunkt der Verleitung beinhalten, aber nicht den ganzen Weg bis zum Ende der Trails oder bis irgendwo in der Nähe der Endpunkte. Der Hundeführer schaut nach einer eindeutigen Reaktion des Hundes auf die vorhandenen beiden Trails, wenn er sie wahrnimmt. Beachten Sie, dass der Hund je nach den Bedingungen beide Trails aus einer geringen Entfernung wahrnehmen wird, und die Kopfbewegung, wenn er den Geruch wahrnimmt, könnte vor oder nach dem Erreichen des eigentlichen Trails auftreten.

Der zweite Teil der Geruchsinventur muss das Hinweisen auf alle den Hund begleitenden Personen beinhalten. Der Hundeführer geht dazu mit seinem Hund einfach an allen Personen vorbei und lässt ihn jeden einzelne riechen.

Schritt 4

Der Hundeführer geht mit dem Hund rechtwinklig zum Trail des Gesuchten sowie dem Glas mit dem Geruchsartikel und macht seinen Hund für die Arbeit fertig. Die Ausrüstung für den Hund sollte richtig angelegt und die Leine am Geschirr befestigt sein. Der Hundeführer geht langsam zum Glas und hält den Hund mit der Leine zurück, während er sich gleichzeitig nach vorn beugt und den Deckel vom Glas hebt. Sobald der Deckel abgehoben ist, ist die Aufmerksamkeit des Hundes auf dem Glas und er wird motiviert sein, dieses zu untersuchen. Der Hundeführer erlaubt dem Hund, am Glas zu riechen und gibt ihm exakt in dem Moment das Suchkommando, wenn er am Glas ist.

Die erste Reaktion des Hundes, nachdem er gerochen hat, wird sein, dass er den ersten Trail nimmt und diesen arbeiten wird, auch wenn er weiß, dass zwei Trails vorhanden sind. Das geschieht aufgrund seiner instinktiven Reaktion auf den ersten Geruch. Es ist völlig natürlich und nur wenige neue Hunde verlassen den ersten Trail, auf den sie treffen, selbst wenn der passende Geruch nur wenige Meter entfernt liegt.

Das ist in Ordnung. Der Hundeführer spielt mit den natürlichen Fähigkeiten des Hundes, während er ihn darauf vorbereitet, eine gute Auswahl auf Grundlage des Geruchsartikels zu treffen. Der Hund weiß durch die Geruchsaufnahme, dass zwei Trails vorliegen, weil er beide wahrgenommen hat, bevor er am Geruchsartikel angesetzt wurde. Der Hundeführer verstärkt einfach, dass ein Trail zum Geruchsartikel passt; der Trail muss nur ganz zufällig nahe dem Geruchsartikel liegen.

Schritt 5

Der Hundeführer legt genau die gleiche Art von Trail in ein sauberes Gebiet, wo kein Geruch der Person oder der Verleitung vorhanden ist. Der Geruchsartikel wird auf ähnliche Weise hergestellt, jedoch ein wenig weiter entfernt vom Startpunkt und näher an der wahrgenommenen Spitze der beiden Trails abgelegt, so, als ob diese am Startpunkt zusammentreffen würden.

In der ersten Phase dieses Schrittes sollte der Hund immer noch sofort ohne Probleme auf den ersten Trail gehen, hauptsächlich, weil es der nächstliegende Trail ist. Jedoch sind die Trails jetzt ein wenig miteinander vermischt und der Hund ist vermutlich etwas verwirrt, aber nicht so sehr, dass er sich nicht mehr richtig entscheiden könnte.

Die nächsten Phasen sind nichts weiter als Steigerungen der vorgenannten. Langsam, aber sicher bewegt der Hundeführer das Glas mit dem Geruchsartikel zu einer Stelle, die direkt gegenüber dem richtigen Trail und damit nahe der Verleitung liegt. Das Erarbeiten der Wechsel auf diesem stufenweisen Wege sollte den Hund dazu bringen, die Verleitung mit so gut wie gar keiner Reaktion zu übergehen.

Wenn der Hund andererseits an irgendeinem Punkt während dieses aufeinanderfolgenden Trainings auf den Geruch der Verleitung reagiert, ist es wichtig, dass es der Hundeführer schnell korrigiert und den richtigen Trail verstärkt. Genau wie beim Ablenkungstraining mit Tieren, wenn man dem Hund erlaubt, zu weit auf die Verleitung zu gehen, vergisst er auch hier den Trail des Gesuchten. Die absolut beste Zeit, den Hund zu korrigieren, ist, wenn er zuerst die Verleitung wahrnimmt und Interesse zu haben scheint, sich aber noch nicht endgültig festgelegt hat. Weil diese beiden verschiedenen Trails so genau markiert sind, sollte es offensichtlich sein, wenn der Hund anfänglich zögernd auf den Verleitungstrail reagiert oder ihn aus der Entfernung wahrnimmt. Der Hundeführer kann das am Zögern und einer Links-Rechts-Kopfbewegung des Hundes zwischen den beiden Trails erkennen.

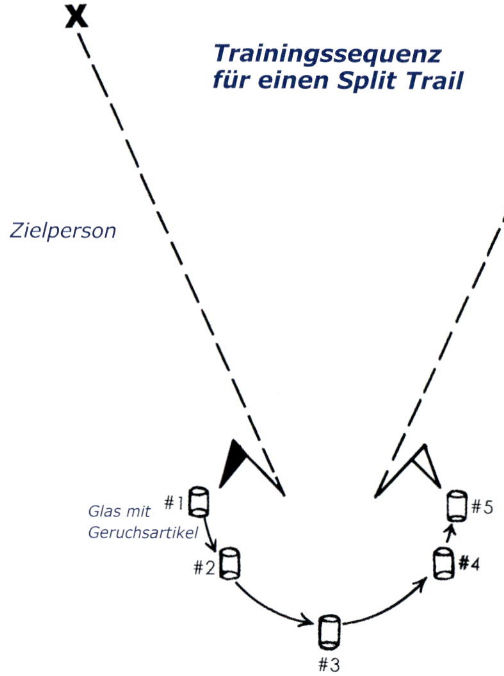

Aufeinanderfolgende Positionierung des Geruchsartikels bei einem Split-Trail.

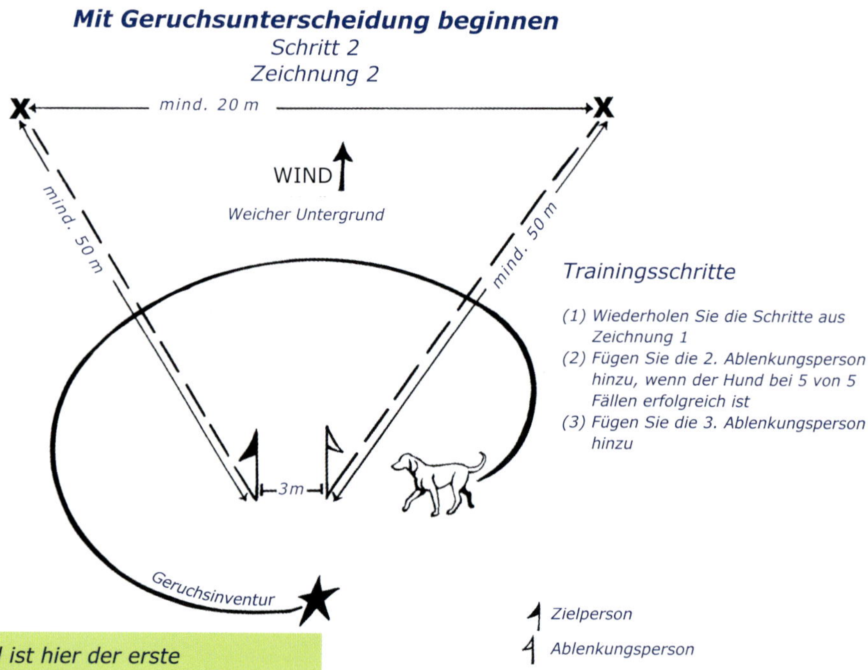

Der Ablenkungstrail ist hier der erste Trail beim Split-Trail-Training.

Wenn der Hund die Verleitung wahrnimmt, sollte der Hundeführer ein schnelles, aber nicht zu lautes »Lass es« äußern. In den meisten Fällen versteht der Hund in diesem Stadium des Trainings das »Lass es«-Kommando sehr gut und der Hundeführer hat die Fähigkeit, den Hund zu lesen; konsequenterweise wird der Hund die Verleitung verlassen und sich dem Gesuchten zuwenden. Sobald der Trail der Person wahrgenommen und verfolgt wird, sollte der Hund ein wenig gelobt werden. Ich möchte diesen Teil vorwegnehmen und auf den Punkt kommen, dass mit dem Hund immer sehr wenig gesprochen werden soll. Positive Verstärkung nach einem Fehler kann aber bei der Entwicklung helfen.

Ein Hundeführer sollte anstreben, dass der Hund in acht von zehn Fällen die richtige Entscheidung fällt, und zwar ohne großes Trara. Der Hund sollte einfach gut und schnell arbeiten. Dies sind einfache Trails, außer man fügt eine weitere Person hinzu, und braucht der Hund zu lange, geht etwas anderes vor sich.

Es ist wichtig zu verstehen, dass es sich hierbei um das Verfolgen eines erlernten Musters anstatt Geruchsunterscheidung handeln kann, obwohl der Hundeführer den Hund mit dem Geruchsartikel nahe dem falschen Trail startet und der Hund immer den richtigen Trail arbeitet. Der Weg, um das zu testen, heißt für den Hundeführer zurückzugehen und den Trail zuerst nahe des Trails des Gesuchten zu starten und seinen Hund zu beobachten. Wenn der Hund den ersten Trail der Person umgeht, kann ein Muster entstanden sein. Der Schlüssel, diesen Effekt zu reduzieren, besteht darin, die Split Trails nach Zufallsmuster stichprobenartig zu arbeiten und die Stellen des Geruchsartikels zu variieren, damit kein festes Muster entsteht.

Ein Hundeführer muss bei diesem Teil des Trainings geduldig sein, denn es ist wichtig, damit sein Hund später sicher wird. Es ist nicht gut, dies nur am Rande abzuhandeln. Der Hund wird Fehler machen, dann muss der Hundeführer langsamer werden. Er muss gelegentlich einen Schritt auf eine vorherige Stufe der Ausbildung zurückgehen und es ist keine große Sache, wenn das geschieht.

Die zweite Phase der Split Trails

Bei der zweiten Phase der Split Trails werden Änderungen hinzugefügt wie neue Oberflächen, unterschiedliche Entfernungen und die Fähigkeit des Hundes, die Person über Hochwitterung und die Verleitung vom Ansatzpunkt zu wittern. Die Einzelheiten sollten sich abwechseln und zufällig sein, um die Entstehung eines Musters zu verhindern. Wenn der Hund Probleme hat, muss der Hundeführer einen Schritt zurückgehen und den letzten Schritt wieder aufbauen, bevor er weitermacht.

Die dritte Phase der Split Trails

Hier fügt der Hundeführer eine dritte Person hinzu und nutzt die Sequenzen des Trainings mit dem Geruchsartikel und den Bedingungen auf dieselbe Art wie vorher. Weil das bereits getan wurde, wird der Hund viel schneller lernen. Dass der Hund einen einfachen Split Trail hinbekommt, heißt aber noch nicht, dass auch drei Personen einfach sein werden. In der Tat kann der erste Trail so sein, als würde man wieder von vorn beginnen und der Hund kann Fehler machen. Ein Hundeführer muss auf Fehler vorbereitet sein und sich die Zeit nehmen. Qualität ist wichtiger als Quantität.

K.9-Instruktor Kevin Baughn arbeitet mit Sandy Stuart und K.9 Ben an einem Geruchsunterscheidungsproblem. Ben ist ein Beispiel für einen sehr zuverlässigen Bloodhound.

Die vierte und fünfte Phase der Split Trails

Die vierte und fünfte Phase von Split Trails sind nichts weiter als eine Erweiterung der ersten Phase. Wenn der Hund einmal blind durch fünf einzelne Trails navigieren kann und die korrekte Person findet, sind Hund und Hundeführer zuverlässig geworden und es ist Zeit, fortzufahren.

Mit Geruchsunterscheidung beginnen

Schritt 3

Zeichnung 3

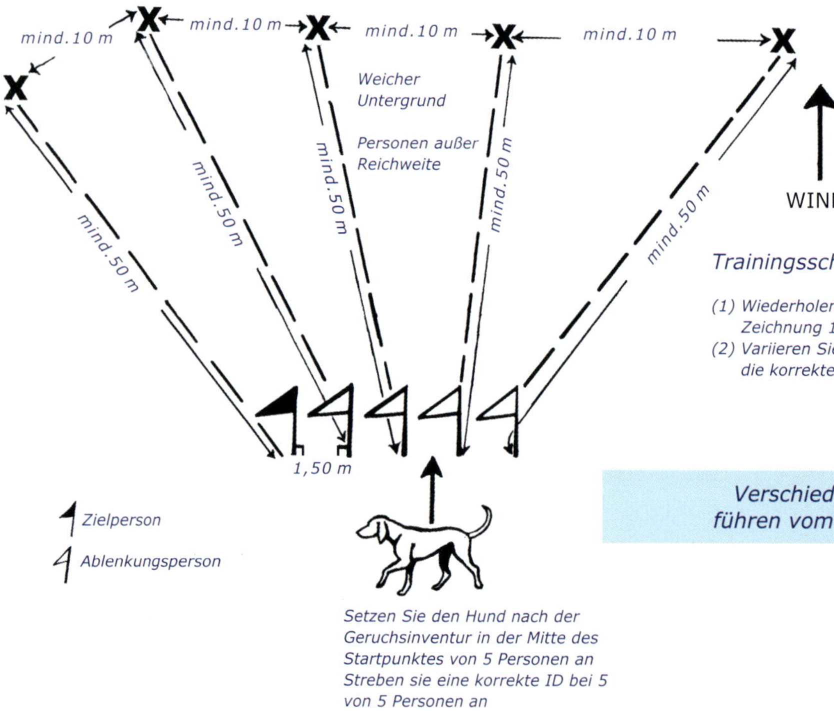

Trainingsschritte

(1) Wiederholen Sie die Schritte aus Zeichnung 1 und 2
(2) Variieren Sie den Ansatzpunkt für die korrekte Zielperson

Verschiedene Personentrails führen vom Ansatzpunkt weg.

Erfolgreiche Elemente der Geruchsunterscheidung

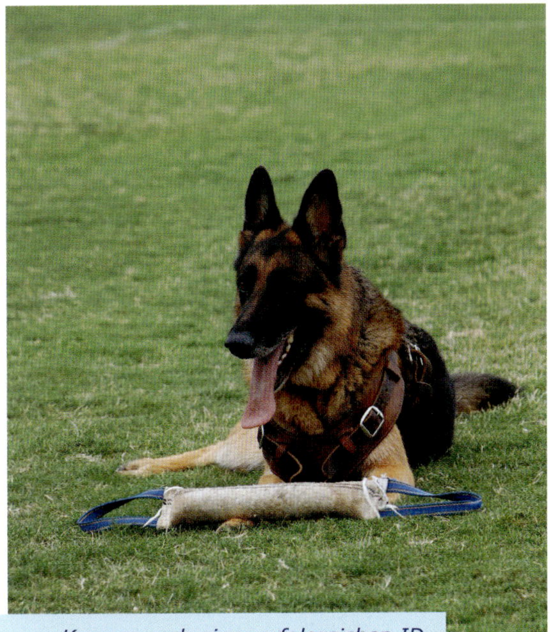

Kooper nach einer erfolgreichen ID.

Der Leser könnte vielleicht meinen, dass dieses Kapitel wegen der wenigen Seiten und wenigen Worte etwas knapp ist. Das stimmt, wenn der Hundeführer es aber gelesen und alle Schritte sowie die Phasen des Training der vorgenannten Kapitel geübt hat, sollte diese Geruchsunterscheidungsphase relativ einfach sein und nicht viel Aufmerksamkeit verlangen. Und das, meine Freunde, ist der springende Punkt bei der Geruchsunterscheidung und dem Trailen – eine gute Grundlage und der Aufbau einer Muskelerinnerung, um die Dinge immer wieder und wieder auf die gleiche Art und Weise zu tun, gepaart mit der Fähigkeit des Hundeführers zum Lesen der Körpersprache seines Hundes. Geruchsunterscheidung ist einfach, wenn alles gut vorbereitet wurde. Die ersten Schritte sind immer die schwersten, aber wenn der Hundeführer vorankommt, wird es ein wenig einfacher.

Vorbereitung eines Split Trails mit vier Personen.

Man beachte, dass die Trailleger mit dem Rücken zum Zaun sitzen. Dadurch kann Kooper die Person nicht anhand der Silhouette aus der Entfernung erkennen.

Ben arbeitet in einer Einkaufsstraße.

Die Elemente des Erfolges der Geruchsunterscheidung sind:

1. Ein stabiler Hund mit Arbeitstrieb
2. Ein sehr guter Geruchsartikel, an dem der Hund schnüffeln will
3. Muskelerinnerung bei der Bestandsaufnahme des Geruchs
4. Viele Kilometer vorangegangener Trails, die dem Hundeführer die Fähigkeit gegeben haben, den Hund zu lesen.

Letztlich sollte jeder Hundeführer begreifen, dass sein Hund jederzeit auf eine andere Spur wechseln kann, als die, auf die er angesetzt wurde, und das ohne einen erkennbaren Grund. Es liegt in der Natur des Tieres und unser Training ist – so effektiv es auch sein mag – kontraintuitiv für den Hund. Ich glaube auch, dass der Hund noch zuverlässiger sein wird, wenn der Hundeführer sorgfältig ein gutes Geruchsunterscheidungstraining praktiziert und echte Blindtests durchführt, um das Training zu unterstützen. Unterm Strich ist der Trailer ein interpretatives Werkzeug (der Hundeführer ist der Interpret), das dem Einfluss des Hundeführers und allen Dingen, die es umgeben, unterliegt. Der Hund ist keine Maschine, die perfekt sein wird. Jeder Hund ist Opfer seines eigenen hündischen Verhaltens und kann nicht immer kontrolliert werden. Ein Hundeführer sollte keine Perfektion verlangen, weil dies nie der Fall sein wird. Lieber sollte er nach Zuverlässigkeit auf bestimmten Gebieten streben. Das bedeutet, dass der Hund unter den Bedingungen, unter denen er gezielt trainiert wurde, häufiger korrekt als nicht korrekt ist.

12 Alter des Trails und

Warum wir schummeln

Das Alter des Trails ist für den Hundeführer in der frühen Phase des Trainings nicht wichtig, aber es scheint immer der gemeinsame Nenner zu sein, wenn es darum geht, die Fähigkeiten von zwei Hunden miteinander zu vergleichen. Hundeführer rangeln um diese Position untereinander oft mit Behauptungen von geradezu magischen Fähigkeiten.

Als ich vor ein paar Jahren im Radio eine CNN-Sendung hörte, war ich angenehm überrascht, dass einer meiner früheren Schüler von einem Reporter über die Fähigkeiten des Bloodhounds interviewt wurde. Sofort dachte ich an all unsere Gespräche zurück und daran, wie ich immer wieder nachdrücklich betont hatte, wie wichtig es sei, in unserer Sparte die Realität anstatt Fantasien darzustellen. Also wartete ich gespannt auf seine Kommentare. Der Reporter fragte nach dem Alter eines Trails, den sein Bloodhound zuverlässig arbeiten könne, und der Hundeführer antwortete, dass »sein« Hund auf Trails, die älter als sechs Monate waren, getestet wurde. Ich war sprachlos. Wie kann eine ehrliche Person solch ein Statement abgeben? Nichts ist weiter von der Wahrheit entfernt als diese Behauptung, und wenn der Hund wirklich auf sechs Monate alte Trails getestet wurde, waren sie alle nur im Kopf erfolgreich. Mit anderen Worten, sie waren alle getürkt, es war pures Glück oder beides. Und ganz tief drinnen müsste dieser Hundeführer wissen, dass das, was er sagte, völliger Unsinn war.

Warum sagte er es dann? Ich glaube, der Wunsch nach Ruhm spielt eine große Rolle dabei, was Leute zu Reportern sagen. Ich glaube auch, dass in unserer Branche ein extremer Wunsch vorhanden ist, sich selbst über seine Kollegen zu stellen. Der Druck ist hoch bei dem, was wir tun - von uns wird erwartet, Wunder zu vollbringen, wenn kein anderes Mittel weiterhilft. Außerdem legen ältere Berichte über erstaunliche Bloodhounds die Messlatte hoch, egal, wie die Fakten im jeweiligen Fall tatsächlich waren. Was die Öffentlichkeit erwartet, gekoppelt mit dem Druck der Kollegen, bringt diese Fantasien hervor. Leider ist es die Fantasie, die tatsächlich den Standard des Trainings und der Prüfungen für viele Hunde im ganzen Land diktiert. Das Ergebnis ist ein unglaublicher Druck für einen neuen Hundeführer, auf eine Weise Leistung zu bringen, die in Wirklichkeit unmöglich ist.

Das Problem besteht in der Tatsache, dass viele Hundeführer keine Ahnung haben, wie leicht sie ihre eigenen Hunde lenken oder wie leicht sie selbst gelenkt werden. Das Lenken passiert, wenn der Hund auf Geruchsprobleme trifft oder wenn der Hundeführer von vornherein zu sehr involviert ist. Wenn wir echte Beobachter der Hundesprache werden, werden wir anfangen, die feinen Änderungen zu erkennen, die der Hund offenbart, wenn wir bestimmte Dinge tun. Wenn der Hundeführer nicht weiß, dass er diese »Dinge« tut, wird er niemals wirklich wissen, dass er den Hund lenkt. Der einzige Weg, es jemals herauszufinden, ist, wenn er sieht, was er tut, und was sein Hund daraufhin macht. Der beste Weg, den Hundeführern ihre schlechten

Angewohnheiten vor Augen zu führen, besteht darin, sie während der Arbeit zu filmen und die Details am Bildschirm aufzuzeigen. Dann wird es wirklich offensichtlich.

Ein perfektes Beispiel für solch eine Situation hatte ich kürzlich bei einem Training mit Hundeführern aus anderen Staaten. Wir arbeiteten am Auffinden der Person an erhöhten Plätzen in Bezug auf Proximity-Anzeigen. Diese Hochsuche war wirklich sehr hoch – drei Stockwerke – und der Proximity-Geruch kam aus einiger Entfernung. Ich nutzte dieselbe Stelle mit denselben Gebäuden bei vielen anderen Gelegenheiten und die Ergebnisse sind immer gleich, weil der Wind sehr konstant ist. Dieser Ort liegt direkt neben einer Rollbahn am Flughafen. In diesem Fall arbeiteten der erste Hundeführer und sein Hund den Trail an einer Straßenkreuzung. Ungefähr zweihundert Meter vom Gebäude entfernt zeigte der Hund eine Proximity-Anzeige und verließ den eigentlichen Trail aufgrund des Windstoßes, den er wahrnahm.

Nachdem er den Proximity-Geruch verlor und keinen Geruchspool mehr hatte, ging der Hund von selbst zurück auf den Trail und folgte ihm bis zum Ende. Es war ein schöner Trail und der Proximity-Geruch aus großer Entfernung war das, was wir wollten; Mission erfüllt.

Ich brachte einen zweiten Hundeführer, der diesen Trail des ersten Hundeführers von einem anderen Tag des Trainings kannte. Dieser Hundeführer lief diesen Trail mit dem ersten Hundeführer und hatte alles gesehen. Sein Hund arbeitete wunderbar, aber er schaute ohne irgendeinen Grund nach links, wechselte die Leine von seiner rechten Hand in die linke, drehte vom Trail ab und führte seinen Hund weg vom Trail. Dann hob der Hundeführer seine Hand (ein Zeichen für mich, dass er eine Änderung in der Körpersprache des Hundes sah, was Proximity bedeutete). Der Hund reagierte, indem er langsamer wurde, zum Hundeführer schaute und dann ohne Änderung der Körpersprache zurück auf den Trail lief. Es hatte bis zu der Bewegung des Hundeführers und dem Leinenwechsel absolut keine Änderung in der Körpersprache des Hundes gegeben.

Üblicherweise halte ich nach jedem Studenten-Trail eine Kritik- und Frage- Antwort-Runde ab. Ich erwähnte dem Hundeführer gegenüber, was ich alles gesehen hatte, und er schwor, dass sich das Verhalten seines Hundes änderte und dies der Grund war, warum er vom Trail herunter ging. Er konnte nicht akzeptieren, was ich sagte. Die gute Nachricht war, dass ich den vollständigen Trail auf Video hatte, aus Perspektive hinter dem Hund, und der Trailleger benutzte ein Teleobjektiv und hatte den Trail von vorn fotografiert. Ich packte beides auf DVD, damit wir leicht sehen konnten, was der Hundeführer tat. Als ich die Sequenz bis zu der Stelle abspielte, wo der Hundeführer den Proximity beschrieb, gab es absolut keine Körperveränderung beim Hund, bis der Hundeführer es tat. Der Hundeführer schuf die Änderung für den Hund – nicht das Geruchsbild.

Die Frage war, warum der Hundeführer dies tat. Er hatte offensichtlich keine Ahnung.

Ich glaube, es passierte aufgrund des Trails mit dem ersten Hundeführer. Die Proximity-Anzeige des ersten Hundes war auf Video genau an der Stelle zu sehen, wo der zweite Hundeführer seinen am anderen Trainingstag zeigte. Der zweite Hundeführer war aufgrund dessen, was ein anderer Hundeführer in der Vergangenheit getan hatte, für eine Situation empfänglich, die gar nicht existierte.

Interessanterweise brachte der Hund eine großartige Proximity-Anzeige hervor, jedoch näher am Gebäude als der erste Hund, weil die Windgeschwindigkeit beim zweiten Trail geringer war. Wenn es allerdings ein Einsatz und ich nicht hinter dem Hundeführer gewesen wäre, hätte der Fehltritt, den er seinem Hund gab, das Ende eines guten Trails und Fundes sein können. Seine Führung hätte die Chancen des Auffindens zunichte machen können.

In dieser Sequenz verlagert der Hundeführer seinen Körper nach links und wechselt die Leine (Foto 1), was dazu führt, dass sich der Hund nach links zur Straße bewegt (Foto 2). Der Hund hört auf zu arbeiten und schaut zum Hundeführer (Foto 3). Interessanterweise zeigt der Hund nur kurze Zeit später eine eindeutige Proximity-Anzeige, jedoch an einer anderen Stelle (Foto 4).

Nun, dieses Beispiel hat nicht wirklich mit dem Alter des Trails zu tun, aber das typisch Menschliche kann auf jede Situation überwechseln. Dieses typisch Menschliche ist das Bedürfnis, so sein zu wollen wie alle anderen oder mit dem Strom zu schwimmen.

Die schlimmsten Fälle vom Lenken der Hunde habe ich während Prüfungen gesehen. Eine Prüfung ist, wenn der Hund getestet wird, um die Fähigkeit seiner Eignung für den Einsatz zu bestimmen. Der Druck dieses Ereignisses veranlasst zusammen mit der Schwierigkeit der Aufgabe viele Hundeführer dazu, Dinge zu tun, die sie normalerweise nicht tun, und das geschieht bei vielen unbewusst. Das absolut schlimmste Führen von Hunden, das ich gesehen habe, fand statt, wenn das Alter des Trails den Schwellenwert von zwölf Stunden überschritten hatte.

Weil viele Hundeführer und Rettungshundestaffeln überall im Land eine vollkommen überzogene Auffassung davon haben, was ihre Hunde wirklich können, entsprechen auch die Prüfungen, die sie ablegen müssen, dieser Überziehung. Und weil andere Hundeführer diese Tests bestanden haben, wurde die Messlatte zum Standard, die alle bestehen sollten. Das Problem ist, dass die Tests anfangs oftmals verzerrt wurden. Viele Hunde fanden zufällig über Proximity, was sie suchten, nachdem sie lange genug auf der Suche waren. Eine andere Verfälschung des Tests geschieht, weil Hundeführer und/oder Prüfer aufgrund ihrer eigenen Körpersprache subtile Hinweise schaffen, was dem Hund den Einsatz für die Richtung gibt. Wegen des Drucks künstlich festgesetzter Standards ist der Test jetzt ein Teufelskreis, den niemand freiwillig verlassen möchte. Das zu tun, würde bedeuten, dass der Hundeführer sagen muss, dass er nicht auf den momentanen Levels der anderen wird abschneiden können. Wie viele Leute können wirklich auf diese Weise ehrlich reflektieren?

Das Ganze ist auch eine furchtbare Situation für die Öffentlichkeit. Wenn die Hunde bei den Prüfungen gelenkt wurden und die Ergebnisse verzerrt sind, werden die Hunde auch im echten Einsatz nicht gut funktionieren, weil sie immer darauf warten, gelenkt zu werden, wenn es hart auf hart kommt. Wenn die vermisste Person seit zehn Tagen weg ist und in Wirklichkeit kein Geruchstrail da ist, dem man folgen kann, wäre der Hund ratlos. Doch weil der Hundeführer das glaubte (aufgrund seiner Prüfnormen und/oder anderer, die es angeblich konnten), dachte er, dass der Hund in der Lage sei, es zu leisten. Stattdessen lenkte er den Hund aufgrund überhöhter Erwartungen. Er macht das nicht mit Absicht – aber er tut es. Ich weiß das, weil ich es auch gemacht habe! Es braucht einen echten Schlag ins Gesicht, um es zu ändern.

Polizeibeamte haben oftmals das gegenteilige Problem, weil ihr eigenes Trainingsprogramm manchmal veraltet ist und nicht mit der Realität konform geht, den Hund auf Straßen zu arbeiten. Viele Diensthundeführer sind auf die Fährtenmethode trainiert und verlassen sich auf die Bodenverletzung auf weichem Untergrund. Sobald der Geruch der Bodenverletzung weg ist, verschwindet auch die Fähigkeit des Hundes, dies arbeiten zu können. Fährten nach Bodenverletzung halten gewöhnlich nicht so lange wie menschliche Trails. Viele Diensthundeführer haben künstlich eine Barriere in Bezug auf alte Spuren errichtet und glauben, dass jeder Trail, der älter als fünf Minuten ist, unmöglich verfolgt werden kann.

Mein Standpunkt mit Trainingsprogrammen und Trailalter ist, dass die Messlatte künstlich höher oder niedriger liegen kann, als es realistisch ist. Sie kann auch an einer Stelle liegen, die von Trainern und Hundeführern platziert wird und nicht aufgrund der wirklichen Fähigkeit des Hundes. Das Trainingsprogramm macht die Ergebnisse positiv oder negativ.

Aufbau der Zuverlässigkeit

Basierend auf meiner Erfahrung und darauf, Hunderte von Hunden arbeiten gesehen zu haben, glaube ich, dass das zuverlässige Zeitfenster, um einen Trail zu arbeiten, bei zwölf Stunden liegt. »Zuverlässigkeit« definiert sich für mich dadurch, dass der Hund in acht von zehn Fällen erfolgreich ist, und das mit einem sehr guten Hund. Ich sage nicht, dass sich Trails nicht länger als über zwölf Stunden halten. Ich weiß mit Sicherheit, dass es geht, aber ihre Langlebigkeit ist von verschiedenen Variablen abhängig, die in den vorherigen Kapiteln aufgezählt wurden. Erfolgreich auf älteren Trails arbeiten zu können basiert jedoch manchmal darauf, dass der Hund Geruchspunkte zwischen extremen Entfernungen miteinander verbindet und nicht auf einem durchgehenden Trail. Er enthält auch häufig Proximity-Geruch und Geruchspools, wo sich die Person aufgehalten hat, und der Hund war vielleicht einfach in diesem Gebiet. Selten habe ich gesehen, dass Hunde Trails, die älter als zwölf Stunden waren, zuverlässig arbeiten. Der gemeinsame Nenner für den Aufbau von Zuverlässigkeit besteht darin, doppelblinde Tests zu verwenden.

Mit der Feststellung, dass Hunde bei einem Trail über zwölf Stunden nicht zuverlässig sind, sage ich nicht, dass man sie über dieses Zeitfenster hinaus nicht einsetzen sollte. Ich befürworte es, wenn der Hundeführer die Grenzen seines eigenen Hundes kennt und nicht dem Beispiel anderer folgt, einfach weil sie sagen, dass sie etwas können. Ohne Nachweis einfach zu folgen ist nichts anderes als der sprichwörtliche Lemming-Effekt. Noch wichtiger ist: Wenn der Hund kein Trailverhalten zeigt, sollte der Hundeführer ihm nicht folgen. Wenn ein Trail außerhalb von zwölf Stunden liegt, wird das Trailverhalten exponentiell abnehmen. Wenn ein Hundeführer den Hund zu sehr drängt, wenn kein Geruch der Person vorhanden ist, wird der Hund garantiert etwas anderes aufnehmen, das Trailverhalten hervorruft. Dieses Etwas ist selten die gesuchte Person.

Ich empfehle, dass jeder Hundeführer sich so viel wie irgend möglich um die Grenzen alter Trails kümmert. Wir können unsere Hunde darauf konditionieren, zunehmend alte Trails zu arbeiten, indem wir diese alten Trails langsam integrieren. Nur weil ein Hund Gerüche eines bestimmten Alters findet, heißt das noch nicht, dass der Geruch in ausreichender Menge vorhanden ist, um der Spur ohne eine bestimmte erste Bloßlegung zu folgen.

Das Problem mit wirklich alten Trails ist, dass es keinen durchgehenden Geruchstrail gibt. Kleine Geruchsansammlungen können an bestimmten Stellen auftreten, aber je älter der Geruch wird, desto weniger Ansammlungen sind vorhanden. Zudem kann sich der Geruch wesentlich ändern, wenn er altert, weil menschlicher Geruch aus biologischer Materie besteht und dem gleichen bakteriellen Abbau unterliegt wie andere organische Substanzen. Es gibt einen Punkt, an dem er entweder nicht mehr existiert oder nicht mehr in einer auf die Person bezogenen Form – oder zumindest nicht in einer Form, in welcher der Hund ihn erkennen kann. Der einzige Weg, wie Menschen Geruch und Geruchstrails begreifen, besteht darin, dass sie einen erkennbaren Weg sehen können. Stellen Sie sich vor, jemand legt am frühen Morgen einen Trail auf taunassem Gras. Die Schritte der Person sind klar erkennbar, weil die Spur jetzt das feuchte Gras beschädigt und der Umriss des menschlichen Fußes deutlich sichtbar ist. Jeder Schritt gleicht dem anderen und die Spur verläuft einhundert Meter weiter bis zu einem Gefälle.

Sobald die Person weg ist und die Sonne zu scheinen beginnt, ändert sich die Spur. Zuerst verblassen die Spuren, die am ehesten der Sonne ausgesetzt waren. Zunächst verschwimmen die Ränder und die Umrisse sind nicht mehr so klar erkennbar, aber wir können noch immer die Spuren sehen – nur nicht mehr so genau wie die anderen. Wenn die Sonne steigt und die anderen Spuren denselben Kräften wie die ersten Spuren ausgesetzt sind, beginnen auch sie zu verschwimmen. Weil die ersten Spuren diesen Einflüssen noch mehr ausgesetzt waren, wird der Zerfall der Spur schlimmer. Was zuvor nur verschwommen war, ist nun ein Fleck zwischen verschwommenen Spuren.

Es ist jetzt ein Unterschied in der Form der Spur erkennbar. Sobald die Sonne die Erde noch mehr erwärmt, existieren die verschwommenen, taufrischen Spuren nicht mehr und nur ein scharfer Blick kann die geknickten Grashalme oder ein umgedrehtes Blatt noch erkennen, das darauf hindeutet, dass jemand am Morgen hier entlang gegangen ist. Wenn der Tag zu Ende geht und es Nacht wird oder der nächste Tag anbricht, verlieren die kaputten Grashalme und umgedrehten Blätter ihre Bedeutung und die einzigen Dinge, die sich abheben könnten – die einzigen Dinge, die

Hundeführerin Kelli Collins arbeitet diesen Deutschen Schäferhund auf einem Trail, der über seine Fähigkeiten hinausgeht. Beachten Sie die Körpersprache: Rute unten, Kopf oben, Zunge raus und uninteressiertes Verhalten. Der Hund ist im »schwachen« menschlichen Geruch und arbeitet nicht. Beharrt der Hundeführer dennoch darauf, wird sich der Hund nach vorn bewegen, nicht arbeiten, aber bewegen. Verwechseln Sie diese Vorwärtsbewegung nicht mit Geruchsunterscheidung.

einem sagen, dass jemand da war – sind ein paar Fußabdrücke mit deutlichen Konturen im Boden. Selbst diese Fußabdrücke werden eines Tages weg sein. Wind, Regen und schließlich die Zeit werden sie verändern und völlig zerstören.

Versuchen Sie sich vorzustellen, diese Spuren lesen zu müssen, wenn sie sich optisch mit der Zeit ändern. Nur der genaue Beobachter wird fähig sein, sie zu finden, wenn sie sich ändern. Es wird auch ein Zeitpunkt kommen, wo nur diejenigen, die darauf trainiert sind, die Spur finden werden.

Geruchstrails können auf ähnliche Weise betrachtet werden. Dieselben Faktoren, die die tatsächliche Spur beeinflussen, beeinflussen auch die Geruchsspur: Sonne, Hitze, Wind, Lage, Zeit usw. Was als klarer, durchgehender Trail begann, ist nun unterbrochen und weniger erkennbar für die Hundenase. Der durchschnittliche Hund wird es bis zu einem Punkt zustande bringen, aber nur Hunde, die diesen Veränderungen ausgesetzt wurden, und noch wichtiger, die eine Neigung für diese Arbeit haben, werden den alten Trail finden.

Das Trainieren von alten Trails muss dem Hund schrittweise und auf eine Weise nahegebracht werden, die dem Hundeführer erlaubt, den Hund lesen zu können. Die Körpersprache des Hundes ändert sich, wenn der Trail altert, und dies geschieht immer – egal wie. Kein Hund arbeitet einen zwölf Stunden alten Trail wie einen fünfzehn Minuten alten Trail. Daher nutzt das schrittweise Training nicht nur dem Hund, weil er Erfahrung gewinnt, sondern auch dem Hundeführer.

Ich empfehle, dass alte Trails in 30- bis 60-Minuten-Intervallen in das Training eingebaut werden, bis zu dem Punkt, wo der Hund Probleme bekommt und seine Zuverlässigkeit schwindet. An dieser Stelle sollte der Hundeführer auf fünfzehn Minuten zurückgehen und die Zuverlässigkeit des Hundes durch Wiederholung sowie durch doppelblinde Tests verbessern. Man muss verstehen, dass sich die Lebensfähigkeit des Trails mit den Bedingungen verändert, und obwohl das Alter gleich ist, wird der Trail je nach diesen Bedingungen für den Hund mehr oder weniger sichtbar. Der springende Punkt ist, dass keine zwei Trails jemals gleich sein werden, ganz egal, wie hart man daran arbeitet, dieselben Bedingungen wieder herzustellen. Es ist unmöglich, Bedingungen perfekt zu duplizieren, daher ist es unmöglich, Auswirkungen des Alters eines Trails genau vorherzusagen. Wir können nur einen Mittelwert annehmen. Vielleicht gibt es aus diesem Grund nur wenige Trails, die wirklich magisch sind (Trails die tatsächlich gearbeitet wurden und keine zufälligen Trails waren) – Trails, die jeder Logik und Argumentation trotzen. Die Umstände waren dann für den Hund einfach perfekt und aus irgendeinem Grund war der Geruch zu diesem bestimmten Zeitpunkt vorhanden.

Sobald ein mittlerer Durchschnitt gewonnen wurde und es scheint, dass der Hund über dieses Zeitfenster von acht von zehn Fällen nicht zuverlässig arbeiten kann, sollte dies als augenblicklicher Grenzbereich des Hundes gesehen werden. Dieser Grenzbereich kann sich ändern, wenn der Hund älter und erfahrener wird, so wie der Fährtensucher beim Suchen der Fährte aufgrund von Erfahrung besser wird, aber es ist nicht selbstverständlich und sollte nie vorausgesetzt werden.

Meine Erfahrung mit den meisten Hunden ist, dass der Grenzbereich bei verschiedenen Bedingungen bei einem zwölf Stunden alten Trail liegt. Manche Hunde glänzen bei alten Trails, aber sie sind nicht durchschnittlich – sie sind außergewöhnlich.

Es gibt beim Training von alten Trails nicht nur ein einziges Muster für alle Hunde, auch kein durchschnittliches, weil sie alle so unterschiedlich sind. Der Beute- und Jagdtrieb, gepaart mit den natürlichen Genen des Hundes,

Beachten Sie den Unterschied im Trieb bei der Körpersprache zwischen diesen beiden Deutschen Schäferhunden. Der Hund unten hat kein Interesse am Trailleger und will noch nicht einmal auf den Geruchsartikel schauen, der ihm präsentiert wird.

Der Hund links ist ein Welpe und kann es nicht erwarten, loszulegen. Ohne Trieb für den Geruchstrail ist das Alter auf dem Trail irrelevant.

spielt eine große Rolle bei diesem Teil des Spiels. Alles, was ein Hundeführer tun kann, ist, die Trails zu arbeiten, bis er seinen Hund nicht mehr lesen kann. Jedes Trainingsprogramm ist ein wenig anders. Wegen dieser Unterschiede teile ich die Auffassung, dass nur die besten Hunde für diesen Job eingesetzt werden sollten. Wenn gute Gene und Trieb einen Hund bei Einsätzen nach vermissten Personen oder der Verbrechersuche besser werden lassen, werde ich nur diese Hunde nehmen, wenn sie verfügbar sind. Alles andere ist eine Verschwendung von Zeit und Energie.

Doppelblinde Tests

Die einzige echte Möglichkeit, einen Trailhund zu prüfen, ist bei einem doppelblinden Test, in dem niemand, einschließlich Prüfer oder Gutachter, weiß, wo der Trail liegt oder wie er verläuft. Ich habe das schon in den vorherigen Kapiteln besprochen, aber es ist wichtig, es nochmals zu erklären. Es müssen Szenarien aufgestellt werden, um die Faktoren zu testen, die aller Voraussicht nach bei einem Trailhund Probleme verursachen werden. Wenn der Hund im Test zuverlässig funktioniert, kann er unter diesen bestimmten Bedingungen in den meisten Fällen als zuverlässig betrachtet werden – aber nicht immer.

Das Alter des Trails kann nicht die einzige Variable sein, die getestet wird. Das Alter des Trails muss relativ sein und andere wichtige Variablen berücksichtigen, die im Einsatz vorkommen können. Nach jahrelanger Arbeit hinter Hunderten von Hunden im Einsatz und auf Trainingstrails von Küste zu Küste entdeckte ich Konstanten, die für Trailhunde und für die Hundeführer, die sie lesen müssen, problematisch sind.
Diese sind:

1. Ablenkungen durch Tiere und Menschen
2. Echte Fähigkeit, Geruch zu unterscheiden
3. Oberflächenwechsel
4. Alter des Trails

Weil ich glaube, dass dies die primären Elemente sind, die für die Leistungsfähigkeit eines Trailhundes schädlich sind, habe ich daraus einen Standardtest erstellt. Ich glaube auch, dass die fortlaufenden Levels weit über die Einsatzfähigkeit des Hundes hinausgehen sollten. Der nachstehende Standardtest ist der aktuelle Zertifizierungsstandard, den ich für die Strafverfolgung- und Rettungshundeteams anwende.

Prüfung des Trailinghundes und des Hundeführers

Diese Beurteilung bewertet im Grunde die Fähigkeit des Hundes zum Fährten oder Trailen einer Person durch Geruchsunterscheidung. Die Beurteilung prüft nur die Fähigkeit eines Trailteams, einen bestimmten menschlichen Geruch zu identifizieren und zu verwenden, um dieses bestimmte Individuum zu finden. Die Beurteilung prüft keine anderen Formen der Diensthundearbeit wie Gehorsam, Schutzdienst oder Techniken der Fährtensuche.

Die Tests sind in drei Levels aufgeteilt, um mehr Training und Leistung auf den Gebieten der Geruchsunterscheidung beim Fährten und Trailen zu fördern. Der erste Level muss bestanden sein, bevor das Team zum nächsten Level fortschreitet. Jeder Level ist ergebnisorientiert und bewertet nicht das Verhalten oder die Eigenheiten des Hundes, während er fährtet oder trailt. Es wird einfach die Fähigkeit des Hundes getestet, von A nach B zu kommen und die richtige Person zu finden.

Den Hundeteams wird nicht vorgeschrieben, genau auf dem Weg oder Trail der Person zu bleiben, da sich Geruchsmuster in Abhängigkeit von den Bedingungen ändern können. Allerdings müssen die Teams weitestgehend parallel zu der Richtung des Trails laufen. Flächensuche ist nicht erlaubt.

Das Alter und die Distanz der Trails sind nicht exakt, weil es für die Person schwer bis unmöglich ist, eine genaue Distanz unter wirklichen Bedingungen zu ermitteln. Die Entfernung und das Alter sind Richtlinien und werden unter den vorgeschriebenen Bedingungen eingehalten.

Trailen ist üblicherweise eine Suchmethode mittels Geschirr und langer Leine (mit einer Länge von zehn Metern), allerdings ist auch klar, dass Geschirr und lange Leine den Trail nicht erfolgreich machen. Hundeführer müssen das nehmen, was notwendig ist, um ihren eigenen Hund arbeiten zu können. Hundeführer müssen das tun, was ihre Hunde methodisch (außer Flächensuche) auf den Trail bringt. Von Zwangstechniken wie Leine unter den Bauch ziehen, um die Nase auf den Boden zu zwingen, wird dringend abgeraten.

Bei jeder der nachfolgenden Prüfungen ist es dem Prüfer nicht erlaubt, das Legen der Trails zu sehen. Der Trailleger sollte ein GPS mit Nachverfolgungsfunktion benutzen für den Fall, dass die Person aufgefunden werden muss, wenn der Hund versagt. Der Prüfer trägt ebenfalls ein GPS-Gerät und der Hundeführer darf keine Möglichkeit bekommen, das GPS vor der Prüfung zu sehen. Ein Beobachter, der vom Trailteam ausgesucht wurde, darf das Suchteam mit Genehmigung des Gutachters begleiten.

Der Beobachter sollte als Backup fungieren und dem K.9-Team bei Hindernissen, Ablenkungen und in gefährlichen Situationen assistieren. Der Beobachter darf nicht mit dem Hundeführer in Bezug auf die Such-Strategie kommunizieren. Obwohl es im realen Einsatz für den Backup manchmal erforderlich ist, mit dem Hundeführer Strategien zu beratschlagen, ist es nicht erlaubt, dies zum Zweck dieses Tests zu tun.

Definitionen

1. Geruchsartikel: jeder Artikel oder Gegenstand, der den Geruch der Person trägt, die der Hund bis zum Ende suchen muss.
2. Unkontaminiert: Eindeutiger Geruchsartikel, der z. B. nicht den Geruch von zwei oder mehr mehreren Personen an sich hat.
3. Maßnahmen: Methoden wie Geruchsaufnahme / »Missing Member« in Bezug auf den Gebrauch des Geruchsartikels benutzt werden, um einen individuellen Geruch auf dem Geruchsartikel oder Trail zu isolieren.
4. Beweissuche: in Bezug auf das Einsammeln des Geruchsartikels; den Hund nutzen, um einen Artikel mit menschlichem Geruch zu lokalisieren.
5. Präsentieren des Geruchsartikels: der Moment, bevor der Trail beginnt , wenn der Hundeführer dem Hund den Geruchsartikel präsentiert.
6. Aufbewahren des Geruchsartikels: jede Methode, die genutzt wird, um den Geruch in relativ unkontaminiertem Stadium aufzubewahren. Gläser, Plastiktüten, Latexhandschuhe usw.
7. Suchkommando: ein verbales oder visuelles Kommando, um den Hund zum Trailen zu starten.
8. Trailleger: die Person, von der der Geruchsartikel stammt.
9. Trail: häufig verwechselt mit »Fährte«, der Trail ist der Weg, auf dem sich der Trailleger fortbewegt hat und ist nicht begrenzt auf die tatsächlichen Fußtritte, die er gegangen ist – es ist der Weg, wo der Geruch der Person vorhanden ist.
10. Weicher Untergrund: Gras, Erde, Oberflächen organischer Natur.
11. Harter Untergrund: allgemein von Menschenhand gemacht, wie Beton oder Asphalt.
12. Hindernis: jeder leblose Gegenstand, der das Team in der Fortbewegung behindert, wie Zäune, Gebäude oder Wände.
13. Überwinden oder Umgehen: In Bezug auf das Hindernis kann das Team klettern, krabbeln, durchqueren, schwimmen oder um den Gegenstand herumgehen.
14. Abwind: wenn der Wind den Geruch der Person vom Team weg weht.
15. Gegenwind: wenn der Wind den Geruch der Person dem Team zu weht.
16. ID: eine vom Hundeführer artikulierte Aktion des Hundes, die am Ende des Trails die Person identifiziert.
17. Menschliche Verleitung: jede lebende Person, die irgendetwas tut.
18. Tierische Verleitung: jedes lebende Tier, das irgendetwas tut.
19. Ignorieren der Verleitung: der Hund darf die Verleitung nicht identifizieren.
20. Erfolgreicher Abschluss: der Hund startet gezielt, folgt dem Trail des Traillegers, identifiziert die Person in der vorgegebenen Zeit.
21. Muster der Flächensuche: die Methode, die ein Hundeführer benutzt, um den Hund mit oder ohne Leine in eine Position

zu bringen, wo er durch wiederholte Revierkommandos »Wind« vom Trailleger bekommt.

22. Prüfer: jeder Hundeführer, der den Level-3-Test bestanden, mindestens zwei Jahre Trailerfahrung hat und von einem Gremium zertifiziert wurde. Der Prüfer verwaltet die aufgelisteten Zertifikate.
23. Backup: eine trainierte Person, die das Team auf der Suche begleitet; da der Hundeführer oft damit beschäftigt ist, den Hund zu lesen, ist er nicht in der Lage, in gefährlichen Situationen richtig zu reagieren, auch bei Ablenkungen und Hindernissen.

Level-1-Zertifizierung

Sammeln und Verwenden von Geruchsnachweisen

1. Dem Hundeführer wird ein simuliertes Verbrechen oder ein Vermisstenfall aufgezeigt. Der Hundeführer muss den Geruchsartikel korrekt identifizieren und einsammeln, um den Hund zu starten.
2. Der Geruchsartikel kann fest oder beweglich sein und muss vom Trailleger benutzt oder angefasst worden sein.
3. Der Hundeführer muss sichergehen, dass der Geruchsartikel nicht kontaminiert ist oder entsprechende Maßnahmen treffen, wenn er es war.
4. Der Hundeführer kann den Hund bei der Form der Beweissuche nutzen, um einen Geruchsartikel zu gewinnen.

Den Hund am Geruchsmaterial starten

1. Der Hund muss durch eine eindeutig vom Hundeführer angegebene Aktivität wie beispielsweise eine Handbewegung aktiv am Geruchsartikel angesetzt werden.
2. Der Hundeführer muss ein Suchkommando geben, wenn der Hund den Geruch aufnimmt.

Die Fährte / Der Trail

1. Der Trail wird auf weichem Untergrund gelegt und ist mindestens 600 Meter lang, mit zwei Abbiegungen, der Trailleger ist am Ende versteckt und bewegt sich nicht. Der Trail ist ungefähr eine Stunde alt.
2. Der Wind weht nicht in Richtung des Hundes. Der Trailleger läuft mit dem Wind.
3. Bevor der Trail beginnt, muss der Hundeführer erklären, was der Hund macht, wenn er die richtige Person findet.
4. Es gibt ein Zeitlimit von 15 Minuten, um den Trail erfolgreich zu beenden.

Level-2-Zertifizierung

Sammeln und Verwenden des Geruchsartikels wie bei Level 1.

Die Fährte/der Trail

1. Der Trail ist mindestens 700 Meter lang, aber nicht länger als einen Kilometer und beinhaltet mindestens zwei unterschiedliche Untergründe, wie z. B. Erde, Gras, Beton, Schotter, Asphalt. Mindestens ein Wechsel des Untergrundes mit drei Abbiegungen ist vorhanden. Es gibt mindestens ein Hindernis, welches das Team überwinden oder umgehen muss. Der Trail ist nicht älter als vier Stunden.
2. Der Trailleger geht mit dem Wind und versteckt sich.
3. Der Hundeführer muss die ID des Hundes beschreiben.
4. Eine Verleitung – entweder tierisch oder menschlich – ist auf dem Trail. Der Hund muss die Verleitung ignorieren oder flüchtig prüfen und weiterarbeiten.
5. Das Zeitlimit für den Trail beträgt 30 Minuten.

Level-3-Zertifizierung

Sammeln und Verwenden des Geruchsartikels wie bei Level 1.

Der Trail

1. Der Trail ist ungefähr 1,5 Kilometer lang und nur auf hartem Untergrund, mit mindestens drei Abbiegungen. Es gibt mindestens zwei Hindernisse, die das Team überwinden oder umgehen muss. Der Trail ist ca. sechs Stunden alt.
2. Der Trailleger geht mit dem Wind und ist versteckt.
3. Der Hundeführer muss die ID des Hundes angeben.
4. Eine sich bewegende Person oder Tier-Verleitung ist genau auf dem Trail.
5. Zwei Personen stehen ungefähr 50 Meter am Trail-Ende auseinander. Die falsche Person kann für den Hund sichtbar oder nicht sichtbar sein. Der Hund muss die richtige Person identifizieren.
6. Das Zeitlimit beträgt 45 Minuten.

13 Bäche

Viele denken vielleicht, dass dieses Kapitel in den Teil über das Trailen auf weichem Boden oder ländlicher Umgebung gehört, und auf eine gewisse Weise stimme ich dem zu, weil Bäche und Flüsse üblicherweise in ländlichen Gebieten und der Wildnis zu finden sind. Das Problem ist, dass Flüsse und Bäche wundersame Dinge mit dem Geruch anstellen, und wenn der Hundeführer die Situation nicht richtig liest, könnte der Trail verloren sein. Flüsse und Bäche rufen eine völlig neue Körpersprache im Hund hervor und benötigen mehr Interpretation. Gleichermaßen erfordern Flüsse und Bäche ihre eigene Trainingsstrategie, um dem Hund ein gutes Überwinden zu ermöglichen. Außerdem neigen Flüsse und Bäche dazu, ein natürlicher Anziehungspunkt für Personen zu sein, die entweder gefunden werden wollen oder versuchen, unentdeckt zu bleiben. Das beruht auf dem ehemaligen Glauben, dem Fluss stromaufwärts oder stromabwärts zu folgen, um sicher nach Hause zu gelangen, während man früher glaubte, dass Strömungen Hunde abschütteln können. Der Film »Cool Hand Luke« war in Bezug auf Flüsse und Bloodhounds fast realistisch; es war nicht so, dass die Hunde es nicht konnten, aber der Hundeführer konnte nicht lesen, was passierte, um entsprechend richtig zu reagieren. Ich liebe es, wenn Verbrecher Wasserwege benutzen, in denen sie laufen können. Tatsächlich macht es meinen Job einfacher.

Es ist wichtig, während der ersten Phase etwas Wasser zum Trailbild des Trainings hinzuzufügen, aber nicht bis zu dem Punkt, wo Hundeführer und Hund große Gewässer oder schnell fließende Ströme durchqueren müssen, die zu schwierig zu überwinden sind. Wasser zieht natürlicherweise Geruch an und kann einen Trail zweifellos akzentuieren, besonders, wenn eine Person den Strom als Highway benutzt. Wenn jedoch der Hundeführer einer Körpersprache des Hundes gegenübersteht, die er zuvor nie beobachtet hat, kann er den Hund unbeabsichtigt vom Trail holen oder ihm folgen, wenn der Trail tatsächlich in die gegenüberliegende Richtung geht. In die falsche Richtung gehen passiert wahrscheinlich, wenn die Person den Strom durchquert hat, flussaufwärts geht und sich in der Nähe des Ufers versteckt. Der Hund kann den sich schnell bewegenden Geruch auf der Wasseroberfläche aufnehmen und ihm flussabwärts folgen. Dieser Geruch kann tatsächlich über lange Distanzen andauern – sogar kilometerlang. Ich glaube, dass daher die Ammenmärchen über den Verlust der Spur bei Suchhunden kommen.

Beim ersten Teil des Trainings in fließenden Gewässern ist sicherzustellen, dass der Hund schwimmen kann und keine Angst vor dem Hineinwaten oder Schwimmen zeigt. Es ist keine gute Idee, mit diesem Problem erst dann umzugehen, wenn man dabei ist, einen Fluss überqueren zu wollen. Grundsätzlich bedeutet eine Angstreaktion, dass Sie das Wassertraining vom Trailtraining trennen müssen. Einen Hund während des Trails durch das Wasser zu zwingen, auf das er ängstlich reagiert, heißt, dass der Hund das Trailen mit dieser ängstlichen Reaktion auf Wasser assoziiert. Strömung und Schwimmen können eine große Angst hervorrufen, und spezielles Korrekturtraining ist erforderlich, um dem Hund

und Flüsse

darüber hinwegzuhelfen. Das Beste für einen Hund ist, ihn ans Wasser zu gewöhnen, damit er es mag, bevor er es beim Trailen durchqueren muss. Wassertraining funktioniert am besten in den ersten Phasen des Hundelebens, wenn die Gewöhnung an andere Umwelteinflüsse stattfindet.

Nehmen wir an, der Hund liebt Wasser und der Hundeführer ist bereit, mit beiden Beinen hineinzuspringen. Er sollte sich besser darauf vorbereiten, das so zu tun! Wenn der Hund Wasser liebt und ausgebildet wurde, bei der Verfolgung von Geruch Bäche und Flüsse zu durchqueren, wird er das Geruchsproblem schnell abarbeiten, einen Weg zum Überqueren suchen und hineinspringen. Das kann innerhalb weniger Sekunden geschehen.

Der erste Schritt, Bäche zu überwinden, heißt für den Hundeführer, mit kleinen Übungen anzufangen und sich hochzuarbeiten. Ich bevorzuge einen relativ ruhigen Bach, wo der Hund auf den Grund schauen kann. Der Bach sollte relativ flach sein und es dem Hund leicht machen, durchzuwaten, ohne schwimmen zu müssen. Ungefähr sieben bis zehn Meter breit ist ideal. Auch sollte er nicht so schnell fließen, dass es den Hund in der Mitte von den Pfoten reißt. Das Ufer sollte leicht mit wenig Anstrengung zu überwinden sein.

Der Hundeführer sollte den Trailleger einen Trail legen lassen, der gut markiert ist bis an die Stelle, wo der Hundeführer den Bach überqueren soll. Die letzte Markierung ist da, wo der Trailleger in den Bach steigt. Sobald er drüben ist, markiert der Trailleger genau die Stelle, an der er aus dem Wasser kommt. Er geht weiter bis zu einem Versteck, das leicht von der anderen Seite des Baches zu sehen ist.

Diensthund und Diensthundeführer durchwaten spielend einen Fluss bei einer frischen Spur.

Hundeführerin Margaret Blair und Welpe Vito üben kleine Wasserdurchquerungen.

Der Hundeführer startet den Hund, wie er es immer macht - mit einer guten Geruchsaufnahme und Präsentation des Geruchsartikels. Wenn sich der Hund dem Bach nähert, zeigt er oftmals eine Proximity-Anzeige auf die Geruchsanomalie. Der Geruch hat sich einfach verändert und manche Hunde können eine bevorstehende Veränderung aus der Entfernung wahrnehmen. Dieses Verhalten ist ähnlich wie das, welches Hunde beim Trailen an Hauptverkehrsstraßen in der Stadt zeigen. Es entspricht am ehesten dem Geruch, der vom Wind und den Wasserströmungen durch das natürliche Fließen des Baches vom Ufer weggetragen wird. Im Fall der Straßenkreuzung weht der Geruch zurück zum Rinnstein oder der Trail strömt durch das Vorbeifahren von Autos und durch Windböen, die über den glatten Untergrund wehen. Der Hund kann auch aus kurzer Entfernung über den Bach einen guten Proximity vom Trailleger aufnehmen, wenn der Wind richtig ist. Dies ist eine der wenigen Trainingszeiten, wo ich den Wind zugunsten des Hundes mag, wenn er das erste Mal dieses Szenario arbeitet.

Die meisten Hunde laufen direkt zum Ufer und zu der Stelle, wo der Trailleger durchquerte. Manche werden tatsächlich auf die andere Seite schauen, erst recht, wenn sie Geruch von dort wahrnehmen. Wenn der Hundeführer dieses Verhalten sieht, ist es ein guter Zeitpunkt, den Hund zu ermutigen, z. B. mit »Ist es hier«? Jede Phrase wird gehen, damit der Hund versteht, dass das, was er wahrnimmt, richtig ist. Ein bisschen Aufregung seitens des Hundeführers ist gut. Dies sollte nicht im Einsatz gemacht werden, aber wenn der Hundeführer dem Hund hilft, Neues zu lernen, kann das richtige Timing mit Motivation große Ergebnisse erzielen. Wenn der Hund an dieser Stelle ins Wasser geht und auf die andere Seite rennt und den Trail dort wieder aufnimmt, hat der Hundeführer die halbe Seeschlacht gewonnen und ist so weit, den nächsten Schritt zu machen, wenn der Hund zeigt, dass er das Problem verstanden hat und bei anderen Gelegenheiten leicht überwinden kann.

Die meisten Hunde können etwas auf der anderen Seite wahrnehmen, aber zwei und zwei ergeben zu diesem Zeitpunkt noch keine vier...vielleicht etwas mehr als drei. Das Problem ist all der Geruch auf dem Wasser, der flussabwärts fließt und sich ab der Stelle am Ufer sammelt, wo die Person ins Wasser ging. Dieser Geruch ist gut und stark, es scheint, als sitze er auf der Oberfläche, beinahe wie Öl, und er greift am Ufer gierig nach allem, nach Vegetation, Steinen und Grund. Felsen und Gestein in der Mitte des Flusses sammeln ebenfalls viel von dem Geruch und fungieren für Hunde als Geruchspylone, wenn sie queren. Wie bereits erwähnt glaube ich, dass Geruch, biologisch betrachtet, durch Feuchtigkeit und Wasser aktiviert wird. Beides akzentuiert den biologischen Zerfall oder Abbau des Geruchs – das wirkt auf Hunde anziehend.

Eine Rauchbombe unter Wasser simuliert Geruch auf der Oberfläche. Beachten Sie die Verfärbung auf dem Wasser und ein fast öliges Aussehen. Geruch scheint sich auf ähnliche Weise zu verhalten. siehe auch S. 81.

Geruch, der sich am Ufer ansammelt, ist schwer zu ignorieren, vor allen Dingen, wenn er direkt vor der Hundenase liegt. Die meisten Hunde tendieren dazu, die Überquerungsstelle des Wassers perfekt zu finden und geben eine Richtung vor, um aber schnell dem attraktiven Aroma des Geruchs am Ufer zu erliegen und diesem dann zu folgen. Dieses Verfolgen kann so lange gehen, wie der Bach fließt und der Geruch mit ihm. Der Hundeführer kann ihm im Einsatz über Kilometer folgen. Gelegentlich wird der Hund anhalten und eine Stelle mit starkem Geruch anzeigen, wo sich mehr Geruch gesammelt hat, was dem Hundeführer leicht den Eindruck gibt, er wäre nah; in Wirklichkeit entfernen sie sich immer weiter weg, und dann beginnt der Trail sich auszubreiten. Das geschieht, wenn die Geruchsquelle nicht mehr nahe dem Wasser ist und die Gegend quasi verlassen hat. Den Hund kann man zurückkreisen und für eine gewisse Distanz flussaufwärts arbeiten lassen, aber der Hundeführer hat schnell vergessen, wo sie hergekommen sind sowie das ganze Gebiet, welches sie gerade durchlaufen haben. Selten wird sich der Hundeführer an die Stelle erinnern, wo der Hund den Rand des Wassers anzeigte, und damit ist die Person verschwunden. Ich weiß das, weil es mir passiert ist – viele Male.

Wichtig ist, sich die Stelle zu merken, wo der Hund zuerst Aufmerksamkeit über den Bach hinweg anzeigte. Timing ist sehr wichtig, weil der Hund die Verbindung zwischen der Einstiegsstelle, die er wahrnimmt, und der Fortsetzung des Geruchs auf der anderen Seite verstehen muss. Niemand macht einen

Der Diensthund wird ermutigt, den Fluss mit Aussicht auf eine gute Belohnung zu durchqueren.

besseren Job bei der Herstellung dieser Verbindung als der Trailleger. Darum meinte ich, dass ein Geruch vom Trailleger durch Hochwind über das Wasser hinweg kommend wirklich eine positive Situation für diese ersten Schritte beim Überqueren des Wassers ist; der Hund bekommt die sofortige Verbindung von Einstiegsstelle und Geruchsquelle auf der anderen Seite, ohne gedrängt zu werden.

Wenn der Hund am Rand des Wassers anzeigt und nicht sofort die Verbindung mit etwas auf der anderen Seite herstellt, sollte der Hundeführer dies tun, bevor der Hund auf den Geruch auf der Wasseroberfläche wechselt, der flussabwärts fließt. Das Team kann sich davon wieder erholen, wenn der Hund diesem folgen wird, aber es braucht mehr Zeit für den Hund, die Verbindung herzustellen. Lassen Sie den Trailleger aus dem Versteck kommen und die Aufmerksamkeit des Hundes durch Sicht, Geräusche oder beides erregen; der Hundeführer kann das durch ein vorher abgesprochenes Handzeichen, nach dem der Trailleger Ausschau hält, veranlassen. Weil das Timing gut ist, bekommt der Hund die sofortige Verbindung, auch wenn er zu diesem Zeitpunkt

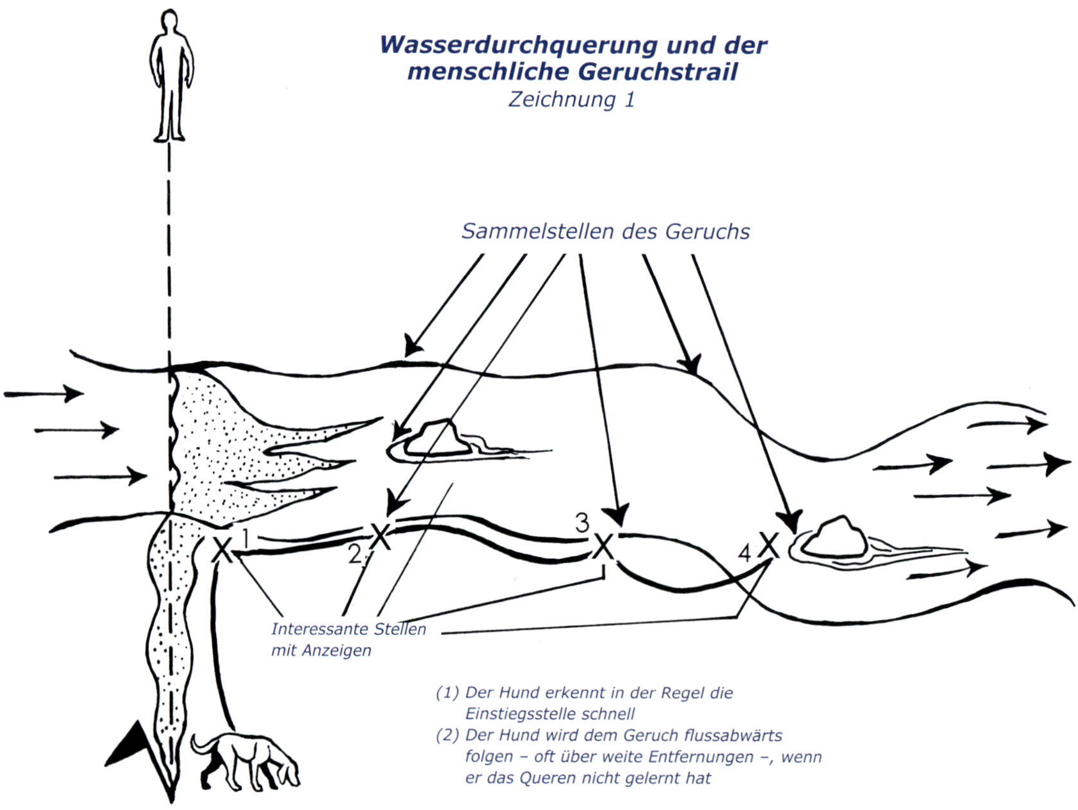

Geruch bewegt sich flussabwärts und sammelt sich, wo Wasser verwirbelt – am Ufer, an Felsbrocken usw. Der Hund kann diesem Geruch über sehr große Entfernungen folgen.

Kevin Baughn schwimmt beim Trailen durch den Mokeulmne River.

keine direkte Hochwitterung hat. Der Hund ist aufgrund des Trails bis zum Wasserrand nach wie vor im Jagdmodus und der Geruch der Zielperson ist in seinem Kopf.

Er muss nicht nach dahintreibendem Geruch suchen und wenn er die Bewegung des Traillegers sieht, wird er queren wollen. Diese Methode ist gut, um den Hund dazu zu bringen, auf die andere Seite zu schauen und zu überqueren, aber es kann den Hund auch ermutigen, hinter allem herzulaufen, was er sieht. Es wird eine Zeit kommen, ab der die Sicht genommen werden muss und das Fortkommen des Hundes nur auf dem Geruch basiert. Es anders zu machen, wird den Hund ermutigen, alles zu untersuchen, jeden Menschen und jede Bewegung auf der anderen Seite des Baches. Fürs Erste hilft es jedoch, einen Zusammenhang zwischen dem Bachrand und der Querung zur anderen Seite herzustellen. Hunde können aufgrund ihrer Erfahrung riechen, dass ein Überqueren unter den richtigen Bedingungen gegeben ist. Hunde, die noch keine Erfahrung haben, können diese Geruchsanomalie wahrnehmen, können aber noch nicht wissen, wie sie damit umgehen. Diesen Zusammenhang herzustellen, ist einfach dazu gedacht, ihnen zu helfen, sich selbst zu korrigieren.

Die Person im Fluss ermutigt den Hund zum Queren.

Wenn Ihr Hund (1) keine Angst vor fließendem Gewässer hat, weil er das bereits beim Training von anderen Umweltbedingungen kennengelernt hat, (2) einen guten Trail zum Wasserrand hat, (3) die Wasserbedingungen von früher kennt und (4) die Person ins Freie kommen sieht, so sollte er in dem Moment, wo er das erste Mal ins Wasser geht, selbst die Strömung überwinden können. In 90 Prozent der Fälle beginnt der Hund von alleine zu waten oder herum zu hüpfen. Ein seichtes Gewässer zu haben, damit der Hund bis zum Grund sehen kann, hilft wirklich. Wenn der Strom schnell, schmutzig oder tief ist, kann es den Hund hemmen und er bekommt Angst. Das zerstört das Timing für eine schnelle Verbindung zwischen Trail, der Gegebenheit am Wasser und dem Trailleger auf der anderen Seite. Timing ist entscheidend und die Elemente des Trailens müssen im Vorfeld durchdacht werden.

Unabhängig von Ihren größten Bemühungen kann der Hund möglicherweise noch nicht queren und tänzelt einfach ungeduldig auf seiner Seite des Ufers. Zu diesem Zeitpunkt muss der Hundeführer den Trailleger dazu bringen, etwas mehr zu tun, als mit der Belohnung wedeln, den Namen des Hundes aufgeregt rufen oder zurück ins Wasser gehen. Wenn all diese Bemühungen misslingen, ist das Wasser vielleicht zu tief, breit, schnell oder zu schwer zu überwinden. Wenn es das beste Gewässer ist, mit dem der Hundeführer beginnt, sollte der Hund zu einem anderen Zeitpunkt daran gewöhnt werden, jedoch nicht beim Trailen – ein Spaßtraining wie z. B. einen Ball werfen, dem Hundeführer ins Wasser folgen usw. Wenn der Hund das Wasser einmal allein überwunden hat, ohne Einleitung, kann der Hundeführer das Trailtraining am Wasser wieder aufnehmen.

Eine andere Methode, die gut funktioniert, besteht darin, dass der Trailleger Anglerstiefel anzieht und einfach mittig im Wasser, aber außer Sicht des Hundes am Endpunkt wartet. Mit anderen Worten, der Hundeführer will nicht, dass der Hund die Person sieht, während er bis zum Ufer trailt. Der Trailleger sollte hinter einer Kurve des Bachs stehen oder sich hinter einem Holzblock oder Felsbrocken verstecken. Wenn der Hund den Rand des Wassers erreicht und hochschaut, könnte er sofort sehen, dass er sich gerade versteckt. Der Hundeführer soll den Trailleger einige Bewegungen machen lassen, um den Hund zu ermutigen, zu ihm zu kommen.

Diese Methode funktioniert besonders gut bei den großen Gewässern der westlichen Staaten der USA. Ich hatte in erster Linie Hunde in und um kleine Flüsse und Bäche zu arbeiten, aber ich hatte einen Rückschlag beim Erfolg, als ich das erste Mal auf große Gewässer stieß. Die großen, breiten Flüsse spornten mich an, ein neues Element in mein Trainingsprogramm aufzunehmen, einfach deshalb, weil ich das nie eingeplant hatte. Es scheint, dass Hunde wirklich aus Gewohnheit denken und arbeiten, und wenn man dieselbe Prozedur immer wieder im selben Gebiet arbeitet, kann dies das Arbeitsergebnis verändern, wenn die Umgebung sich drastisch ändert.

Ein Beispiel betrifft meine jagdlich geführten Hunde; ich arbeite drei Basenjis auf Niederwild. Diese Hunde sind sehr intelligent und erstaunen mich mit ihrem Ausmaß an Berechnung und Zusammenarbeit in der Meute. Allerdings können auch sie von der Gewohnheit zum Narren gehalten werden. Alle drei Basenji-Hundeboxen stehen im selben Raum, direkt nebeneinander. Die Hunde schlafen jede Nacht in ihren Boxen. Jede Box ist unterschiedlich in Größe, Form und Farbe, hat eine unterschiedliche Decke darin und hat ihren eigenen Hundegeruch. Wenn sie ins Bett gehen, laufen alle drei Basenjis zu ihren Eingängen und gehen hinein, in Erwartung ihres abendlichen Leckerchens. Kaden ist in der linken Box, Axel in der Mitte und Phoenix rechts. Eines Tages entfernte ich die mittlere Box, weil ich nur Axel zu einem Jagdausflug mitnahm. Als ich zurückkam, stellte ich seine Box ans rechte Ende statt in die Mitte. Als es Zeit war, schlafen zu gehen, liefen die Hunde zu ihren Boxen, um ins Bett zu gehen, Kaden lief zu ihrer, während Axel und Phoenix vor ihren stoppten, in der jeweiligen Position, als wenn ihre Boxen nie entfernt worden wären. Axel wäre sofort in seine gelaufen, aber sobald Phoenix eine Änderung der Boxen wahrnahm, stoppte sie ihn, blockte ihn, bevor er reingehen konnte und knurrte, während sie die Situation inspizierte. Sie roch an beiden Boxen und lief prompt in die rechte Box und benahm sich, als wäre es ihre.

Der Punkt hierbei ist, dass die Position der Box wichtiger war als Form, Größe oder Geruch der Box. Es war der Mangel an Reaktion auf den Geruch, der mich irritierte und mich als Erstes auf diese Beobachtung brachte. Ich habe ähnliche Verhaltensweisen im Einsatz bei Hunden gesehen, die plötzlich neue Bedingungen vorfanden, nachdem sie über lange Zeit ständig denselben Bedingungen ausgesetzt worden waren. Die Konditionierung war wichtiger als der Geruch. Darum ist es wichtig, beim Trailtraining jederzeit alles zu ändern. Variieren von Orten, Personen und Hindernissen sollte die einzige Regel sein. Wenn der Hund bei seinem Training im Wasser nur schmale Bäche kennt, werden ihn große Flüsse auf dem Trail stoppen.

Beim Überwinden von breiten Flüssen – 65 Meter oder breiter – ist es notwendig, dass sich der Trailleger im Wasser relativ nahe an der Stelle, wo er ins Wasser ging, versteckt und dann langsam zum gegenüberliegenden Ufer weitergeht, in Abständen von ca. 20 Metern. Je mehr Gegenstände wie Felsen oder Holzstämme der Trailleger anfasst und somit den Geruch drauf hinterlässt, desto besser.

Sehr breite Flüsse und Ströme können nach wie vor problematisch bleiben, egal wie oft der Hundeführer das trainiert. Manchmal ist es einfach leichter für den Hund, dem Geruch auf der Wasseroberfläche entlang des Ufers stromabwärts zu folgen, als zu versuchen, den Fluss zu überqueren. Die einzige Vorgehensweise des Hundeführers ist, seinen Hund zu lesen und die Körpersprache des Hundes zu verstehen, die sagt »treibender Geruch auf dem Wasser sammelt sich an Ufer, Holzstämmen und Felsen«, und dann angemessen zu reagieren.

Es ist gut, dem Hund nicht zu erlauben, zu lange flussabwärts zu laufen. Es ist schwer, genau zu definieren, was »zu lange« heißt; das muss am Trieb des Hundes gemessen werden. Wenn der Hund müde, frustriert oder abgelenkt aussieht, hat der Hundeführer wahrscheinlich zu lange gewartet. Wie bei all meiner Trainingsphilosophie glaube ich, dass das richtige Timing dann ist, wenn der Hund »auf der Höhe« ist. Der Hundeführer wird eine bessere Chance haben, den Geruch wiederzufinden, wenn er und sein Hund auf die andere Seite kommen.

Der Hund sollte nicht nur auf der Höhe sein, er sollte auch nach dem Geruch der Person streben wollen, weil der Hundeführer den Hund in eine Gegend ohne viel Geruch laufen lassen wird. Wenn der Hundeführer dem Hund erlaubt, für eine kurze Distanz dem Geruch am Ufer flussabwärts zu folgen, ist vielleicht der eigentliche Trail auf der gegenüberliegenden Seite des Flusses, den der Hundeführer selbst wiederfinden muss. Und genau dieser Punkt muss bestimmt werden, weil das die Stelle sein wird, wo er den Hund kreisen lassen muss, wenn er auf die andere Seite gekommen ist.

Das Überwinden von großen Gewässern, mit oder ohne direkte Aktion des Hundes, kann schwierig sein und Sicherheit muss an oberster Stelle stehen. In den meisten Fällen kommt der Hund rüber, aber der Hundeführer hat Probleme. Als Erstes muss man die

Temperatur und Geschwindigkeit des Wassers bedenken. Gletscherwasser oder geschmolzener Schnee können nahe am Gefrierpunkt sein, sogar an einem heißen Sommertag. Ich lief Wassertrails bei 32° C und der Fluss war so kalt, dass meine Möglichkeit, durchwaten zu können, auf zwei Minuten begrenzt war. Diese Art von Situation kann dazu führen, dass der Hundeführer schnell ertrinken kann. Hundeführer müssen den gesunden Menschenverstand benutzen. Starke Strömung ist ein weiteres Problem. Wenn der Hundeführer nur weiße Kronen sieht, ist es keine gute Idee, schwimmen zu gehen.

Die nachfolgende Geschichte veranschaulicht meinen Standpunkt. Ein Hundeführer trailte einen Tatverdächtigen im Winter und folgte ihm nah an einen großen Fluss, der relativ langsam floss, aber aufgrund von Eis und Schnee extrem kalt war. Der Verdächtige entschied sich hineinzugehen, in der Hoffnung, so der Festnahme zu entgehen. Er schaffte ca. sieben Meter, schien zu erstarren und versank. Seine Leiche wurde flussabwärts wiedergefunden; und das war's. Wenn das einem Verdächtigen passiert, kann es auch einem Hundeführer passieren. Genauso kann es sein, dass der Verdächtige möglicherweise gar nicht aus dem Wasser gekommen ist, wenn der Hundeführer keinen Trail entlang des Ufers findet, das dieser aller Kenntnis nach betreten hatte.

Wenn es aus irgendwelchen Gründen an der Zeit ist, den Fluss zu überqueren und ein Trail auf der anderen Seite lokalisiert werden muss, sollte der Hundeführer nach einer Stelle genau gegenüber Ausschau halten und sich diese gut merken. Noch besser und vor allen Dingen wenn der Hundeführer einen langen Weg gehen und flussaufwärts laufen muss, um neu anzusetzen, sollte er einen Azimut an der Stelle festlegen, die er auf der anderen Seite sehen kann und ein Raster koordinieren, um es mit GPS oder Kompass zu bestimmen. Andernfalls könnte der Hundeführer sich selbst verirren und den Platz zum Neustart nicht mehr finden.

Erlauben Sie dem Hund, dem Geruch flussabwärts zu folgen, aber wenn die Körpersprache des Hundes sich vermindert oder der Hund anzeigt, dass er hinüber möchte, ist es an der Zeit, zu überqueren und den Trail wieder aufzunehmen.

Der Platz zum Neustarten des Hundes auf der anderen Seite des Flusses wird wahrscheinlich flussabwärts von der Stelle sein, wo die Person tatsächlich überquerte – ausgenommen natürlich, wenn sie diagonal flussabwärts kreuzte; viel Glück damit. Wenn ein Hundeführer seinen Hund flussabwärts arbeitet und dem Geruch auf der Wasseroberfläche über Kilometer hinweg folgt, wird er über Kilometer hinweg flussaufwärts arbeiten müssen, bis er auf den Trail der Person stößt. Wenn der Hund damit keine Erfahrung hat, kann ich fast garantieren, dass er sich nicht mehr dran erinnern wird, wonach er eigentlich gesucht hat.

Unabhängig, ob der Hundeführer einen Geruchsartikel hat, sollte die Distanz nicht so groß sein, dass der Hund den Geruch einfach nicht mehr finden kann. Oder er ihn verlor, weil es so lange dauerte. Einen Hund an einem Geruchsartikel ansetzen, wenn über eine größere Entfernung kein passender Geruch da ist, funktioniert kaum und ermutigt den Hund dazu, irgendeinen anderen Trail aufzunehmen, weil er gezwungen wurde zu arbeiten.

Lassen Sie uns einmal annehmen, der Hundeführer läuft nur 30 bis 50 Meter flussabwärts, bevor er sich entscheidet, den Fluss zu überqueren. Der Hundeführer markiert die Stelle der Überquerung gut und kommt ohne Schwierigkeiten hinüber. Außerdem sind er und sein Hund bereit zu arbeiten. Der Hundeführer sollte einfach die lange Leine am D-Ring des Geschirrs befestigen und dem Hund sagen, dass er arbeiten soll.

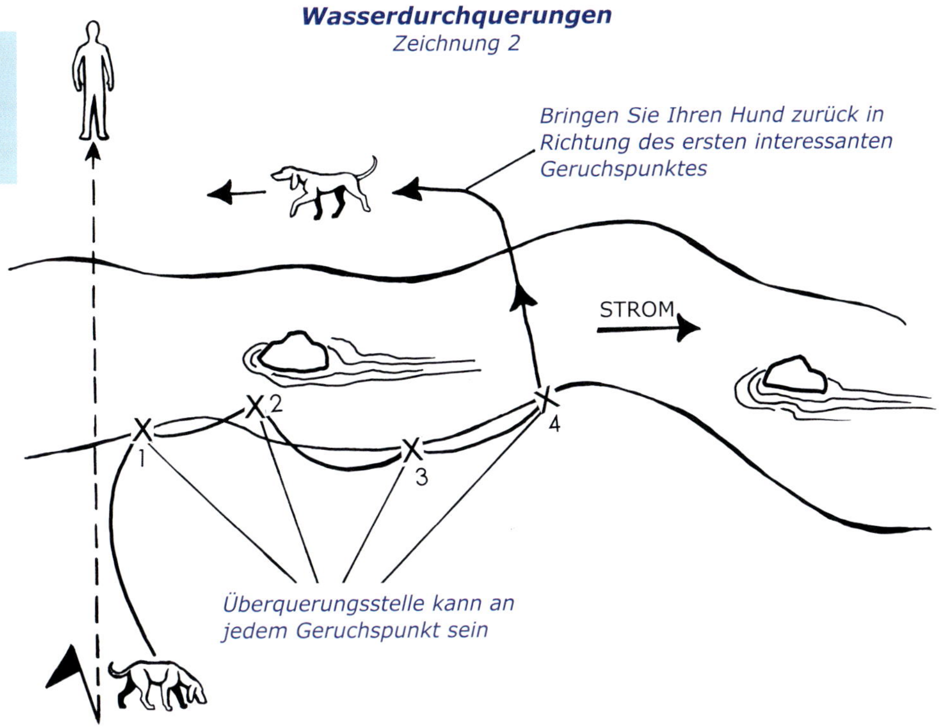

Es ist nicht nötig, das Suchkommando zu wiederholen oder den Geruchsartikel noch einmal zu präsentieren. Wenn der Hundeführer zügig auf die andere Seite gelangt und der Hund motiviert auf dem Trail war, wird der Hund bestrebt sein, den Trail auf der anderen Seite wiederzufinden.

Die wichtigste Aktion an dieser Stelle ist, den Hund in die Richtung zu arbeiten, in die die Person gegangen ist. Ich bevorzuge eine Methode ähnlich der, die ich in einem vorherigen Kapitel über das Kreisen aus einem Geruchspool bis zum Finden des Trails beschrieb. In diesem Fall ist es kein Geruchspool, aber die Methode, den Trail wiederzufinden, ist ähnlich. Der Hundeführer startet an einer Stelle und arbeitet den Hund in konzentrischen Kreisen oder Halbkreisen vom Ufer des Flusses, bis der Trail gefunden ist und nutzt dabei die lange Leine als Maß. Es ist wichtig, nicht die Stelle zu verpassen, weil man die Kreise zu groß macht. Falls die Person basierend auf anderen Informationen flussaufwärts vermutet wird und nicht hinter dem Hundeführer flussabwärts, heißt das, den Hund flussaufwärts zu arbeiten und darauf zu warten, dass er den Trail vom Ufer wieder aufnimmt.

Wassertraining ist nicht allzu schwer, aber es muss so geschehen, dass der Hund es versteht. Nur weil wir wissen, dass ein Gewässer dem anderen ähnlich ist, heißt das noch lange nicht, dass der Hund es auch weiß. Hunde sollten zunehmend unterschiedlichen Stufen von Schwierigkeiten ausgesetzt sein, mit dem Fokus auf Erfolg.

Offen gesagt mag ich es, wenn eine Person Wasser als Schub oder den Weg hinein oder hinaus nutzt. Wasser akzentuiert den Geruch und macht dem Hund das Lokalisieren einfacher. Die Schwierigkeit besteht darin, den Hund zu lesen.

14 Wechsel von

Harte Untergründe

Ich habe die Übergänge von weichen auf harte Untergründe als Letztes aufgespart, weil es beim Trailen das Härteste (entschuldigen Sie das Wortspiel) für einen Hundeführer und seinen Hund ist.

Offen gesagt kann keiner von beiden das gut. Einige Hunde mögen es nicht so sehr oder sind nicht geduldig genug, um Trails auf Asphalt und im Stadtgebiet zu arbeiten, egal wie sehr man es versucht. Eine Arbeit wie das Trailen ist nicht für jeden geschaffen. Die Körpersprache des Hundes kann sich drastisch verändern und das Spiel wird zu einer Art Verbindung von Geruchspunkten, manchmal über erstaunliche Distanzen, anstatt einem durchgehenden Trail zu folgen.

Harte Untergründe oder Stadttraining können ein Alptraum sein, was einer der vorrangigen Gründe dafür ist, warum nur sehr wenige Polizei-Dienststellen mit Diensthunden viel Zeit mit der Arbeit daran verbringen. Es scheint so, dass es keine klare Trainingsmethode gibt und der enorme Zeitaufwand und die Anstrengung passen nicht in das Trainingsmodell der Dienststellen. Anstatt in der Lage zu sein, an einem Tag viele Sparten wie z. B. Betäubungsmittel, Schutzdienst, Gebäudesuche oder Trailen im Training zu arbeiten kann die Diensthundeeinheit gewöhnlich nur ein Stadttraining an einem einzigen Tag mit mehreren Hunden durchführen. Trailen braucht viel Zeit, bis der Hund eine starke Grundlage darin hat, wenn man es gut machen will. Unglücklicherweise sind die Ergebnisse ohne gutes Training schlecht. Diensthunde sollten weit mehr gesuchte Personen finden, als sie es tatsächlich tun, denn sie haben den Trieb und die Fähigkeit dazu - aber sie bekommen nicht genug qualitativ hochwertiges Training, das realistische Szenarien beinhaltet.

Ein roter Faden durch dieses Buch ist die Wichtigkeit, Situationen so viel wie möglich zu variieren – Leute, Orte und Situationen. Es ist einer der nötigsten Grundsätze beim Trailen für den Einsatz und erst recht im Stadtgebiet. Eine Stadt ist ja schon ein verrückter Ort in Sachen Geräusche und Anblicke, und nun stellen Sie sich das Ganze erst aus dem Inneren einer Hundenase vor! Alles in der Stadt hat seinen eigenen Geruch.

Hundeführer Brian Kiel und Dasylva. Dasylva wurde ein erfahrener Trailhund in einer städtischen Umgebung.

Untergründen

Das pure Durcheinander von allem kann bei einem guten Trailhund große Probleme verursachen – erst recht die großen Mengen von Menschen, durch deren Geruch er waten muss. Hinzu kommt noch, dass selten Vegetation oder geeignete Plätze vorhanden sind, wo sich Geruch ablagern kann. Das ist ein Desaster für einen Hund. Wenn ein Trailhund nicht im Stadtgebiet trainiert wurde, einem Gebiet, in dem er letztlich arbeiten wird, sind die Chancen gering, dass er gut und zuverlässig (mehr als nur einen erfolgreichen Trail) in dieser Umgebung arbeiten wird.

Training in einer städtischen Umgebung, in der der Hund irgendwann arbeiten wird, muss in Minischritten erfolgen, mit kleinen Schritten beginnen und auf viele Schritte abzielen, so wie es bei jedem in diesem Buch beschriebenen Training der Fall sein sollte. Training muss stufenweise erfolgen und auf Weiterentwicklung und Erfolg fußen. Wenn der Hund gut im Park mit zehn Personen arbeitet, heißt das noch lange nicht, dass er das auch in einem Fußballstadion zur Halbzeit tun wird. Nicht etwa deshalb, weil ein Hund zwangsläufig einen bestimmten Ort einem anderen vorzieht, sondern weil ein Hund mit mehr Ablenkung umgehen muss.

Der Hund muss lernen, dass er alles andere ignorieren kann und auf den einen Geruch fokussiert ist, den er finden soll. Das ist kein einfacher Prozess und braucht Zeit. Noch wichtiger - es bedeutet, dass das Training in kleinen, einfachen Schritten erfolgen muss und alle in den vorherigen Kapiteln beschriebenen Methoden angewendet werden müssen, aber nun im städtischen Gebiet auf Asphalt.

Viele Diensthunde der Polizei scheitern – auch, wenn sie solche Szenarien trainiert haben – einfach deshalb, weil sie nicht da trainieren, wo sie arbeiten. Diensthundetraining findet oft am immer gleichen Ort mit immer

Hundeführerin Marie Gunman und Guiness arbeiten einen Trail auf hartem Untergrund. Beachten Sie die sehr gute Körpersprache des Hundes und die wegen der städtischen Umgebung etwas größere Nähe des Hundeführers zum Hund.

wieder mit dem gleichen Untergrund statt, und dann auch noch an immer den gleichen Tagen zur gleichen Uhrzeit. Diese Art des Trainings erzeugt eine Illusion von Erfolg, weil es kein reales Training ist – es ist Training nach einem Muster. Der Hund kennt jeden Platz, an denen er Geruch bekommen kann und alle Verstecke. Mit anderen Worten: Der Job ist einfach.

Das Training an diesem Ort geht für den Hund genau wie für den Hundeführer in die Muskelerinnerung über.

In einer Situation auf hartem Boden in der Stadt muss sich der Hund mit einem einzelnen menschlichen Geruch in einem Meer von anderen Gerüchen behaupten. Wenn alles, was ich bis jetzt erwähnt habe, noch nicht genug war, um einen Hundeführer nur in der Wildnis trailen zu lassen, dann weiß ich es auch nicht! Aber also gut, weiter geht's.

Menschen müssen Geruch visualisieren, damit sie gedanklich damit umgehen können, sonst ist er für sie einfach zu fremdartig, um ihn sich vorstellen zu können. Und selbst wenn wir denken, dass wir ihn konzipieren können, können wir immer noch falsch liegen. Da ist der Haken! Trotzdem: Nachdem ich viele Hunde beobachtet habe, wie sie in ihrem ganz eigenen Stil und mit ihrer ganz eigenen Körpersprache Geruch gearbeitet haben, habe ich für mich entschieden, dass Geruch wie diese Styroporkügelchen ist, die zum Verpacken von zerbrechlichen Gegenständen benutzt werden. Denken Sie einmal darüber nach. Erinnern Sie sich, als Sie das letzte Mal einen Karton im Freien geöffnet haben, weil Sie zu aufgeregt waren und nicht warten konnten, ihn im Haus zu öffnen? Ich bin garantiert nicht der einzige, dem das schon passiert ist. In der Eile schleudern Sie die Kügelchen beim Öffnen des Pakets auf die Straße und sie breiten sich sofort aus. Je mehr Sie versuchen, sie aufzusammeln, desto weiter breiten sie sich aus, weil Ihre Bewegungen genug Luftströme verursachen, um die Kügelchen weit weg zu streuen! Bevor Sie sich versehen, sind Sie halb um den Block und haben immer noch nicht alle Kügelchen eingesammelt. Erinnern Sie sich, wie lange das Ganze dauerte – nicht wirklich lang.

Geruch wird weggeweht und von Wind, Autos, etc. verteilt. Je weiter er sich von der Quelle entfernt, desto weiter verteilt er sich auf hartem Untergrund.

Nachdem Sie den Kügelchen für eine Weile nachgejagt sind, beginnen Sie zu überlegen, wo sie sich gesammelt haben könnten, weil es das einfacher macht, sie zu finden. Bordsteine, Hausecken, dichte Vegetation und Gras, Autoreifen, Rinnsteine etc. sind solche Orte. Wenn Sie die Kügelchen die ganze Straße herunter suchen müssen, ohne Hindernisse auf dem Weg, die sie aufhalten, wird es unmöglich, alle einzusammeln.

Geruch verhält sich fast genauso, aber er ist aufgrund der Bewegungen durch Luftströme und andere Faktoren sogar noch sensibler. Auch wird Geruch durch viele von Menschen gemachte Elemente zerstört oder am Ende gar unbrauchbar. Anders als die Styroporkügelchen hat Geruch keine große physikalische Form und ist fast schwerelos. Er schwebt leicht auf jeder Luftströmung zu Plätzen, die unerreichbar sein können. Wenn der Geruch keinen Platz findet, um anzukleben und die Temperatur auf hartem Boden stark ansteigt, reicht die vom Boden aufsteigende Wärme aus, um den Geruch außer Reichweite der Hundenase zu bringen. Nur weil ein Hund mit seiner Nase nahe auf weichem Boden arbeitet, heißt das nicht, dass er es ebenso auf hartem Boden machen wird. Und aus diesem Grund versagen viele Leute, weil sie glauben, dass der Hund auf dieselbe Weise wie zuvor arbeiten wird.

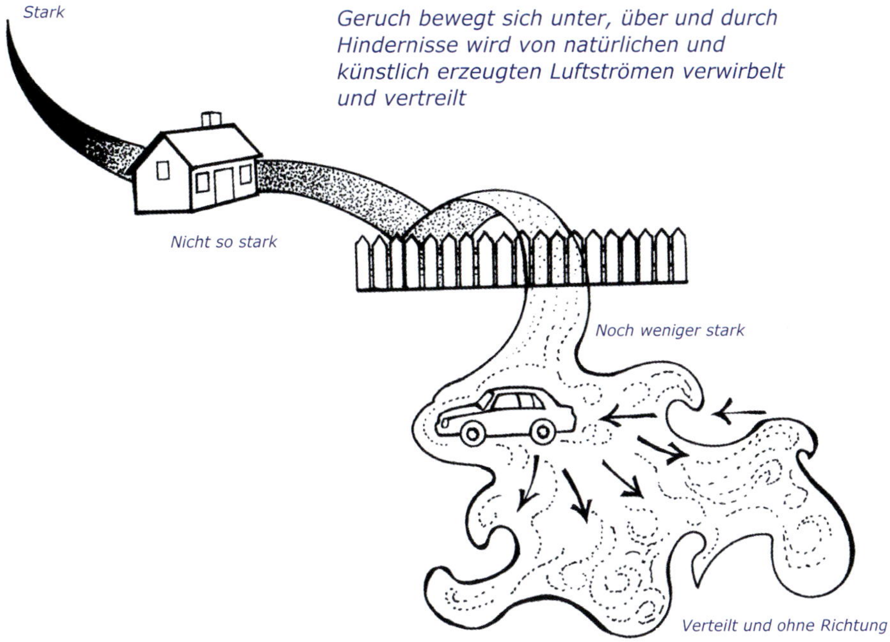

Alles ändert sich auf hartem Boden, erst recht in der Stadt. Das Spiel ist anders und damit ändert sich jeder Wechsel in der Körpersprache, die ein Hundeführer zuvor lesen konnte.

Im ersten Schritt geht es um die Verknüpfung mit hartem Untergrund, ein bisschen davon haben Sie ja hoffentlich schon mit dem Basistrailen in den Kapiteln 8 und 9 begonnen. Inzwischen sollte der Hund ein grundlegendes Gespür beim Wechseln von Gras auf Erde und Schotter etc. haben. Der Hundeführer hat vielleicht sogar ein paar Straßenkreuzungen mit Erfolg gearbeitet. Allerdings muss er nun ausschließlich auf hartem Untergrund weiterarbeiten.

Man fängt am besten damit an, indem man einen Trail parallel zum harten Untergrund mit sehr kleinen Kreuzungen über den harten Untergrund auf weichem Boden legt. Das bringt den Hund dazu, die wechselnden Geruchsmuster zu nutzen, die im Wald nicht in diesem Ausmaß existieren.

Ein guter Ort und die beste Zeit, um zu beginnen, ist eine ruhige Vorstadt am Abend oder besser noch ein Neubaugebiet, noch ohne Häuser, nur mit Straßen und Bürgersteigen. Ich bevorzuge den Abend, weil der Geruch abends näher am Boden bleibt und dann oft weniger Wind weht. Auch sind dann weniger Leute unterwegs und es gibt weniger Ablenkung. Der Hund muss sich nun konzentrieren; störende Autos und Menschen erschweren es dem Hund, zu arbeiten, und dem Hundeführer, seinen Hund zu lesen.

Am Anfang legt der Trailleger einen Trail am Rand der Straße, beispielsweise auf Gras, direkt am Bordstein. Er bleibt auf dem Gras und versucht ein oder zwei kleine Kreuzungen über die Straße einzubinden (nicht mehr als zehn Meter) und wechselt zum nächsten Grasabschnitt auf der anderen Seite. Der Trail sollte kurz hinter der zweiten Kreuzung enden. Der Trail über den harten Boden sollte gut markiert sein. Ich bitte meine Versteckpersonen, ein Fähnchen exakt dahin zu legen, wo sie einen Straßenrand verlassen und den anderen wieder betreten. Es ist wichtig zu wissen, wie der Hund dieses Geruchsbild arbeitet, und der exakte Weg des Traillegers wird dem Hundeführer zu verstehen helfen, was für einen Hund er hat.

Normalerweise wird ein Hund den weichen Boden so arbeiten, wie er es im Wald tut. Er könnte etwas langsamer werden und gelegentlich auf die Straße treten oder je nach Wind eher auf dem Gras bleiben, aber das ist, was wir wollen. Der Proximity-Geruch auf der Straße und am Bordstein verändert die Geruchsdynamik genug, sodass der Hund anfängt, Geruchsveränderung aufgrund der verschiedenen Luftströmungen in Zusammenhang zu bringen und nun einen einfachen Trail hat. Wenn der Hund die schmalen Straßenkreuzungen erreicht, wird er normalerweise eine Veränderung des Geruchs wahrnehmen – keine große Veränderung, aber genug, dass eine gewisse Veränderung der Körpersprache stattfindet.

Der Hundeführer sollte diese Änderung der Körpersprache erkennen und aufzeichnen. Es könnte ein leichtes Kopfheben sein, ein Blick, seine Nase im Wind etc. Diese Situation ist ähnlich zu den Strömungen aus dem letzten Kapitel: Der Geruch kommt aufgrund der weichen Oberfläche und Windströmungen leicht zurück auf den Trail.

Wenn sie das erste Mal auf den harten Untergrund wechseln, werden die meisten Hunde sofort ihren Kopf heben und auf der Suche nach dem Geruch in den Wind schauen. Das machen sie deshalb, weil die Menge des Geruchs auf Asphalt minimal ist. Darum schauen die Hunde irgendwo danach und wissen instinktiv, dass der Wind gut für sie ist. Es ist nicht so, dass in der Gegend kein Geruch vorhanden wäre oder er sich genau vor ihnen befände – es scheint nur so, dass der Geruch nicht ausreichend vorhanden ist, und sie wollen mehr, weil junge und neue Trailhunde oft sehr ungeduldig sind. Diese Hunde werden vom Bordstein weg und sogar auf die Straße gehen, werden aber gewöhnlich im Wind kreisen und auf den Trail zurückgehen und versuchen, den Geruch wiederzufinden.

Andere Hunde sind von Natur aus gut darin, dem vom Wind verwehten Geruch zu

Sister arbeitet Untergrundwechsel in einem Neubaugebiet. Beachten Sie die gute Trail-Körpersprache und die Nase nahe am Bordstein, wo sich der Geruch sammelt.

Trailen auf Asphalt
Sequenz 1

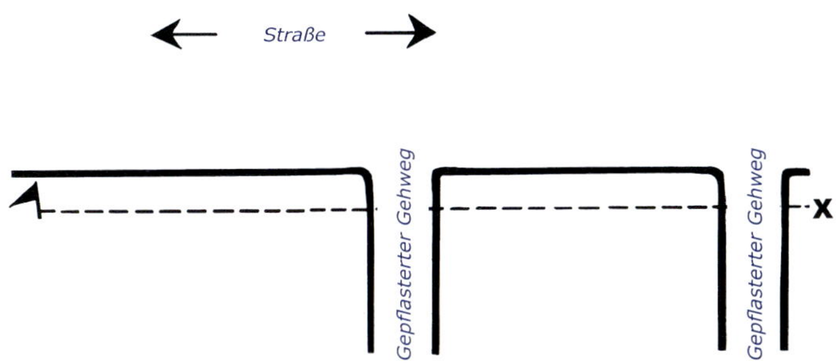

Ein typischer halb-urbaner Trail; ein Hundeführer sollte Gras zu seinem Vorteil nutzen.

folgen. Diese Hunde zeigen eine Proximity-Anzeige an der Straßenkreuzung und beim Flächenwechsel, um einem vom Wind weggewehten Geruchsmuster dahin zu folgen, wo es naturgemäß liegt. Von oben gesehen wird dies ein kurvenförmiges Muster sein, das dort beginnt, wo der Trailleger den Bürgersteig verlässt. Es fließt weiter mit der Richtung des Windes, steuert langsam auf den entfernten Bürgersteig zu und geht zurück zu der Stelle, wo der Trailleger wieder auf den weichen Boden getreten ist. Diese Trails sehen meist aus wie ein flacher Halbkreis.

Nur wenige Hunde werden direkt zum Rand der Kreuzung trailen und anfangen, dem Bodengeruch zu folgen, wenn er mit dem Wind die Straße hinunter weht. Das ist beinahe wie mit dem Strom, wo der Geruch flussabwärts fließt und sich am Ufer sammelt. In diesem Fall fließt der Geruch windabwärts und sammelt sich am Bordstein oder entlang der Risse auf der Straße. Die Risse in der Straße sind genau wie Steine im Fluss; sie sammeln Geruch. Die Hunde trailen buchstäblich direkt zum Rand der Kreuzung, mit geringer bis gar keiner Reaktion auf der Straße, sie folgen dem Geruch windabwärts und verweilen an Ecken und Rissen mit einem Hang zum Bordstein. Wenn sich der Geruch je nach Windgeschwindigkeit und Breite der Kreuzung ausweitet, drehen diese Hunde einfach zur gegenüberliegenden Seite der Bordsteinkante und arbeiten sich zurück an die Stelle, wo der Trailleger die andere Seite querte. Dieser ganze Vorgang ist schön anzuschauen, wenn wir uns wirklich die Zeit nehmen, es zu beobachten. Diese Hunde lernen leicht Übergänge.

Die nächsten Hunde, die ich beschreibe, sind »Naturtalente« die »Phänomene« oder Trailhunde, die jeder sich wünscht. Diese Hunde arbeiten auf Asphalt wie auf Gras, als würde er den Geruch halten, und sie arbeiten das auf dieselbe Weise. Diese Hunde sind ungewöhnlich genau, und wenn wir einen Trail Fußtritt für Fußtritt rekonstruieren möchten, dann sind dies genau die richtigen Hunde für den Job. Ich hatte erst sehr spät in meiner Karriere einen solchen Hund; und als ich ihn das erste Mal sah, war ich überwältigt von dieser absoluten Poesie der Bewegung bei dem, was er tat. Ich beobachtete einen Hund in seinem Element, was natürlich und mühelos war. Um es mit einem Vergleich zu beschreiben, würde ich sagen, es ist wie beim Beobachten eines olympischen Athleten beim Erringen der Gold-Medaille – die Leistung, die einem die Tränen in die Augen treibt und das Publikum aufstehen lässt. In meiner Welt der Trail-Athleten raubt mir dieser Moment den Atem.

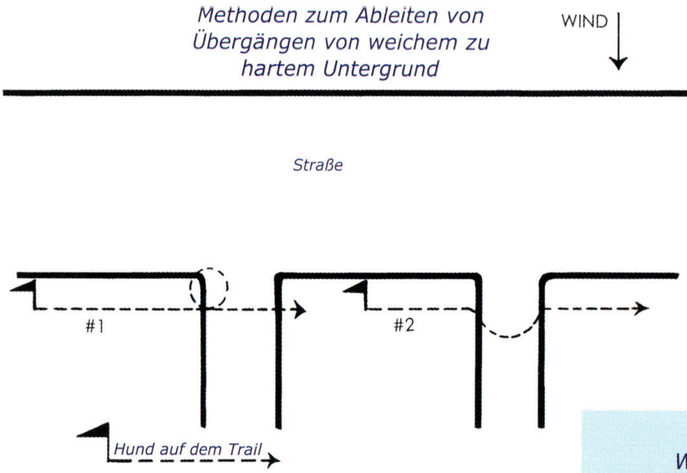

Die meisten Hunde werden den Kopf beim Wechsel auf harten Untergrund in den Wind halten oder zurück zum Trail kreisen, um den Geruch dort wieder aufzunehmen.

Diese Hunde finden die genaue Abtritt-Stelle und folgen dem Geruch mit Änderung der Asphalt-Oberfläche, nicht gerade Riss für Riss, aber entlang der Mikro-Erhebungen in der Oberfläche. Die Nase klebt einfach am Gehweg, und wenn wir wirklich den Weg der Nase aufzeichnen, können wir eine imaginäre Linie von einer Seite der Straße zur anderen ziehen. Diese Hunde brauchen kein Training, sondern nur Erfahrung mit der Situation. Dies sind die natürlichen Stadthunde, die wir züchten müssen. Trailhund-Züchter müssen nach diesem Wesenszug schauen und es sich als primäres Ziel setzen, damit zu züchten. Mir ist es egal, ob dieser Hund nackt ist oder eine Hasenscharte hat. Wenn er das tun kann, was ich beschrieben habe, bekommt er jeden Abend ein Filet Mignon. Aussehen ist egal, ich will die Fähigkeit zu trailen und eine Beziehung zu der Arbeit.

Diese Hunde sind selten, und ich glaube, dass es nicht unbedingt so ist, dass manche Hunde unfähig dazu sind; der wahre Grund ist, dass manche Hunde es einfach nicht mögen. Asphalt riecht nicht gut und stinkt, erst recht, wenn es heiß ist. Dieser überdeckende Geruch ist wie eine Verleitung, beinahe wie zu viel Parfüm oder schmierige Burger in einer Kneipe. Wenn Sie mir nicht glauben, dann hocken Sie sich hin und riechen an einem warmen Tag daran. Ich denke auch, dass die sehr

Bodie, geführt von Pam Nyberg, ist einer der »phänomenalen« Trailer harter Untergründe. Schätzen Sie solche Hunde, sie sind selten!

kleine Menge zur Verfügung stehenden Geruchs es ungeduldigen Hunden schwer macht, ihm zu folgen und dass sie für eine Verleitung eher aufgeben. Der Trieb des Hundes ist der Punkt. Ein Hund, der motiviert ist, ausschließlich menschlichem Geruch zu folgen, egal, was auf dem Weg liegt, kann dieses Niveau von »Geruchsethik« haben.

Nun, wir alle haben nicht diesen phänomenalen Hund, aber wir müssen dennoch zum nächsten Level kommen. Wie machen wir das? Wir machen kleine Schritte, die auf Erfolg ausgelegt sind, Bausteine, die herausfordern und gleichzeitig die Steigerung fördern. Hat der Hund einmal verstanden, dass Geruch auf Asphalt seltsame Dinge macht, wird er eher fähig sein, auszuprobieren und lokalisieren, wohin der Geruch treibt. Allerdings heißt das nicht, dass wir jetzt direkt auf den Parkplatz eines Fußballstadions während der Halbzeit springen.

Beton und Asphalt sind unglaublich schwer für den Hund zu arbeiten, weil sie auf diesem Untergrund nicht viel riechen können und viele chemische Gerüche damit verbunden sind. Hunde sind einfach von der Verleitung der von Menschen geschaffenen Gerüche abgetörnt. Außerdem ist es schwer und zeitaufwändig für Hunde, hier Geruch zu finden, weil genau an der Stelle wenig Geruch vorhanden ist, wo der Mensch gelaufen ist. Hier kommt das Problem mit der Geduld ins Spiel, was uns zu einer anderen Art Hund führt – einer, der die harte Oberfläche skizziert, Schritt für Schritt, sehr langsam und mit hoher Genauigkeit. Diese Genauigkeit kann man auf die Art und Weise erkennen, wie der Hund mit der Nase arbeitet. Wenn sich eine Stelle oder Linie des Geruchs ausbreitet und es scheint, dass es keine Verbindung gibt, wird der Hund etwas rückwärtsgehen und ihn dort aufnehmen, wo der Geruch abdrehte. Manchmal wiederholt er das so lange, bis eine imaginäre Nasenlinie zum nächsten Teil der Spur gezogen wird und den Hund somit vorwärts bewegt.

Ich habe so einen Deutschen Schäferhund beim Training länger als zehn Minuten arbeiten sehen, in einem Gebiet, das nur zehn Meter breit war. Es war, als ob dieser Hund nicht glücklich sein konnte, bis der Trail perfekt war; da musste eine Verbindung zwischen jedem Geruchspunkt zum nächsten sein, den ganzen Weg über die Straße hinweg. Er war so genau und seine Nase so nah auf dem Gehweg, dass er seine Nasenfeuchtigkeit wie eine Schneckenspur auf dem Gehweg hinterließ, und auf diese Weise eine visuelle Geschichte über die Nasenleistung erzählte. Ich habe in der Vergangenheit noch nie eine größere Genauigkeit als diese gesehen und war verblüfft. Dies war Trail-Poesie in Vollendung und beinahe wie ein Tanz. Es war so...perfekt. Die Genauigkeit des Ganzen war unglaublich. Ich ertappte mich selbst dabei, wie ich leise hinter vorgehaltener Hand kicherte wie ein Schulmädchen, während meine andere Faust wie das Kurbelrad einer Lokomotive in Richtung seiner Nasenkunst pumpte!

Ein weiteres »Phänomen«: Anvak arbeitet den Asphalt, als wäre er nasses Gras.

Ich entdeckte, dass diese Genauigkeit der Stil dieses Hundes war. Er mochte wenig Geruch und er arbeitete viel härter, wenn er die Situation erkannte, als sich verleiten zu lassen oder den Geruch zu verlieren, wie andere Hunde es tun würden. Anvak war einer unter Millionen und ich weiß, dass es nicht das Training war, sondern auch die Gene dieses Hundes.

Wir wählten Anvak selbst im Alter von sieben Wochen fürs Trailen und die Arbeit mit Drogen aus. Unsere Tests waren sehr speziell und dieser Welpe wurde stark getestet. Letztendlich wurde er ein Ebenbild seines Urgroßvaters aus Übersee, mit einem riesigen Körperbau und großer Schnauze, mit wolfsähnlichen Augen, jedoch ohne dessen Wildheit. Anvak war ein Riesenbaby eines Deutschen Schäferhundes mit bemerkenswert sanftem Wesen. Er wusste einfach nicht, wie groß und stark er war. Im Alter von sieben Monaten wog er 42 Kilo und niemand wusste, wie gut er werden würde! Das Problem bei Anvak war, dass ich ihn an den Hundeführer zurückgeben musste, für den ich ihn trainiert hatte. Das war der erste Deutsche Schäferhund, den ich als Trailhund behalten hätte!

Wenn der Hund den weichen Boden neben dem Bordstein gut arbeitet, wird es Zeit, ein wenig weiterzugehen. Lassen Sie den Trailleger nach der Hälfte des Trails vom weichen Boden runtergehen, auf die Straße wechseln und direkt neben dem Bordstein gehen. Der Bordsteinrand und das Gras daneben halten ganz gut den Geruch – nicht so gut wie die Bodenverletzung, aber gut genug für den Hund, um Geruch zu bekommen. Dieser Teil sollte auch gut markiert sein. Der Hundeführer muss genau wissen, wo der Trailleger auf die Straße gegangen ist, damit er die Veränderungen der Körpersprache des Hundes lesen lernt.

Im nächsten Schritt wird mehr Asphalt und weniger Gras hinzugefügt, bis der Hundeführer den ganzen Asphalt neben dem Bordstein arbeiten kann. Dieser Prozess braucht nicht allzu lange. Der natürliche Übergang an dieser Stelle veranlasst den Hund, sich langsam ab der Bordsteinkante auf die Mitte der Straße zu bewegen, um dem Weg der Person zu folgen. Diese Prozedur sollte langsam genug voranschreiten, damit der Hund vorankommt, ohne einen großen Rückschlag zu bekommen.

Sequenz 2

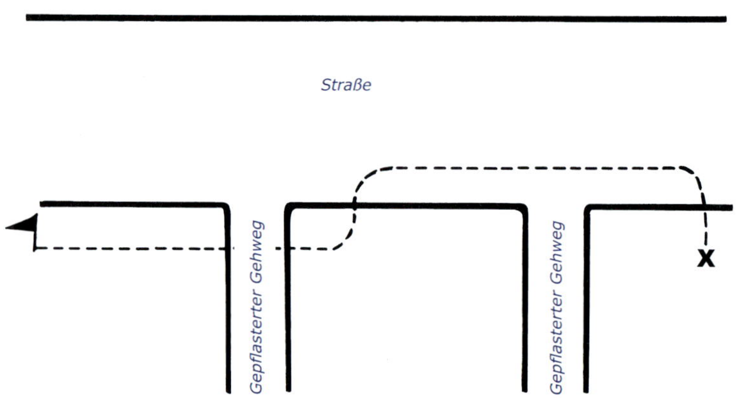

Der Trailleger legt die erste Hälfte des Trails auf weichem Untergrund nahe der Straße und die letzte Hälfte nahe des Rinnsteins der Straße.

Dieses Training an der Straße ist entscheidend für einen Hundeführer, um das Trailverhalten auf harten Untergründen zu lernen. Nicht nur der Hund lernt den Übergang – auch der Hundeführer. Wenn die Schritte in der angegebenen Weise erfolgen, sollte der Hundeführer deutliche Veränderungen in der Körpersprache erkennen, und noch wichtiger, wo der Hund den Geruch arbeitet. Wenn die Person in der Mitte der Straße läuft, sollte der Hundeführer in der Lage sein zu lesen, wo der Geruch liegt oder nicht. Selten wird der Hund von Fußtritt zu Fußtritt arbeiten. Meistens wird der Hund dem vom Wind verwehten Geruch dahin folgen, wo er sich sammelt. Die natürlichen Stellen auf der Straße sind dafür am Bordstein und in der Vegetation am Straßenrand. Ich kann nicht genug betonen, wie wichtig dieser Trainingsschritt ist. Diese Stufe bereitet den Hundeführer auf Zeiten und Trails mit noch breiteren Ausdehnungen auf harten Untergründen vor – Trails, die Hunde manchmal Hunderte Meter weg von der tatsächlichen Spur der Person arbeiten lassen. Dies ist üblich auf großen Parkplätzen, über die der Wind weht.

Wechsel zu einer Straßenoberfläche nahe der Kurve.

Sequenz 3

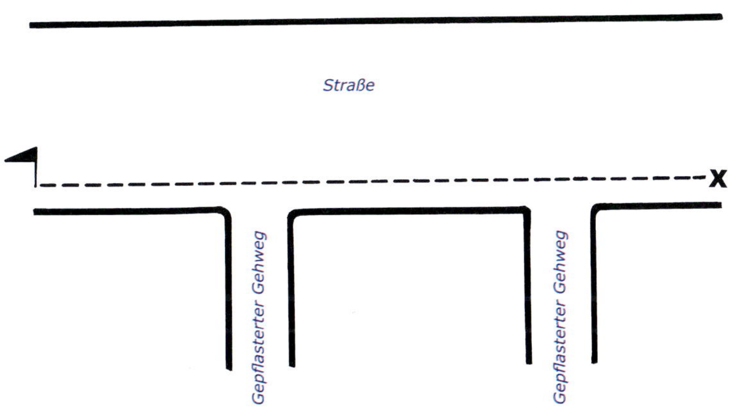

Wechsel von der Bordsteinkante zur Mitte der Straße.

Sequenz 4

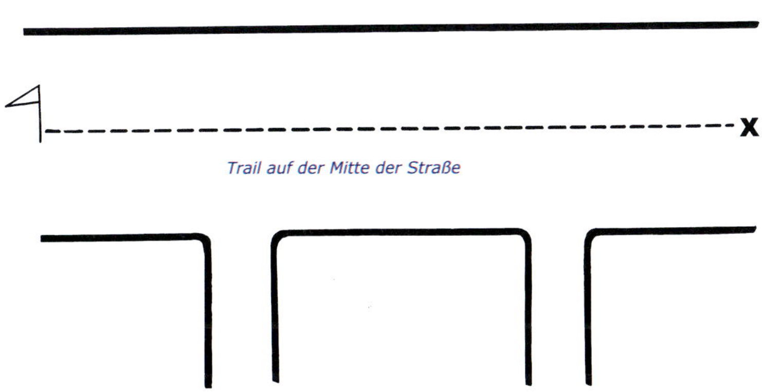

Es ist entscheidend zu verstehen, dass Hunde die Arbeit natürlich aufnehmen und nur vorübergehend etwas Hilfe erhalten. Wenn sie es einmal herausgefunden haben, haben sie ein sehr gutes Verständnis davon bekommen, wie der Prozess funktioniert. Die Schwierigkeit liegt beim Hundeführer, der eine Vielstimmigkeit an Änderungen der Körpersprache unter einer Myriade von Bedingungen entschlüsseln muss. Die Minischritte sind nicht wirklich für den Hund, sondern für den Hundeführer.

Die letzte Phase dieses Teils des Trainings auf hartem Untergrund beinhaltet das Fortkommen unter extremen Bedingungen. Mit anderen Worten: Allmählich sind mehr Autos auf den Straßen, mehr Menschen und Tiere in dem Gebiet. Wenn das Ablenkungstraining des Hundes und Hundeführers perfekt war, sollte das relativ einfach sein.

Der Hundeführer sollte spät am Abend oder früh am Morgen mit dem Training beginnen, wenn die Bedingungen gut sind und weniger Aktivität vorhanden ist. Dann sollte er das Zeitfenster des Trainings langsam auf die Mittagszeit legen. Wenn Nebenstraßen des Vororts gut klappen, kann der Hundeführer das Training weiter in Richtung Innenstadt verlagern, aber er sollte das langsam und stufenweise angehen und das Zeitfenster von der Nacht bis zur Tagesmitte als Leitfaden nutzen.

Diese Szenarien sollten in einem Gebiet von der Art eines geplanten Neubaugebiets beginnen, in dem es außer Straßen nichts gibt, und schließlich bis zu einem Punkt kommen, wo ein Hund an einem Samstagmittag vor

Eine mögliche Art, wie ein Hund einen Trail mit senkrecht zum Trail wehendem Nord-Süd-Wind auf der Straße arbeiten könnte.

Trail auf hartem Untergrund

Wie der Hund den Trail arbeiten könnte

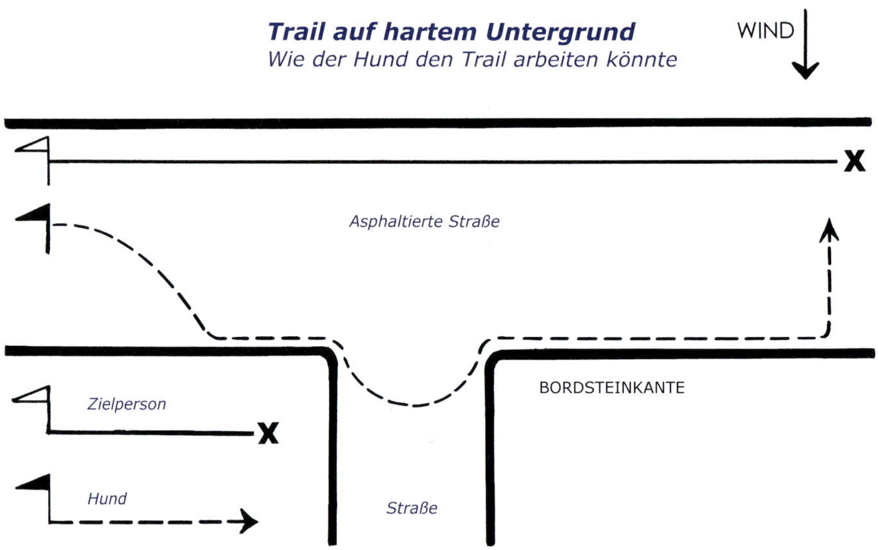

einem Supermarkt gearbeitet werden kann. Der Supermarkt wird bei keinem Hund über Nacht funktionieren.

Große, verkehrsreiche Kreuzungen und sehr verkehrsreiche Straßen können aufgrund der vielen Ablenkungen und dem sehr geringen Geruchsbild ein Problem für jeden Hund sein. Vergleichen Sie die Kreuzungen mit zwei sehr großen Flüssen, die sich kreuzen. Dann stellen Sie sich unterschiedliche Farben vor, die beim Oberlauf in die jeweiligen Flüsse gekippt wurden und versuchen dann, sich den Farbenmix an der Kreuzung vorzustellen. Menschlicher Geruch auf einer verkehrsreichen Kreuzung wirkt genauso auf den Hund und der Trail kann in der Mitte verschwunden sein, wenn der Hund nicht versteht, dass er den Geruch auf der anderen Seite wieder aufnehmen kann.

Der Trick, diese Kreuzung zu arbeiten, besteht darin, nicht stehenzubleiben. Der durchschnittliche Hund wird eine Geruchsveränderung wahrnehmen, bevor er die Kreuzung erreicht, so wie er einen Verleitungstrail wahrnimmt, bevor er auf ihn trifft. Einige Nuancen auf dem Trail sagen dem Hund, dass eine Geruchsanomalie bevorsteht. Wenn sich der Hund der Kreuzung nähert, wird sein Kopf oftmals ein wenig höher sein und seine Geschwindigkeit wird sich ändern. Eine große Veränderung der Rutenhaltung kann ebenfalls auftreten. Die meisten Hunde können nicht ohne ein wenig Hilfe sofort eine Geruchsverbindung von einer Stelle der Kreuzung zur nächsten Stelle herstellen. Die Straße hat das Geruchsmuster so sehr verändert, dass ein Trail von einer Seite zur anderen nicht vorhanden ist. Um das Geruchsszenario noch mehr zu komplizieren, wird der Geruch vermutlich vom Wind und den vorbeifahrenden Autos verwirbelt und kann keine eindeutige Geruchsquelle produzieren.

Der Durchschnittstrailer wird oftmals an der Kreuzung anhalten, seine Nase in den Wind halten oder zurück auf den Trail kreisen, um den Weg wiederzufinden. Das Problem ist, dass ein solcher nicht mehr existiert. Wenn der Hund wirklich triebig ist, wird er die Stelle der Kreuzung immer und immer wieder umkreisen. Wenn die Frustrationsgrenze zu groß wird oder der Hundeführer zu sehr drückt, wird der Hund aufhören oder den Trail eines anderen Menschen oder, noch schlimmer, die Spur eines Tieres aufnehmen.

Als Nächstes kann passieren, dass vor zu viel Nachdenken eine gewisse Lähmung eintritt. Wie schon erwähnt, ist das der Punkt, wo der Hundeführer buchstäblich die ganze Zeit schmeichelnd auf den Hund einredet. Wenn der Hund nicht relativ schnell die Ecke herausfinden kann, stehen die Chancen gut, dass er sie niemals finden wird. Es ist an der Zeit, zu helfen.

Eine angezündete Rauchfackel auf der Tragefläche des Pickups simuliert, wie der Geruch herumwirbelt, sobald das Fahrzeug sich bewegt.

Straßenkreuzung

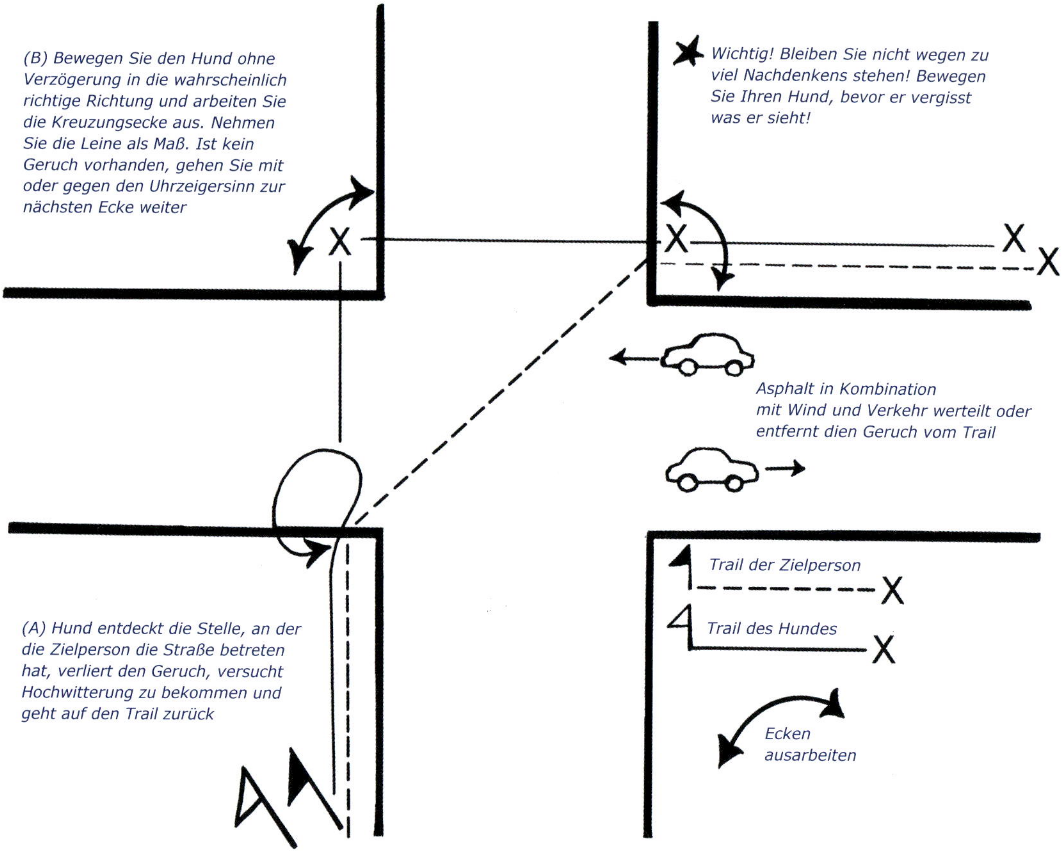

Eine Methode, eine Kreuzung zu arbeiten: Gehen Sie rasterförmig vor und bewegen sich dazu. Bleiben Sie nicht wegen zu viel Nachdenkens stecken.

Jeff demonstriert mit Kelli Leinenhandling.

Die erste notwendige Komponente einer guten Kreuzungsarbeit ist, herauszufinden, wo Hund und Hundeführer herkommen. Ich bevorzuge es, eine imaginäre Linie von da zu ziehen, wo ich hergekommen bin, zu der Stelle direkt gegenüber, wo mein Hund gerade anhält. Wenn der Trail schön gerade zu dieser Stelle verläuft, ist das Ziehen der Linie leicht. Alles, was der Hundeführer tun muss, ist, mit seinem Hund über die Straße zu gehen. Natürlich muss er den Verkehr anhalten oder warten. Ich rolle meine Leine zu gleichmäßigen Schlingen, packe die Leine kurz in der Nähe des D-Rings – alles gleichzeitig. Wenn ich Dreiviertel des Weges über die Straße gekommen bin, lasse ich meinen Hund in die Richtung der Ecke oder Stelle arbeiten, wo ich meine Linie gezogen hatte und suche nach Veränderungen der Körpersprache.

Anhalten und arbeiten, bevor ich zur anderen Seite komme, ist wichtig, weil die Abbiegung oder der Geruch direkt an der Bordsteinkante liegen könnten. Wenn ein Hundeführer auf die Bordsteinkante oder auf die andere Seite der Kreuzung tritt, könnte er den Hund für eine schnelle Wiederaufnahme zu weit an der Abbiegung und dem Geruch vorbei drücken. Eine schnelle Wiederaufnahme ist, was wir wollen, andernfalls wird das Führen des Hundes zu einem Problem.

Wenn der Hund keinen Geruch an der anderen Ecke bekommt, ist es Zeit, die nächste Ecke zu nehmen. Ich gehe gewöhnlich im Uhrzeigersinn, aber gegen den Uhrzeigersinn ist auch gut. Das Beste ist, sich eine Ecke auszusuchen und nicht so viel Zeit damit zu verbringen. Wir arbeiten gerade an der Geruchserinnerung des Hundes, und das ist proportional zum Trieb des Hundes. Je besser der Trieb ist, desto besser das Gedächtnis. Manche Hunde können sehr schnell vergessen, wonach sie suchten, vor allen Dingen, wenn sie mit dem Trubel einer großen Kreuzung konfrontiert werden und einem Hundeführer, der da nur rumsteht. Es ist wichtig für den Hund, dass der Hundeführer den Anschein erweckt zu wissen, was er tut, und nicht selbst Unsicherheit ausstrahlt.

Wenn ich Dreiviertel der Strecke über die Kreuzung absolviert habe, werde ich langsamer und arbeite meinen Hund zu der Ecke, während ich auf Veränderungen der Körpersprache achte. Wenn ich keine sehe, begebe ich mich zur nächsten Ecke, und das schnell. Wenn kein Trail vorhanden ist und ein ganzer Kreis gemacht wurde, gibt es verschiedene Möglichkeiten:

1. Die Person wurde von einem Auto abgeholt.
2. Der Hund vergaß, wen er suchen sollte, weil er verwirrt war.
3. Der Trail könnte auf der anderen Seite aufgrund von zu viel Kontamination oder Wind nicht richtig gewesen sein.

Wenn zu viel Kontamination oder Wind möglich sind, ist der nächste Schritt, in konzentrischen Kreisen um die Kreuzung herum in immer weiter werdenden Kreisen zu arbeiten, bis der Trail aufgenommen wird oder es an der Zeit ist, aufzuhören. Der Zeitpunkt zum Aufhören ist von der Geruchserinnerung des Hundes abhängig und der Fähigkeit des Hundeführers, sie zu erkennen. Gewöhnlich habe ich es so gehandhabt, dass ich ein oder zwei Durchgänge um die ganze Kreuzung in ausgedehnten Kreisen machte, und wenn ich keinen Trail vorfand, hörten wir auf. Diese Methode wird bei der Fährtenarbeit benutzt, um die Fährte anhand von Zeichen wieder aufnehmen zu können. In diesem Fall ist es ein Geruchstrail, den wir wieder aufzunehmen versuchen.

Wenn wir die Kreuzung arbeiten, ist es von Vorteil, den Bewuchs, Hindernisse und Vertiefungen zu nutzen. Ein Hundeführer sollte an alle Stellen denken, die den Geruch halten könnten und den Hund zu diesen Stellen hinarbeiten. Ich stelle es mir so vor: In einem richtigen Forellenteich bevorzugen es die Forellen, sich in Ausläufern von Steinen und Hindernissen zu platzieren. Dort ist die Strömung langsamer und Ungeziefer hat die Angewohnheit, sich dort zu sammeln, bevor es von den Steinen weggespült wird. Ich setze meine Fliege immer an diese tolle Stelle hinter den Stein, schaue und warte auf einen Treffer. Im Fall von Geruch und Hindernissen arbeite ich meinen Hund an diese tollen Stellen und halte Ausschau nach einem Treffer.

Ich habe das Training an Kreuzungen mit dem schlimmsten Fall zuerst beschrieben, um zu zeigen, wie man Kreuzungen am besten arbeitet. Dieser Prozess ist derselbe für jedes Stadium des Kreuzungstrainingsmoduls wie auch bei Ablenkungen, Geruchsunterscheidung oder allem anderen beim Trailen: Fangen Sie klein an und arbeiten sich hoch. Die besten Kreuzungen sind die kleinen mit relativ wenig Verkehr. Wenn das funktioniert, kann der Hundeführer zum nächsten Level gehen. Wie bei dem Supermarkt ist es nicht gut, zur verkehrsreichsten Kreuzung zur Rushhour zu gehen und dort zu trainieren, wenn die Kreuzung aus dem Vorort an einem ruhigen Abend nicht erfolgreich gearbeitet werden konnte. Minischritte sind wirklich das Beste. Die Hunde lernen bei diesem Unterricht schnell, solange sie den Trieb haben, deshalb wird es nicht zu lange dauern, bis sie es richtig machen.

Die Nase weiß Bescheid; folge ihr weise.

15

Wenn der Hund Geruch zuverlässig unterscheiden kann, sich zuverlässig durch die meisten Ablenkungen arbeitet und relativ leicht von weichem auf harten Boden wechseln kann, ist es an der Zeit, die Dinge ein bisschen zu verändern, bevor wir in das reine Stadttraining einsteigen.

Auf dem Trail zurückkommen

Die erste Lektion ist eigentlich leicht, aber beinahe jeder Hund wird sie beim ersten Mal nicht schaffen. Sie besteht darin, dass der Trailleger dem Hund direkt auf seinem ersten, eigenen Trail entgegen geht, bevor der Hund den Trail zu Ende arbeiten konnte, vorzugsweise irgendwo im letzten Viertel des Trails. Ich nenne das »Walk Back Find« oder »Zurückgeh-Suche«. Ich weiß, Hundeführer denken, dass das so in der Realität nicht passieren wird. Aber ich garantiere, wenn sie das vorher nicht geübt haben und es jetzt probieren, werden ihre Hunde wahrscheinlich Probleme haben.

Warum? Die Antwort ist recht einfach. Den meisten Hundeführern fällt es schwer, ihre eigenen Muster im Training zu verändern. Und eines der größten tiefsitzenden Muster ist, dass die Person am Ende des Trails unbeweglich versteckt sitzt. Hunderte von Trails endeten alle auf diese Weise. Fido läuft einen großartigen Trail, um die Zielperson hinter einer Wand, einem Müllcontainer, Baum etc. vorzufinden. Die Schlüsselwörter sind »versteckt« und »tut nichts«. Dieses Trainingsprogramm ist ein Muster für den Hund, und die Hunde haben Schwierigkeiten, davon wegzukommen.

Den Rückweg finden

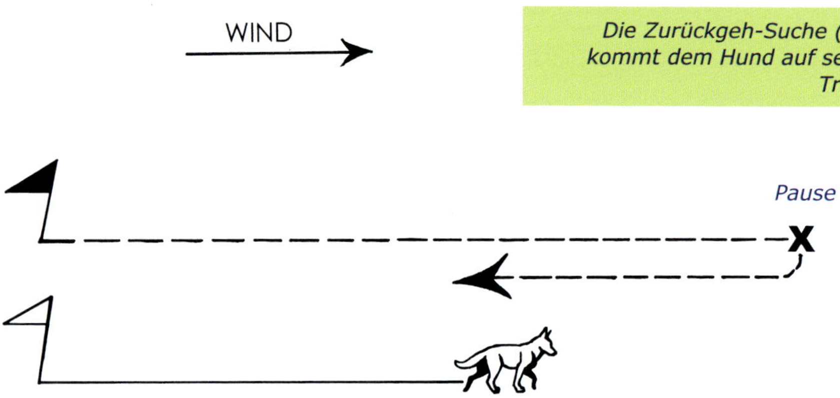

Die Zurückgeh-Suche (Der Trailleger kommt dem Hund auf seinem eigenen Trail entgegen).

Extra-Übungen

Mir kam diese Idee das erste Mal in West Alameda in einem Apartmentkomplex, der sich »BVs« nannte (Abkürzung für »Buena Vistas). Diese BVs befanden sich weit westlich der Buena Vista Avenue nur wenige Blocks unterhalb von der Webster Street und nahe an der Alameda Naval Air Station.

Das Konzept dieses Apartment-Komplexes war wahrscheinlich gut gemeint – billiges Wohnen nahe des Flugplatzes, aber schon lange bevor der Flugplatz schloss, wurden diese Apartments zu einer Müllhalde aus Verbrechen und Drogen. Als Streifenpolizist hatte ich in dieser Gegend ständig Einsätze wegen Gewaltverbrechen und Drogen. Ich konnte fast sicher sein, dass ein Verdächtiger dorthin flüchtete, wenn Oakland nicht sein Ziel war.

Ich kann die Trails im Zusammenhang mit Verbrechen gar nicht mehr zählen, die mich in diesem BVs-Komplex landen ließen. Es reicht wohl, wenn man sagt, dass es viele waren, und die meisten waren schlimm. Der BV-Komlex bestand aus 16 dreistöckigen Apartmentgebäuden, mit einem Pool in der Mitte und durchweg sehr schlecht beleuchteten Treffplätzen. Ein großer Parkplatz umgab den Komplex mit Wänden an der Nord- und Ostseite. Die BVs erforderten ihren eigenen Geographieunterricht, weil sie so verwirrend und riesig waren. Außerdem lungerten nicht nur einige wenige, sondern Hunderte von diesen Schlägertypen dort herum. Alle diese Deals, Diebstähle, Gewalt und allgemeinen Verbrechen begannen in den BVs und endeten dort. Man muss nicht sagen, dass es eine harte Gegend war, um dort einen Hund suchen zu lassen.

Mit mehr als fünfhundert Wohneinheiten, manchmal mit mehreren Familien oder Gruppen von Leuten in einer Wohnung, war der Komplex ein Durcheinander von dynamischen Proportionen. Die Drogendealer von BV können sämtlichen Geschäfte in und um den Komplexen nachgehen, ohne mehr als nur einen Block weit gehen zu müssen. Darüber hinaus besuchen sie oft nicht nur eine, sondern mehrere Wohnungen. Tausende von individuellen Trails können in jede Wohnung rein- und rausführen. Allerdings kam ein Szenario häufiger vor, wenn der Verbrecher sich nicht in einem Apartment verkroch. Große Gruppen von Gang-Mitgliedern und einzelnen Schlägern versammelten sich in verschiedenen Gebieten zwischen den Häusern und saßen einfach herum, als die Polizeihunde hereinkamen. Sie wussten es besser und liefen nicht weg, um keinen Biss zu riskieren, sie blieben sitzen, wenn wir dem Trail des Verdächtigen folgten. Wenn kein Hund anwesend war, zerstreuten sie sich in verschiedene Richtungen, um die Suche zu erschweren, aber die Hunde änderten die Situation.

Interessanterweise lernten diese Burschen sogar, sich dem Bloodhound anzupassen. Irgendwo und irgendwann sprach es sich auf der Straße rum, dass der Bloodhound eine Person unter vielen aufgrund des Geruchs identifizieren konnte, und was ursprünglich mal stillsitzende Jungs waren, änderte sich in Jungs, die auf uns zu liefen und uns belästigten. Das erste Mal, als das geschah, liefen wir gerade auf eine Clique zu, die auf einer Bank saß. Ich konnte aufgrund des Verhaltens meines Hundes Ronin erkennen, dass mein Verdächtiger in dieser Gruppe war. Ronin war aufgeregt, richtete seinen Blick auf die Gruppe, wedelte mit dem Schwanz und zog an der Leine. Als die Gruppe uns sah, standen sie von der Bank auf und liefen auf uns zu und beschimpften uns. Als sie näher kamen, regte Ronin sich auf, aber als sich der Abstand verringerte und sie immer näher kamen, änderte sich sein Verhalten. Mein Backup und ich mussten etwas tun, um die neue Situation zu kompensieren, aber ich beobachtete weiter Ronin. Ich war sicher, er würde den richtigen Typen anzeigen. Stattdessen senkte er die Rute, trailte zur Bank und wurde richtig aufgeregt, als er bei ihr ankam. Er schaute zurück zur Gruppe und setzte sich einfach hin. Die Jungs wurden lauter, Ronin bekam Angst und gab einfach auf. Es war, als wäre die Bank das Ende.

Im Laufe der Zeit bemerkte ich ein ähnliches Verhalten auch bei anderen Hunden. Ich erstellte Szenarien mit einer Person, dann mit mehreren Personen und entdeckte, dass die Hunde dazu neigten, wenig Interesse an der richtigen Person zu zeigen, wenn sie zurückgingen, aber oft einfach nur weiter trailten und nicht zur Zielperson abkürzten. Ich folgerte daraus, dass unser Trainingsprogramm der Grund für dieses Problem sein musste. Beinahe jeder Trail, den wir arbeiteten, verlief vom Startpunkt zu einem Versteck, aber nie hatten wir eine Person mit einbezogen, die umkehrte und auf uns zu lief. Ich denke, dass unser Trainingsprogramm das Endergebnis vorherbestimmte und wenn sich das Ende ändert, verwirrt das den Hund.

So begann ich mit meiner »Zurückgeh-Suche«-Trainingsmethode. Man fängt am besten an, indem eine Person einen kurzen Trail mit dem Wind bis zu einem Versteck läuft, das auf dem Trail liegt. Wenn die Person den Hund näherkommen sieht, geht sie auf dem Trail zurück, auf den Hund zu und beachtet ihn nicht. In neun von zehn Fällen zeigt der Hund eine leichte Reaktion. Ich sehe am häufigsten eine Kopfbewegung, wenn die Person vorbeiläuft und vielleicht ein Wedeln mit der Rute. Wenn die Person weitergeht, zögert der Hund, geht zurück auf den Trail und läuft an der Person vorbei.

Der Weg, dieses Verhalten zu ändern, ist gutes Timing. Sobald der Hundeführer eine Reaktion auf den Geruch der Person sieht, die ähnlich der Reaktion ist, wie ich sie zuvor beschrieb, sollte er den Hund loben und zu seiner Reaktion ermutigen. Sobald der Hund die Person identifiziert, kommt sofort eine dicke Belohnung. Wenn der Hundeführer dies einige Male macht, wird der Hund anfangen, auf dieses Problem zu achten. Allerdings ist das Problem noch nicht zu Ende.

So wie das Muster des Trailendes ein Problem verursacht, kann das auch hierbei passieren. Mehrere Personen müssen hinzugefügt werden und der Hund muss bei Verleitungen getestet werden, dann mit Verleitungen und der Person. Es ist ein vielstufiges Problem, das einige Zeit in Anspruch nimmt, bis man es durchgearbeitet hat. Unterm Strich allerdings hilft diese Vorgehensweise, dem Hund beizubringen, seine Fähigkeiten bei der Geruchsunterscheidung zu verbessern.

Kontrollierter, kontaminierter Startpunkt

Ein kontaminierter Start ist, wenn der Hundeführer den Beginn des Übungstrails mit dem Geruch bekannter Personen kontaminiert, die als Ablenkung bei der Geruchsaufnahme fungieren. Diese Art des Trails kommt nahe an das heran, was einem Hund bei einem echten Einsatz begegnen kann. Solche Trails sollten einfach beginnen und komplexer werden, je weiter der Hund fortschreitet. Wie bei allen Trails, die der Hundeführer das erste Mal macht, sollte er alles markieren, damit er die Körpersprache des Hundes lesen kann.

Hier ist ein mögliches Beispiel: Eine Person verschwindet in einem Park und zwei Helfer sind am Tatort, bevor der Hundeführer ankommt. Während der erste Helfer eine hastige Suche in unmittelbarer Nähe der zuletzt gesehenen Stelle durchführt, geht eine weitere Person mit ihrem Hund im Park als Ablenkung Gassi.

Um diese Übung zu beginnen, läuft der Trailleger einen Trail vom Ansatzpunkt mit dem Wind. Der Trail kann relativ einfach sein, mit nur ein oder zwei Abbiegungen und weniger als 200 Metern Länge.

Drei Leute spielen die Rollen der Ersthelfer und des Gassigängers. Jede Person ist mit einer anderen Farbe der Fähnchen, Kreide oder des Bandes ausgestattet. Die Farben sind wichtig, weil sich jede Person abheben soll, ohne dass jemand nach ihr suchen muss. Jeder der Beteiligten läuft in der Gegend um den Ansatzpunkt herum und markiert den Trail etwa alle drei Meter. Dann läuft der Gassigänger über den Trail, der Trailleger irgendwo in der Mitte des Ganzen.

Wenn alle Ablenkungstrails gelegt sind, kommt der Hund, macht die Geruchsaufnahme und wird am Geruchsartikel gestartet. Während der Geruchsaufnahme wollen die meisten Hunde auf jede Verleitung oder den Trail des Traillegers gehen, wenn sie ihn kreuzen. Die Reaktion des Hundes könnte stark sein, weil er jeden der Trailleger kennt. Überraschenderweise verzichtet der Hund für einen der Ablenkungstrails auf den Trail des Traillegers, auch wenn einmal die geruchliche Bestandsaufnahme abgeschlossen und der Hund am Geruchsartikel gestartet wurde. Der Ersthelfer könnte sogar hinter dem Hund laufen, wenn das geschieht.

Diese Übung ist wichtig, um einen Hund zu trainieren, nicht den Trail des Gesuchten für etwas anderes, für ihn Interessanteres zu verlassen. Hunde tun das, weil sie es von Zeit zu Zeit können und wollen, ein anderer Grund ist das Ergebnis des Trainings nach Mustern und die Benutzung immer derselben Trailleger. Diese Trailleger sind oft unsere Freunde und andere Hundeführer; wenn wir diese Personen kontinuierlich benutzen, wechseln die Hunde immer wieder die Trails. Diese Übung kann meine Hypothese beweisen.

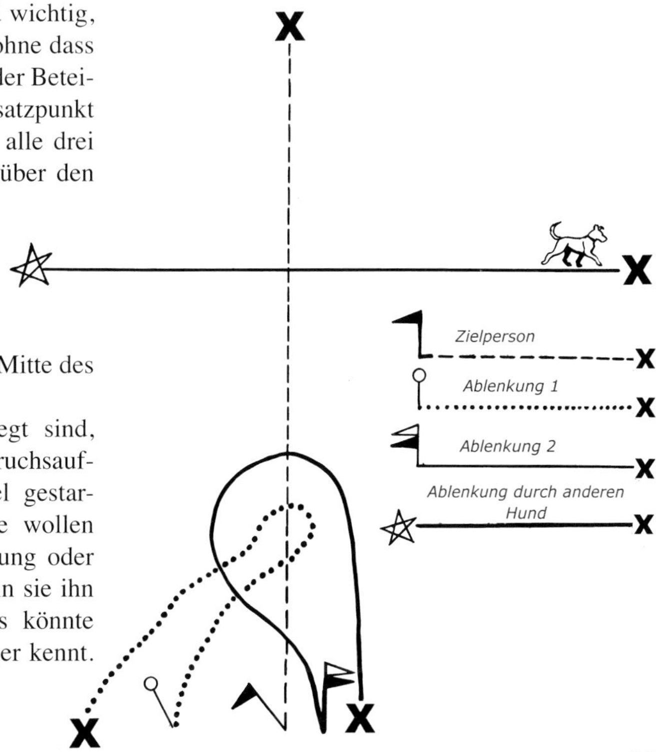

Ich erkannte dieses Problem aufgrund meiner eigenen Fehler, die ich im Training machte, und aus der Neubewertung nach dieser Tatsache. Ich war außerdem dieser Situation ausgesetzt, als ich Einsätze arbeitete und mein Hund den Trails von Polizeibeamten und anderen Diensthundeführern folgte anstelle der Trails der Gesuchten. Das waren schmerzhafte und peinliche Situationen, aber ich muss sie zugeben – wir fanden in Einsätzen eher Freunde als die gesuchten Personen.

Wenn wir diese Tests immer wieder in verschiedenen Variationen laufen, sehen wir dieses Musterproblem entstehen. Ich habe es Hunderte Male getestet, in vielen Städten in den USA. Mindestens 80 Prozent der getesteten Hunde versagen bei dieser Übung, wenn sie nicht dagegen konditioniert wurden. Das Problem der immer gleichen Trailleger ist bei beinahe allen trailenden Hundeführern einheitlich. Wir tendieren dazu, faul zu werden und nehmen die Personen, die gerade verfügbar sind.

Wie können wir nun mit diesem Problem umgehen? Zunächst ist es das Beste, wenn es gar nicht erst so weit kommt. Man kann das erreichen, indem man andere Gruppen von Traillegern nutzt, die nicht Freunde des Hundeführers sind. Ist der Fehler jedoch bereits geschehen und es muss daran gearbeitet werden, dann ist die beste Methode, ein gutes Timing zu nutzen.

Wie mit all meinen Trainingstechniken ist es entscheidend, Probleme je nach aktueller Problemstellung durch gutes Timing zu beheben. Das ist dann wichtig, wenn Hunde unsicher sind. Wenn wir einen Hund korrigieren, nachdem er bereits in dem Problem eingefahren ist, sind wir einfach zu spät und die Korrektur wird wenig Auswirkung auf zukünftige Probleme haben. Der Schlüssel zur Korrektur ist Timing auf eine Art, dass der Hund korrigiert wird, wenn er an das Problem denkt, und nicht, wenn er im Begriff ist, es bereits zu tun. Der einzige Weg, den Hund leicht zu korrigieren, wenn er im Begriff ist, den Trail zu wechseln, ist zu verstehen, dass er im Begriff ist, es zu tun. Und weil wir keine Trails riechen und nicht selbst lokalisieren können, müssen wir sie sehen; daher die vorgenannte Übung. Durch Sehen des Ablenkungstrails im Voraus haben wir die Möglichkeit, die Körpersprache des Hundes zu beobachten, und wenn wir eine erste Reaktion sehen, korrigieren wir den Hund während der ersten Reaktion. Die meisten Trailhunde werden den Denkprozess unterbrechen, wenn das Timing gut ist. Markierte Ablenkungstrails machen einen großen Unterschied. Es ist buchstäblich unmöglich, schnell genug zu sein, wenn die Verleitungen nicht gut markiert sind.

Wie beim Ablenkungstraining in Kapitel 10 gibt es bei jeder Ablenkung in diesem Szenario eine Ankündigungsphase. Diese Ankündigungsphase ist die Zeit, wenn der Hund den Ablenkungstrail aus der Entfernung wahrnimmt. Wenn der Trail gut markiert ist, sollte der Hundeführer leicht eine Reaktion der Körpersprache sehen, und wenn die Korrektur in dem Moment erfolgt, hat der Hundeführer die beste Chance, dass der Hund davon ablässt und weiter auf dem eigentlichen Trail bleibt. Wenn ein Hundeführer die Ankündigungsphase erwischt, wird die Ablenkung verringert. Wenn er jedoch dem Hund erlaubt, auf den Ablenkungstrail zu wechseln bis zu dem Punkt, dass er ihm folgt, wird eine Korrektur keinerlei Bedeutung mehr haben.

Wenn der Hundeführer den Ablenkungstrail am Anfang dieser Trainingsübung passiert hat, kommt als Nächstes die Verleitung durch den Hund. Auch wenn dieses Training zuvor erfolgreich war, ist es jetzt Teil eines neuen Problems und der Hund kann falsch reagieren und muss korrigiert werden, als ob er diesem Problem vorher nie ausgesetzt gewesen wäre. Dies liegt in der Natur der Hunde. Sie denken ziemlich einfach, und wenn etwas über den Tellerrand hinausgeht, kann die Situation trotz des zuletzt positiven Trainings schiefgehen. Offensichtlich ist die Lehre aus dieser Geschichte für den Hundeführer, sein Training so unterschiedlich wie möglich zu gestalten und kein Schema beim Training seines Hundes anzuwenden.

Diese Übung ist großartig und ich empfehle: Ändern Sie das Training, indem Sie Personen und Verleitungen durch Hunde hinzufügen, ändern Sie die Zeiten von frischen Verleitungstrails und lassen sogar einige der Ablenkungspersonen nach der Geruchsaufnahme verschwinden. Hundeführer werden sich wundern, was sie daraus lernen, wenn sie Trails mit diesem Problem im Hinterkopf markieren.

Autotrails

Das Wegfahren mit dem Auto ist heutzutage ein übliches Dilemma in jeder Situation. Die meisten meiner Einsatztrails endeten, weil jemand in ein Auto stieg, und ich musste schnell erkennen, dass Autotrails im Gegensatz zu dem, was ich von anderen lernte, im wirklichen Leben nicht funktionierten, jedenfalls nicht zuverlässig. Darum startete ich mit eigenen Auswertungen. Ich fand heraus, dass mein Hund in 90 Prozent der Zeit den Trail fast bis zu der genauen Stelle fand, an der die Person in das Auto stieg. Er wollte dann dem Weg des Autos hinterher rennen, aber der Geruch breitete sich an manchen Punkten so weit aus, dass er zurück zu der Stelle kreisen wollte, wo die Person abgeholt worden war.

Anfangs las ich nur den »zurückgehenden« Teil und nahm irrtümlicherweise die Richtung des Hundes als die des Autos an. Ich verpasste die kleinen Veränderungen in der Körpersprache des Hundes, bevor er sich umdrehte. Nach dem Studieren vieler anderer Hunde sah ich schnell, dass diese kleinen Veränderungen passieren, die ich verpasste, die aber deutlich sichtbar waren, wenn ich hinschaute. Der Hund wurde (1) langsamer und hielt seinen Kopf nahe zum Boden, (2) drehte seinen Kopf zurück und schaute umher und (3) nahm seinen Kopf wieder herunter und trailte für eine sehr kurze Distanz scheinbar weiter.

Dies sind nicht die einzigen Hinweise in der Körpersprache, die ich beobachtete, es gibt tatsächlich bei unterschiedlichen Hunden noch viele andere. Diese Veränderungen scheinen die üblichen zu sein. Es ist wichtig für den Hundeführer zu lernen, was sein Hund in diesen Situationen macht. Ich habe daraus eine neue Trainingstechnik entwickelt, die ich allen Hundeführern zu beherrschen empfehle.

Der Trail könnte in der Nähe der Stelle enden, wo die Zielperson einstieg, und obwohl die Person nicht gefunden wurde, kann Beweismaterial gefunden werden, das die Ermittler zum Gesuchten führen könnte. Einfach an den Stellen an Türen klopfen, wo der Hund diese Körpersprache gezeigt hat, kann zu einer Zeugenaussage mit einer Beschreibung des Autos und des Nummernschildes führen.

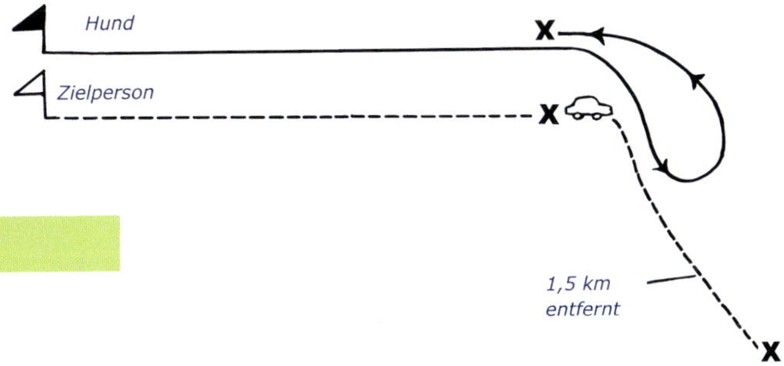

Zeichnung eines Autotrails.

Dieser Trainingstrail ist einfach zu legen und ich empfehle, das mit Video aufzunehmen. Ein Trailleger geht einen halben Kilometer langen Trail zu einem Auto, steigt ein und fährt weit genug weg, sodass der Hund ihn nicht über Hochwind wittern kann (Dieser Fehler beim Traillegen nämlich ist es, der einem die Illusion gibt, dass die Hunde zuverlässig einem Autotrail folgen können). Der Trailleger sollte mindestens anderthalb Kilometer weit mit der Windrichtung wegfahren oder gefahren werden.

Hochsuchen

Funde in großer Höhe wie auf Bäumen, Balkonen und Dächern sind sehr einfach und sollten Teil des normalen Trainings sein. Sie bedürfen wirklich keiner speziellen Taktik oder besonderer Anstrengungen. Sehr hohe Funde können jedoch für Überraschungen sorgen. Zunächst könnte ein Hundeführer je nach der Höhe und dem Wind direkt zu einem Gebäude mit der Versteckperson auf dem Dach trailen und diese niemals finden. Der Hundeführer könnte auch nahe an ein Gebäude kommen, auf dem sich oben eine Person versteckt, und nie auf die Idee kommen, hochzuschauen. Dies liegt in der Natur des menschlichen Geruchs in sehr großen Höhen.

Lassen Sie mich Ihnen meine Trainingsänderung aufgrund eines Einsatzes beschreiben und dann erkläre ich das Problem genauer. Als junger Diensthundeführer mit wenig Erfahrung verfolgte ich einen Typen in eine Wohngegend mit sehr vielen mehrgeschossigen Apartments.

Ich hatte einen großartigen Trail, außerhalb des Gebietes in relativ offenem Gelände bis zu einem Apartment-Komplex. Als wir uns dem Komplex näherten, bekam mein Hund Ronin flüchtig Hochwitterung der Person und folgte dieser links von mir und hinter mir. Ich verstand nicht, was passierte, und dachte, dass er Witterung von ihm hinter uns bekam, und ich folgte ihm. Nach ungefähr 75 Metern änderte sich Ronins Körpersprache von Hochwitterung ins Nichts – kein Trail, keine Hochwitterung – nichts. Außerdem wirkte er perplex und begann zu heulen. Ich verstand nicht, was er tat, und ich dachte, wir wären nahe und ich begann verzweifelt hinter Büschen und Gebäuden zu schauen. Schließlich zog mich Ronin zurück zu der Stelle, wo er zuerst Hochwitterung bekommen hatte und wiederholte den Vorgang, aber in eine etwas andere Richtung. Das ging etwa zehn Minuten so, bis ich ihn wegzog, weil ich inzwischen glaubte, er würde irgendwelche Kleintiere riechen.

Wie es manchmal im Einsatz geschieht, schnappte ein anderer Polizeibeamter den Bösewicht und wir standen mit leeren Händen

Beachten Sie, dass nur ein relativ schwacher Wind den Rauch vom Gebäude wegweht, dieser aber trotzdem in einer Entfernung von mehr als 600 Metern auf den Boden fällt!

da. Keine große Sache – ich gewöhnte mich in diesem Stadium an solche Erfahrungen und endlich verstand ich, dass nicht jeder Trail ein guter Trail war, wie die Werbung in den Seminaren versprach. Dennoch war ich immer neugierig darauf, was meine Verdächtigen gemacht hatten, und ich besuchte sie im Gefängnis, um meinen Hund zu entlasten.

Ich beginne diese Befragungen immer gleich, weil die meisten bösen Jungs argwöhnisch sind, wenn ein Polizist Fragen stellt. Ich sage: Hi! Mein Name ist Jeff und ich bin ein Hundeführer in dieser Stadt. Du hast mich vielleicht an einer Stelle mit dem schlappohrigen Hund gesehen? Keine Sorge, nichts was du sagt, wird gegen dich verwendet und dieses Gespräch wird nicht aufgezeichnet. Ich verspreche, es nicht zu veröffentlichen.

Manchmal sagt der Verdächtige dann »F... off« und das Gespräch ist beendet. Manchmal jedoch labern Typen, wie der, den ich gerade beschreibe, einem was an die Backe. Was er sagte, war schmerzvoll für mich, aber wichtig zu wissen. Er begann das Gespräch damit, dass ich den dümmsten Hund bei der Polizei hätte und dass ich mich schämen sollte. Er sagte dann, dass er auf dem Dach des Apartment-Komplexes war und auf den Weg zurückschauen konnte, wo er alles sah, was wir sehen konnten. Weil er es genau erklärte, wusste ich, dass er nicht log. Er erzählte weiter, dass ich an einer Stelle genau unter ihm stand und er sehr versucht war, auf mich herunter zu spucken, weil weder ich noch mein Hund seine Anwesenheit wahrnahmen. Das Gespräch schweifte ab und an einer Stelle hätte ich ihn am liebsten krankenhausreif geprügelt, aber stattdessen ging ich.

Anstatt darüber hinwegzugehen, nahm ich dieses Szenario in mein Trainingsprogramm auf und fügte es meinen K.9-Trailing-Kursen nach dem California Peace Officer Standards & Training (POST) hinzu. Dies war der erste Trainingskurs seiner Art in Kalifornien im Jahre 1998 und dieser Fall hatte eine Auswirkung darauf, Seminare wirklichkeitsnäher zu gestalten.

Sie haben es beim Betrachten der Fotos und beim Lesen dieses Abschnitts vielleicht schon selbst geschlussfolgert, aber trotzdem werde ich Sie nochmals damit langweilen. Vielleicht kann es eines Tages Ihr Leben oder das eines anderen retten.

An sehr hohen Stellen – drei oder mehr Geschosse – kann sich der Wind am Boden ganz anders verhalten. Bei Experimenten mit Rauchfackeln bemerkte ich, dass der Rauch selten den Boden unter der Fackel traf, wenn die Fackeln hochgehalten wurden. Wie auf dem ersten Foto dieses Abschnitts dargestellt, driftet der Rauch meist horizontal ab, bis er den Boden in erstaunlicher Entfernung langsam berührt. Dies war mein erster Hinweis.

Jeff zündet auf dem Dach eine Rauchfackel. Beachten Sie, wie sich der Rauch auf Höhe seines Gesichtes bewegt. Die Rauchfackel wurde an seinen Füßen gezündet.

Tatsächlich kann der Rauch weit weg von der Geruchsquelle auf den Boden auftreffen. Geruch scheint sich auf dieselbe Art zu verhalten.

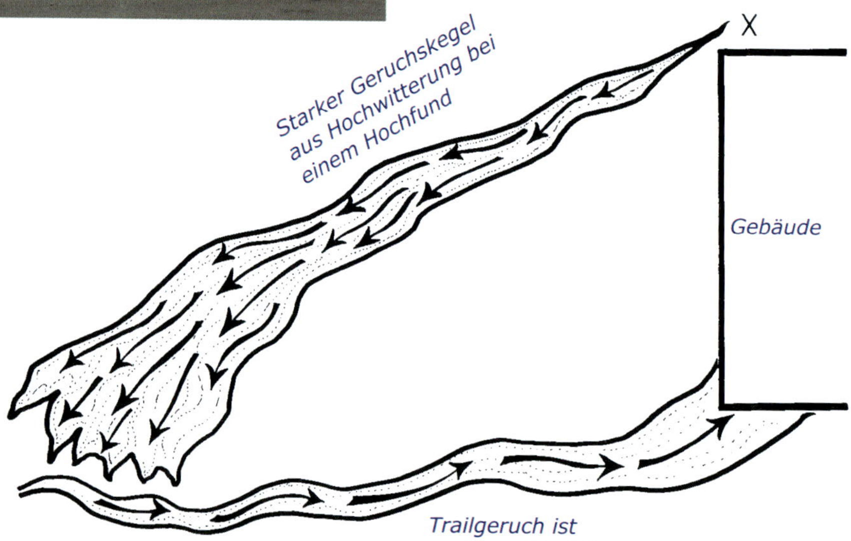

Der nicht durchgängige Proximity-Geruch ist attraktiver als der Trailgeruch und kann einen Hund tatsächlich völlig vom Trail holen, abhängig von der Größe und Breite der Geruchsstelle. Die begrenzte Größe der Zeichnung hier im Buch erweckt den Anschein, dass sich alles nahe am Gebäude bzw. Hochfundort abspielt, aber die tatsächliche Entfernung kann mehr als 100 Meter betragen. Dies kann genauso gut auch bei einer Hügelkuppe oder einem Berg der Fall sein.

Achten Sie in diesem Bild oben links auf die Ecke. Hier war der Standort des Traillegers auf dem Dach des Gebäudes, das man hinter dem Baum erkennen kann.

Die Sicht des Traillegers auf die Position des Hundes von der Stelle des vorherigen Fotos (Gebäudedach) aus.

Oben: An dieser Stelle nahm der Hund den vom Wind weggewehten Geruch vom Gebäude im Hintergrund wahr. Achten Sie auf die nach links und leicht nach hinten gerichteten Bewegungen. So folgt der Hund dem vom Wind verwehten Geruch, weil kein Geruchskegel vorhanden ist.

Der Hund verlässt das bisschen vom Wind verwehten Geruch und nimmt den Trail wieder auf. Achten Sie auf die kleine Unebenheit auf dem Dach des Gebäudes. Diese Unebenheit ist hier der Trailleger, der ein Foto schießt, könnte aber genauso gut der Lauf eines Gewehrs sein.

Der nächste Hinweis war die Körpersprache meines Hundes. Ich lief Trainingstrails zum Gebäude und beobachtete meinen Hund genau. Bei Gegenwind von der hohen Stelle, wo sich die Person versteckte, zeigte mein Hund jedes Mal eine Hochwitterungsanzeige mit unterschiedlichen Graden in der Entfernung zum Gebäude – manchmal nur 50 Meter, aber manchmal 500, 600 und 700 Meter entfernt! Niemals nahe am Gebäude! Mit Sicherheit würde mein Hund den Trail aufgrund des starken Geruchskegels zugunsten des frischen, direkten Geruchs verlassen. Die entscheidenden Faktoren waren Breite und Umfang des Geruchs. Der Geruch war vom Wind abhängig und manchmal war der Geruchskegel breiter als 50 Meter, andere Male war er nur wenige Meter breit. Ein anderer Faktor war, dass der Geruchskegel abgewinkelt aus hoher Höhe kam, dann zum Boden runter fiel und nicht direkt auf den Weg des Traillegers.

Da der Hund diese Sache bereits trainiert hat, verlässt er schnell das bisschen vom Wind verwehten Geruch zugunsten des Trails, weil er weiß, dass ihn das zum Ziel führt.

Die Sicht des Traillegers von einer anderen, günstigen Stelle mit klarer Sicht auf den Hund oder den Hundeführer. Der Hund zeigte eine schnelle Proximity-Anzeige, aber das Verhalten war so fein, dass der Hundeführer es nicht bemerkte.

Hundeführer Kevin Baughn, Diensthund Zack und ihr Backup bei einer Übung vom Alameda County Sheriffs Urban Shield.

Es war beinahe so, als ob auf magische Weise in und um das Gebiet ein konstanter Hauch von Geruch an wechselnden Orten auftauchen würde. Wenn die Geruchspunkte weit vom Trail abdrifteten, vergaß mein Hund irgendwann, wo der Trail war und folgte dem frischesten Geruch, der nirgendwohin führte.

Die Lösung für meinen Hund war, den Trail wiederzufinden oder noch wichtiger, dass ich mich erinnerte, wo der Trail war und seinen glücklichen Hintern dorthin zog. Im zuvor erwähnten Einsatzfall kämpften wir so lange und hart und ich korrigierte meinen Hund so oft, dass er dicht machte und der Trail nicht mehr vorhanden war, nur allein aus diesem Grund. Ich hätte mich selbst bespucken sollen, so verärgert war ich über mich!

Auf der positiven Seite ist aber zu vermerken, dass Ronin, nachdem ich solche Trails einige Male mit ihm gelaufen war, herausfand, dass die Hochwitterung zwar fantastisch war, aber er trotzdem zum Trail zurückkehrte und zu der Stelle, an die Person nach oben gegangen war. Er lernte durch Erfahrung, dass der Trail der Weg zurück zur Person sein würde.

Ich musste jedoch bei den ersten Trails etwas helfen. Wenn sich mein Hund zu sehr in der frischen Hochwitterung aufhängte, zog ich ihn weiter und ließ ihn in die Richtung des Trails kreisen, wo er ihn verließ. Wenn der Trail gut markiert war, konnte ich ihn ohne Ausnahme zu der Stelle zurückholen und er würde ihn wiederfinden. Wir mussten es einfach nur üben, bis er die Bedeutung des Endes herausfand. Meine Bloodhounds waren bei diesem Training eher begriffsstutzig, weil es schwer ist, die Nase zu übertölpeln. Ein Baseballschläger würde sie nicht von der frischen Spur abbringen. Die Deutschen Schäferhunde, die ich trainiert habe, fanden das jedoch bereits nach den ersten Trails heraus und machten den Fehler nicht zweimal. Das ist die kühle, berechnende Art, die ich an den diesen spitzohrigen Hunden mag – ich wünschte nur, sie hätten dieselbe gute Nase!

Oft erzähle ich meinen Schülern, dass die Proximity-Anzeige bei sehr hohen Funden das Letzte sein kann, was sie auf dem Trail finden. Ich sage ihnen das aus zwei Gründen: (1) Aus den vorgenannten Gründen wird der Hund niemals zu diesem Fund kommen. (2) Der Hundeführer und/oder Hund werden getötet, während sie herumkreisen, weil sie leichte Zielscheiben sind, wenn sie sich direkt unter dem Verdächtigen aufhalten. Hundeführer müssen wissen, wie ihr Hund diese Situationen arbeitet. Außerdem - wenn Hundeführer einen Fall arbeiten, der möglicherweise Kriminelle und Proximity-Anzeigen enthalten könnte, dann ist ein guter Backup Pflicht!

Der Backup, auch bekannt als Begleitschutz, ist Auge und Ohr für den Hundeführer – die Person, die auf den Hundeführer aufpasst, wenn es lebensgefährlich wird. Hundeführer, seien Sie ehrlich zu sich selbst: Wenn Sie am anderen Ende der Leine sind und mit dem Hund arbeiten, werden Sie als taktischer Berater nutzlos sein. Überlassen Sie es jemand anderem. Ein guter Backup, der mit dem Hund trainiert, wird schnell die Proximity-Anzeige lernen und entsprechend reagieren. Aber das trainieren Sie an einem anderen Tag...

Nachwort

Ausblick auf *K.9-Trailing*, Teil 2

Ursprünglich plante ich, aus K.9-Trailing ein einziges Buch zu machen. Diese Idee musste ich ändern, als ich bereits auf Seite 300 war und Betty McKinney, Herausgeberin von Alpine Publications, ein bisschen nervös wurde, als sie die große Menge Papier sah, die sie hätte publizieren müssen. Wir kamen überein, dass es einem Alptraum gleichkäme, wenn wir aus diesem Buch einen Riesenwälzer machen würden. Nicht nur das – stellen Sie sich die Langeweile vor, sich durch so ein umfangreiches Buch arbeiten zu müssen. Nein, K.9-Trailing sollte keine Einschlafhilfe werden, aber bei einem einzigen Buch wäre es sicherlich so gekommen.

Infolgedessen ist K.9-Trailing Teil 2 in Arbeit, das die städtischen Einsatzprobleme abdecken wird. Ich werde den ersten Teil bei Einsatzszenarien anwenden, damit der Hundeführer sehen kann, wie am besten ein K.9-Trailer bei unterschiedlichen Situationen eingesetzt werden kann. Teil 2 wird genau wie Teil 1 keine locker flockige Angelegenheit, und falls ich hier jemanden beleidigt habe, könnte Teil 2 ein Augenöffner werden. Meine Partnerin Kelli hat mir vorgeworfen, manchmal nicht gut mit anderen umgegangen zu sein, jetzt ist es an der Zeit, ihr das Gegenteil zu beweisen.

Nur so werden sich Hundeführer bewusst – Teil 2 wird entweder das Beste oder das Schlechtere für Sie, je nachdem, wie hart Sie in der ersten Trainingsphase im ersten Teil gearbeitet haben. Ihr K.9-Werkzeug ist ein lebendes, atmendes und denkendes Wesen und ist Opfer vieler Fehler, die anzuerkennen sich viele Hundeführer weigern werden. Ihre Hunde sind keine Maschinen und sie sind fehlbar. Der Punkt beim Training ist, den Misserfolg und dessen Gründe zu enthüllen. Sie müssen die innersten Vorgänge Ihres treuen Kameraden erforschen und nach Fehlern überprüfen. Präsentieren Sie ihn in all seiner Herrlichkeit und begreifen Sie, dass Erfolg auf Misserfolgen gründet. Haben Sie Mut zu Niederlagen, und wenn Sie dann den Mut zum Weitermachen haben, werden Sie schnell lernen, dass Ihr Trailerfolg aus den Qualen der Niederlagen entstanden ist. Die Tatsache, dass Sie das Zeug dazu haben, wieder aufzustehen und erneut einzutauchen, wird letztendlich den Unterschied im Falle einer Kindesentführung ausmachen, der Sie eines Tages eine Wende geben werden. Nutzen Sie Ihr vierbeiniges Werkzeug in Übereinstimmung mit seinen Einsatzfähigkeiten. Um seine Einsatzfähigkeiten zu verstehen, müssen Sie seine Schwächen verstehen.

Ich wurde oft gefragt, ob ich jemals wieder einen Bloodhound haben möchte. Ich habe selber keinen eigenen mehr nach Ronin und Kalli besessen oder mit einem gearbeitet und der Gedanke an einen weiteren macht mich traurig. Ronins Nichte Kalliroh starb 2010, und das war ein weiterer Schlag für mich. Bisher hatte ich nicht den Mut, einen weiteren Bloodhound in mein Leben zu lassen. Ich arbeite immer noch mit vielen Trailhunden und es ist ein großer Teil meines Lebens, aber die Bindung zwischen Hundeführer und Hund fehlt seit Jahren. Ich bin nicht sicher, ob ich es nochmal kann, so sehr ich es auch möchte. Ich liebte die Arbeit und die Hunde so sehr, dass der Verlust von beiden wirklich unerträglich war.

Doch jedes Mal, wenn ich ein paar Schlappohren an einem roten, faltigen Gesicht eines Welpen sehe, zieht sich mein Herz zusammen. Wenn dann noch Beute- und Jagdtrieb hinzukommen, beginnt das Blut noch mehr zu pumpen. Es ist nicht die Jagd, zu der ich nicht mehr aufbrechen kann, es ist der Verlust, es mit einem Partner zu tun, der das alles teilt. Ich bin nicht sicher, ob ich es ein weiteres Mal durchstehen kann, Abschied zu nehmen. Dennoch mag es sein, dass es den ganz besonderen roten jungen Hund geben könnte, der mich so sehr an Ronin erinnert, dass ich wieder auf meinen eigenen direkten Weg komme.

Wenn auch nur etwas aus diesem Buch Sie inspiriert hat, dann lesen Sie das nachfolgende motivierende Zitat, das aus einer Zeit in unserer Geschichte stammt, als harte Arbeit und Träume eine neue Weltmacht schufen. Ich hoffe, das wird Ihnen mehr Energie für Ihren eigenen herrlichen Traum geben.

»Die Anerkennung gebührt dem Mann, der tatsächlich in der Arena steht, dessen Gesicht von Staub, Schweiß und Blut bedeckt ist, der tapfer ringt, der irrt und wieder und wieder Fehler macht, denn keine Leistung wird ohne Irrtum oder Schwächen erbracht, der aber die großartige Begeisterung, die höchste Hingabe kennt, der sein Leben einer lohnenden Sache verschreibt, der, im besten Falle, am Ende den Triumph der hohen Leistung erfährt, und der im schlimmsten Fall, wenn er versagt, wenigstens versagt, während er GROSSES GEWAGT hat, so dass am Ende sein Platz niemals bei jenen armen und zaghaften Seelen sein wird, die weder Sieg noch Niederlage kannten.«

Theodore Roosevelt
»Citizenship in a Republic«,
Rede an der Sorbonne, Paris,
am 23. April 1910

Jeff und Freunde beim Georgia K.9 National Training Center, Mai 2009.

Danksagung

K.9-Trailing ist in erster Linie meinem Sohn Shayne gewidmet. Shayne und ich arbeiteten gemeinsam mit Trailhunden, als er in die Grundschule kam. Der passende Titel dieses Buches war Shaynes Idee. Mein Sohn hat mich immer viel bei meiner Motivation und Inspiration unterstützt und K.9-Trailing wäre nie möglich gewesen ohne seinen Input. Ich danke dir, Shayne. Ich liebe dich von ganzem Herzen.

Ich möchte auch meiner Lebenspartnerin und Co-Trainerin Kelli Collins danken. Kelli und ich lernten uns während des Hundetrainings kennen (Überraschung) und wussten von Anfang an, dass wir ein gleichgesinntes Paar sind. Kelli hat eine Art, mit Leuten und Tieren umzugehen, die selten ist. Ich habe nie jemanden mit so ungezwungenen Umgangsformen und so sicherem Charakter gesehen. Wir trainieren zusammen andere nach dem Inhalt dieses Buches. In der Vergangenheit waren unsere Methoden nichts anderes als mündliche Überlieferungen und Learning by Doing. Dieses Buch ist eine Fortsetzung unserer gemeinsamen Arbeit. Ohne Kelli wäre dieses Projekt unmöglich gewesen.

Im Herbst 2009 wurde bei mir eine seltene Form eines Stadium-Drei-Hodenkrebses diagnostiziert, kurz nachdem mein erstes Buch *Red Dog Rising* veröffentlicht wurde und ich meinen ersten Probeausdruck bekam. Während der Qualen der aggressiven Chemotherapie und Krankheit sollte *Red Dog Rising* auf dem Buchmarkt eingeführt werden. Es ist unnötig zu sagen, dass ich ein hoffnungsloser Fall war und alle Marketing-Bemühungen von meiner Seite gering bis unmöglich waren. Ich kämpfte um mein Leben, und das war nicht leicht – was jeder Krebs-Überlebende bezeugen kann.

In solch schweren Zeiten gibt es aber nichts Wichtigeres als die Familie. Kelli war ein Fels in der Brandung. Sie arbeitete Vollzeit als Polizeibeamtin, wir hatten gerade zusammen ein neues Haus gekauft und wir managten unser flügge werdendes Business (Georgia K-9 National Training Center), alles zur selben Zeit. Kelli kümmerte sich auch um mich, während ich gleichzeitig mit meinem Chemo-Wahnsinn klarkommen musste – ein Nebenprodukt der Chemotherapie, das nur die engsten Angehörigen der Betroffenen beschreiben können. Auf wunderbare Weise und zur gleichen Zeit erschien ein Lichtstrahl aus meiner Vergangenheit. Michael Hampton sen. hatte meine Mutter, Penny Raysor, geheiratet, als ich noch in der Grundschule war. Ich sprach von Zeit zu Zeit mit Mike über die Jahre hinweg, aber wir sahen uns selten. Wir waren gute Freunde, aber Zeit und Entfernung trennten uns voneinander. Erstaunlicherweise erfuhr er von meiner Krankheit und erschien an meinem Bett, während ich gerade im Stadium der Diagnose im Emory-Krankenhaus in Atlanta lag, und er verließ mich nicht mehr. Michael sah die Notlage, in der Kelli und ich waren und wusste sofort, dass der Umgang mit dieser Hölle praktisch unmöglich sein würde. Er zog bei uns ein und wurde meine Krankenschwester, mein Taxifahrer zur Chemotherapie und sprichwörtlich mein geistiger Sandsack, wenn es am schlimmsten war. Er hatte jeden Abend das Essen für Kelli fertig, wenn sie nach der 12-Stunden-Schicht nach Hause kam, während er gleichzeitig meine permanenten Brechreizschübe sowie verbalen Ausraster hinnahm. Ich war körperlich und geistig krank und kein einfacher Mensch für andere Leute um mich herum. Gott sei Dank habe ich nur wenig Erinnerung an diese Zeit, aber Kelli und Michael sicherlich schon; ich liebe euch beide für alles, was ihr meinetwegen durchmachen musstet.

Meine frühere Familie und meine jetzige Familie scharten sich um mich, wenn ich dachte, ich hätte den Halt verloren, und sie alle teilten gemeinsam diese Last: Kelli, Michael sen., meine Mutter Penny Raysor, mein Bruder, Michael Hampton jun., mein Sohn Shayne, Onkel Paul Schettler, Jane, Meg und Cathy Hampton, Kellis Vater Randy Collins, Mutter Cathy Gell; Großvater Don Buckingham und Onkel Brian Buckingham. Wie sie alles meisterten, werde ich nie erfahren. Aber sie meisterten es und bei diesem Verlauf wurde mein Leben gerettet. Diese Gruppe, die mich unterstützte, war die wahre Quelle meiner Heilung.

Ich danke außerdem Betty McKinney, Besitzerin, Verlegerin und Redakteurin von Alpine Publications. Betty ging ein Risiko mit mir als neuem Autor ein, als sie zustimmte, *Red Dog Rising* zu veröffentlichen, und sie hielt zu mir, als sie von meinem Kampf mit dem Krebs hörte. Vor meiner Diagnose planten wir, K.9-Trailing im Herbst 2010 zu veröffentlichen. Das ist nicht geschehen, trotzdem gab sie mich und das Buch nicht auf. Betty war geduldig und lenkend und hat immer ihre Unterstützung angeboten. Danke, Betty.

Dianne Nelson redigierte K.9-Trailing und schaffte es, durch meine Absätze zu waten wie eine erfahrene Fliegenanglerin auf einem sehr rauen Fluss. Nie im Leben hätte ich das alles ohne sie geschafft.

Ein sehr großes Dankeschön geht an Nancy Robinson für all meine Zeichnungen. Nancy war außerordentlich zuvorkommend und Empfängerin meiner Kritzelkunst, hastig gezeichnet zwischen Phasen der Schlaflosigkeit mit Gedanken voller Trail-Zeichnungen, wenn ich eigentlich schlafen sollte.

Danke, Missy Schmidt, von »Superior K-9«. Dein Engagement für sorgfältiges und anständiges Züchten hat dazu geführt, wundervolle Manhunter ebenso wie ausgezeichnete Assistenz-Hunde für unsere Kinder mit Behinderungen hervorzubringen.

Nie im Leben hätte ich dieses Buch beenden können ohne die Anstrengungen meiner besten Studenten und Lehrlinge sowie Studenten, aus denen Ausbilder wurden: Kevin Baughn, Matt Broad, Pam Nyberg, Renee Coffey, Kristin Brodeur, Phoebe Bault, Joseph Citta, Mary Davenport, Kent und Sandy Stuart, Kelly und Roy Slocum, John Kunkle, Les Helgeson, George Vaughan, Ray Hart, Terry Camp, Troy Wells und seine Tochter Carrie, Margaret Blair, Dee Dillman und Marie Ginman, Derreck Bachner, Allison Pillsbury, Bob Massey, Erin und Maria (die »Zwillinge«), Laurie Strite, Francine Weaker, Lise McMillan, Jenn Fair, Lori und Israel Satterfield, Familien Donnet, Brown und Young, Jason McCollim und die gesamte Inland-Empire-Bloodhound-Crew, Michael und Dell Sitzberger, Dr. Michael und Dr. Debbie Decker und viele andere im Laufe der Jahre.

Ich möchte gerne zweien meiner K.9-Mentoren danken, die mich beeinflussten und mir auf meinem Lebensweg mit Trailhunden halfen. Leider sind diese Männer nicht mehr unter uns, aber ihr geistiges Erbe wird zum Teil auf den Seiten dieses Buches erhalten bleiben. Danke Glenn Rimbey und Bill Tolhurst. Ich hoffe, ich habe euch stolz gemacht.

Zuletzt ziehe ich den Hut vor Ronin und mein Herz wird immer meinem ersten Trailpartner gehören. Ronin war die Hauptperson meines ersten Buches *Red Dog Rising* und ohne ihn wäre K.9-Trailing nie geschrieben worden. Es gibt Leute, die kommen in unser Leben und hinterlassen eine unauslöschliche Narbe und sie werden für immer in Ehren gehalten. In diesem Fall war es ein Hund, ein Bloodhound, der mein Leben für immer veränderte, und das von Hunderten anderen. Ich vermisse dich, mein Freund, und ich verspreche, wieder mit dir zu laufen, das Gesicht im Wind und die Sonne auf unseren Rücken; niemand wird dann verloren gehen.

Ronin, so wie ich ihn immer in Erinnerung haben werde.

Über den Autor

Jeff Schettler ist ein pensionierter Diensthundeführer, der in Alameda und County von Amador in Kalifornien sowie für das »Hostage Rescue Teams‘ K-9 Assistance Program« des FBI arbeitete. Dieses Programm wurde ins Leben gerufen, um hochgefährliche Straftäter auf der Flucht zu lokalisieren und festzunehmen. Jeff arbeitete an Hunderten von Trailfällen in Kalifornien und den USA. Er ist Spezialist in taktischen Trail/Fährten-Anwendungen und dem Einsatz von kleinen, hochmobilen taktischen Teams mit Unterstützung von Trail-/Fährtenhunden. Jeff und sein Partner Ronin hatten viele erfolgreiche Funde in ihrer elfjährigen Karriere. Jeff hat unter vielen der renommiertesten Manhunter der USA trainiert.

Jeff gilt als ein angesehener Zeugen-Sachverständiger im Strafvollzug auf dem Gebiet von menschlichen Geruchsbeweisen und Trailing/Fährten. Er wurde als Experte in den Landkreisen Santa Clara und Alameda, Kalifornien, zugelassen. Er hat auch vor Gericht die Erfahrung und das Trailtraining von anderen Diensthundeführern bestätigt. Jeff gibt derzeit K.9-Trailing-Kurse überall in den USA und in Europa. Sein Trailing-Kurs war der erste seiner Art in Kalifornien und wurde 1998 als California Peace Officer Standards and Training (POST) zertifiziert. Jeffs Training half wegbereitend bei taktischen Trailanwendungen für die Suche nach hochgefährlichen Straftätern.

Jeff ist ein Vollzeit-Polizei- und ziviler K.9-Trainer mit seiner Firma »Georgia K-9 National Training Center« in Canton, Georgia. Er ist ein Verhaltensspezialist für Hunde und über seine Arbeit mit Hunden wurde in den Medien bei Mythbusters, CNN und Unsolved Mysteries berichtet. Jeffs Leidenschaft ist Trailing und Fährtenarbeit und er nutzt seine Fachkenntnisse, um Assistenzhunde für Kinder mit Behinderungen auszubilden.

Jeff ist Autor von *Red Dog Rising* (Alpine Publications, 2009), der chronologischen Geschichte von Training und Einsätzen seines Diensthundes Ronin. *Red Dog Rising* gewann 2009 den »Dog Writers Association of Americas Planet Dog Award« für Bücher über Diensthunde. Alle Einnahmen von *Red Dog Rising* wurden gespendet, um dabei zu helfen, die Versorgung von Assistenzhunden für Kinder mit Behinderungen zu ermöglichen. Für weitere Informationen besuchen Sie bitte www.gak9.com.

(Oben) Jeff trainiert Hindernisse mit Israel und seinem Hund Riley. (Unten): Jake Donnett und sein Hund Bear.